AF608478

Tobias Gumbert | Carolin Bohn | Doris Fuchs
Benedikt Lennartz | Christian J. Müller [Hrsg.]

Demokratie und Nachhaltigkeit

Aktuelle Perspektiven auf ein komplexes Spannungsverhältnis

Onlineversion
Nomos eLibrary

Die Deutsche Nationalbibliothek verzeichnet diese Publikation in der Deutschen Nationalbibliografie; detaillierte bibliografische Daten sind im Internet über http://dnb.d-nb.de abrufbar.

ISBN 978-3-8487-8809-5 (Print)
ISBN 978-3-7489-3447-9 (ePDF)

1. Auflage 2022

Vorwort

Die Idee zum vorliegenden Band entstand im Rahmen einer mittlerweile engen und sehr wertgeschätzten Kooperation zwischen der Akademie FRANZ HITZE HAUS und dem Zentrum für Interdisziplinäre Nachhaltigkeitsforschung (ZIN) der WWU Münster. Die Akademie arbeitet seit fast 70 Jahren als Einrichtung des Bistums Münster in der Erwachsenenbildung. Fragen der politischen Bildung und der Erziehung zur Demokratie gehören – getreu dem Diktum Böckenfördes – zum Kern ihres Auftrags, ebenso wie die entwicklungspolitische Bildung unter der Perspektive einer gerechten Verteilung von Ressourcen und Möglichkeiten. Dass auch die dringend notwendige sozial-ökologische Transformation der Gesellschaft und der Wirtschaft wesentlicher Bestandteil der Arbeit ist, liegt daher auf der Hand. Die Akademie arbeitet dabei an einer Schnittstelle von Wissenschaft und Gesellschaft: Sie bietet einen Raum, um wissenschaftliche Fachdiskurse auch einer interessierten Öffentlichkeit vorzustellen und in die Diskussion einzutreten – im Kontext der Transformation tut sie dies seit längerem in Zusammenarbeit mit dem Zentrum für Interdisziplinäre Nachhaltigkeitsforschung. Auch der vorliegende Band versammelt einige Beiträge, die aus dieser fruchtbaren Kooperation heraus entstanden sind. Am 18. und 19. Dezember 2020 trafen sich (pandemiebedingt im virtuellen Konferenzsaal) Wissenschaftler*innen unterschiedlicher Disziplinen, Praktiker*innen sowie eine große Zahl interessierter Teilnehmer*innen im Rahmen der Tagung „Politik in Zeiten des Klimawandels“ um Fragen an der Schnittstelle von Demokratie und Nachhaltigkeit zu diskutieren. Die hier vorgestellten Thematiken wurden im Nachgang zur Tagung durch weitere Beiträge ergänzt, so dass der vorliegende Sammelband vielen aktuellen Perspektiven auf dieses Spannungsfeld Raum bietet.

Eine der zentralen Fragen, mit denen sich der Band auseinandersetzt, ist die Frage danach, wie die Demokratie als Staatsform und ihre partizipativen Instrumente eine sozial-ökologische Transformation befördern können. Angesichts des zunehmenden Handlungsdrucks wird zuweilen die Befürchtung geäußert, die demokratischen und auf Zustimmung von Mehrheiten ausgelegten Entscheidungsprozesse seien nicht in der Lage, die notwendigen Entscheidungen in der erforderlichen Geschwindigkeit zu treffen und umzusetzen. „Kann“ also, etwas zugespitzt formuliert, „Demokratie Nachhaltigkeit?“. Die Autor*innen dieses Bandes beschäftigen sich aus unterschiedlichen fachlichen Perspektiven mit zentralen Fragen in diesem Kontext: Welche Rolle spielen ethische Argumente in der Debatte? Welche praktischen Lösungsansätze werden unter Zuhilfenahme demokratischer „Werkzeuge“ heute bereits erprobt? Müssen womöglich demokratische Institutionen und Prozesse modifiziert werden, um tragfähige Lösungen in der noch zur Verfügung stehenden Zeit zu finden? Wie kann das gelingen, ohne mühsam erstrittene demokratische Werte zu gefährden und gleichzeitig weiterhin die Einhaltung des 1,5-Grad Zieles als klimapolitische Weichenstellung ernst zu nehmen?

Wir danken herzlich allen, die mit ihren Beiträgen zum Gelingen sowohl der Tagung als auch dieser Publikation beigetragen haben!

Christian Müller, Carolin Bohn, Doris Fuchs, Tobias Gumbert und Benedikt Lennartz

Inhalt

Demokratische Nachhaltigkeitspolitik im Anthropozän

Tobias Gumbert, Carolin Bohn, Doris Fuchs, Benedikt Lennartz

1 Einleitung

Die Herausforderungen des Klimawandels und damit verbundene Anforderungen an die Entwicklung und Umsetzung von Nachhaltigkeitsstrategien sind, trotz nach wie vor zahlreicher konträrer Stimmen, als zentrale gesellschaftliche Aufgaben akzeptiert. Kaufentscheidungen, Mobilitätsverhalten, Ernährungsgewohnheiten – das Leben ist heute in all seinen Facetten einer ständigen Prüfung daraufhin unterzogen, ob es nicht auch „klimafreundlicher" ginge. Damit ist in aller Regel ein reduzierter Verbrauch von endlichen Ressourcen und ein Vermeiden von Treibhausgas-Emissionen gemeint. Was sich auf individueller Ebene vollzieht setzt sich auf Ebene von Organisationen fort: Unternehmen (insbesondere jene, die ihre Geschäfte nicht in einem begrenzten regionalen Raum abwickeln) sollen zunehmend ihre eigenen Lieferketten prüfen und überwachen und dabei auf die Einhaltung sozialer und ökologischer Standards achten. Das öffentliche Beschaffungswesen ist ebenfalls dazu angehalten sich an fairen und ökologisch verantwortlichen Leitlinien zu orientieren, angefangen vom Essen in der Kantine bis hin zu biobasierten Büroutensilien auf den Schreibtischen.

Der jüngste IPCC-Bericht (IPCC 2022) hat die Notwendigkeit dieser Dynamik untermauert: Der IPCC gibt an, dass selbst konservative Szenarien zur Erderwärmung die Überschreitung des 1,5°C-Ziels bereits für die nahe Zukunft prognostizieren.[1] Dabei nimmt der Bericht eine Kartographierung der zunehmenden Extremwetterereignisse und der daraus resultierenden Einflüsse auf unterschiedliche Ökosysteme und menschliche Gemeinschaften vor. Insbesondere die Menschen im globalen Süden sind überproportional von den Klimaveränderungen betroffen, während ihre Verursachung vor allem in Nordamerika und Europa, sowie zunehmend

---

1 „Considering all five illustrative scenarios assessed by WGI [working group I], there is at least a greater than 50% likelihood that global warming will reach or exceed 1.5°C in the near-term, even for the very low greenhouse gas emissions scenario." (IPCC 2022, 10).

in Ländern mit rapide expandierenden Mittelschichten, wie der VR China, begründet liegt. Die Klimakrise ist damit geprägt von immenser globaler Ungleichheit, während die Klimapolitik vor allem dem Versuch der Absicherung von in der Vergangenheit (unter Ausbeutung) erworbenen Privilegien zu dienen scheint. Dies hat einige Autor*innen dazu bewogen, den Begriff der „imperialen Lebensweise" für diesen Zusammenhang zu gebrauchen (Brand und Wissen 2017; siehe auch Lessenich 2016).

Etwa seit 1950, dem Zeitpunkt der „Großen Beschleunigung", nimmt der menschliche Naturverbrauch rasant zu: viele Marker des menschlichen Einflusses auf das Ökosystem (atmosphärische CO_2-Konzentration, Abholzung des Regenwaldes, Verlust der Biodiversität, etc.) steigen seit diesem Zeitpunkt exponentiell an (Steffen et al. 2011). Dass der Mensch dem aktuellen Zeitalter auf eine unvergleichliche Weise seinen Stempel aufdrückt, und damit im nach ihm benannten Anthropozän angekommen ist, ist kaum noch zu leugnen, auch wenn zur Anerkennung dieser neuen geologischen Einteilung noch Abstimmungen fachlicher Gesellschaften ausstehen (siehe Tremmel in diesem Band). Die globale Gemeinschaft hat in den 1980er Jahren damit angefangen, diese Zusammenhänge als Problem zu erkennen. Über mehrere große internationale Klimakonferenzen hinweg wurde versucht, die unterschiedlichen Ansprüche und Zielvorstellungen wirtschaftlicher Entwicklung und Armutsbekämpfung mit dem Schutz natürlicher Ressourcen und des Klimas in Einklang zu bringen. Erst 2015, mit dem Pariser Abkommen sowie den Nachhaltigkeitszielen der UN (SDGs), ist zum ersten Mal so etwas wie ein globaler Fahrplan erkennbar. Die Mitgliedsstaaten der Vereinten Nationen haben sich ihrer Verantwortung versichert und Maßnahmen und Mechanismen ergriffen, um insbesondere national ambitionierte Ziele zu entwickeln und umzusetzen (für kritische Stimmen zur Ambition der Vereinbarung siehe Meuleman und Niestroy 2015; Ari und Sari 2017).

Nachhaltigkeitspolitik im Anthropozän könnte, diesen grob skizzierten Entwicklungslinien folgend, auf folgende Formel gebracht werden: Sämtliche Akteure sind horizontal (über nationale Grenzen hinweg) und vertikal (über Governance-Ebenen hinweg, von der globalen bis zur individuellen Ebene) in einen Koordinations- und Kooperationszusammenhang zu bringen, ihnen sollten ausreichend Optionen und Anreize zu nachhaltigem Verhalten und Handeln zur Verfügung gestellt werden und die diesbezüglich notwendigen finanziellen Mittel und technologischen Infrastrukturen sollten fair verteilt werden. Es würde dann darum gehen, Gesellschaften in der Klimakrise nach diesen Vorgaben zu regieren und vor allem, unter dem Aspekt der Ressourcenschonung, effizient zu managen, Grenzwerte des Naturverbrauchs festzulegen und Akteurshandeln zur Einhaltung dieser Grenzen zu motivieren – wenn nicht sogar dazu zu verpflichten – sowie in neue technische Möglichkeiten zu investieren und diese aktiv zu fördern (siehe für eine Zusammenfassung dieser Logiken Schlosberg 2016). Vor diesem Hintergrund drängt sich nahezu die Frage auf: Braucht Nachhaltigkeitspolitik im Anthropozän überhaupt das Demokratische?

Tatsächlich werden in der öffentlichen, wie in der wissenschaftlichen Debatte in den letzten Jahren die demokratischen Rahmenbedingungen der Nachhaltigkeitstransformation und der Klimagovernance stärker thematisiert und hinterfragt. Verbunden mit dieser Thematisierung sind unter anderem das Aufkommen neuer sozialer Bewegungen, wie Fridays for Future oder Extinction Rebellion, welche die gegenwärtigen und insbesondere zukünftigen sozialen und ökologischen, durch die Klimakrise hervorgerufenen Schäden, als Anlass zur Mobilisierung nehmen und politische Eliten an ihre klimapolitischen Vereinbarungen und Zusagen erinnern (Martiskainen et al. 2020). Doch auch der insbesondere in europäischen Nationalstaaten erstarkende Populismus, welcher häufig klimaskeptische Haltungen in den nationalen Bevölkerungen aufgreift und befördert, zeigt die Risiken einer Nachhaltigkeitspolitik an, welche „am Demos vorbei" entworfen und durchgesetzt wird (Lockwood 2018; Huber et al. 2021). Politische Eliten und Entscheidungsträger*innen werden, diesen Entwicklungen folgend, in der Zukunft immer häufiger daran gemessen werden, dass die eingeschlagenen Pfade einer Nachhaltigkeitstransformation inklusiv und partizipativ umgesetzt werden und dass an der Zukunft orientierte Lösungen bei der Planung und prozessbegleitend demokratisch organisiert werden müssen.

Demokratische Nachhaltigkeitspolitik kann und sollte jedoch nicht auf die Funktionen der Legitimation und Akzeptanzbeschaffung reduziert werden. Die beiden schillernden Begriffe Demokratie und Nachhaltigkeit bilden ein Spannungsfeld, das in der wissenschaftlichen Literatur sowohl in Bezug auf die existierenden Herausforderungen als auch auf ihre Interaktionen sehr unterschiedlich diskutiert wird – einfache Kongruenzen sind hier nicht zu erwarten (Pickering et al. 2020; siehe ebenso Gesang in diesem Band). Der nächste Abschnitt gibt einen Überblick über diese unterschiedlichen Perspektiven auf das Verhältnis von Demokratie und Nachhaltigkeit und lotet zur Orientierung in diesem Forschungsfeld einige zentrale thematische Schwerpunkte und Debatten aus.

2 *Demokratie und Nachhaltigkeit – unüberwindbare Spannungen?*

> „How can sustainability be put in place within a democratic framework, that is, how can sustainability be democratic?" (Heidenreich 2018, S. 360)

Indem er diese Frage stellt, legt Heidenreich nahe, dass Nachhaltigkeit und Demokratie nicht per se in einem harmonischen Verhältnis zueinanderstehen. Die Vermutung, dass ihre Beziehung tatsächlich eher als gespannt betrachtet werden könnte, rufen ähnliche Fragen anderer Wissenschaftler*innen hervor: „Does Climate Change Trump Democracy?" (Stehr (2016, zitiert nach Peters 2019, S. 136) beispielsweise, oder „[...] how much or what sorts of sustainability and ecological concerns is compatible with liberal democracy?" (Barry 2001, S. 59f). Tatsächlich ist das Verhältnis von Nachhaltigkeit und (liberaler) Demokratie bereits seit mehr als zwei Jahrzehnten Gegenstand kontroverser Diskussionen, insbesondere im Bereich der sog. „Green Political Theory".

Eine breitere Debatte rund um die Vereinbarkeit von Liberalismus – und damit auch liberaler Demokratie – und Umwelt findet aus Sicht verschiedener Wissenschaftler*innen bereits seit den 1990er Jahren statt (Stephens 2016, S. 63f; Wissenburg 1998, S. 79). Einen zentralen Bezugspunkt bildete damals Wissenburgs renommiertes Werk „Green Liberalism: The Free and Green Society" (Stephens 2016, S. 63f). Tatsächlich wurden in dieser Frühphase, Mitte der 1990er, eine ganze Reihe vor allem konzeptueller und theoretischer Beiträge zu dieser Debatte veröffentlicht (siehe Achterberg 1993; Demirovic 1994; Eckersley 1995), darunter auch bereits fokussierte Sammelbände wie „Democracy and the Environment. Problems and Prospects" (Lafferty und Meadowcroft 1996) und „Democracy and Green Political Thought. Sustainability, Rights and Citizenship" (Doherty und de Geus 1996).[2] Nichtsdestotrotz, so kritisieren einzelne Wissenschaftler*innen, seien noch viele unzureichend bearbeitete und daher weiter ungeklärte Fragen mit Blick auf das Verhältnis von (liberaler) Demokratie und Nachhaltigkeit offen. Heidenreich zufolge gibt es zwar eine „extensive debate concerning the question as to what degree sustainable politics and liberal ideas contradict each other" (Heidenreich 2018, S. 359), gleichzeitig habe sich die auf normative Aspekte von Politik und Demokratie fokussierte Politische Theorie aber bisher nur unzureichend mit den Konsequenzen einer Großen Transformation für das liberal-demokratische Sys-

---

2 Empirische Analysen finden sich z.B. in Midlarsky 1998.

tem auseinandergesetzt – eine entsprechende Debatte sei erst jetzt in der Entstehung begriffen (ebd., S. 358).

So erschienen unlängst verschiedene Beiträge, Aufsatzsammlungen und Handbücher, welche die Debatten im „Demokratie-Nachhaltigkeits-Nexus" kartiert und in unterschiedliche Richtungen erweitert haben (Schlosberg et al. 2019; Pickering et al. 2020; Bornemann et al. 2022).[3] Dabei kann das Verhältnis beider Begriffe vor dem Hintergrund unterschiedlicher konzeptueller und empirischer Überlegungen verschiedenen Typen zugeordnet werden. Gegenwärtig viel diskutiert ist Eckersleys (2019) Unterscheidung zwischen „Ecological Democracy" und „Environmental Democracy". Knapp zusammengefasst geht das Konzept der „Environmental Democracy" davon aus, dass eine Versöhnung zwischen demokratischen und nachhaltigkeitsbezogenen Idealen weitgehend durch eine Reform bestehender Institutionen der liberalen Demokratie und des Kapitalismus erreicht werden könnte. Gegenstand dieser Reformen seien u.a. eine stärkere Integration und Berücksichtigung zivilgesellschaftlicher Perspektiven, eine Ausweitung substanzieller und prozeduraler Umweltrechte sowie insgesamt eine Orientierung am Leitbild der ökologischen Modernisierung. „Ecological Democracy" formuliere hingegen eine grundlegendere Kritik am neoliberalen Umweltschutz und spräche sich für eine politische Agenda aus, die insgesamt transformativer, partizipativer, kosmopolitischer und ökozentrischer ausgerichtet sei als innerhalb des „Environmental Democracy"-Ansatzes. Diese Gegenüberstellung kann, wenn einzelne Variablen wie Werte, Menschenbild, Einstellung zum Liberalismus, Vision von sozialem Wandel, relevante Institutionen und Akteure, etc. betrachtet werden, auch als Spektrum bezeichnet werden, welches zur graduellen Bestimmung und Einordnung empirischer Phänomene an der Schnittstelle von Demokratie und Nachhaltigkeit genutzt werden kann (Pickering et al. 2020, S. 4).

Anhand dieser Dimensionen ist bereits abzulesen, welche Schwerpunkte die Forschung entlang des „Demokratie-Nachhaltigkeit-Nexus" in den letzten Jahren gesetzt hat. Zum einen wurden die in den 1990er Jahren aufgeworfenen theoretischen Debatten weiter vertieft und um neue Per-

---

3 Dabei lassen sich auch immer wieder Beiträge identifizieren, welche die Frage aufwerfen, ob autoritäre Systeme auf Basis ihrer „Umwelt-Performance" nicht bessere Rahmenbedingungen bzw. eine bessere Eignung zur Umsetzung von Nachhaltigkeit aufweisen würden. Etwaige Debatten rund um die Begriffe „Ökoautoritarismus" oder „Öko-Diktatur" (Ophuls 1977; Pötter 2010) wollen wir an dieser Stelle jedoch nicht weiter vertiefen, da die Demokratie bzw. das Demokratische den normativen Ausgangspunkt unserer Überlegungen bildet und sämtliche Problemlösungsansätze das hier skizzierte Spannungsfeld als Bedingung voraussetzen.

spektiven ergänzt: der „Grüne Liberalismus“ (De Geus 2001; Wissenburg 2001; Stephens 2016), der „Grüne Republikanismus“ (Barry 2008; 2012; Cannavò 2016; Pinto 2020) sowie eine Reihe kritischer und nicht-westlicher Ansätze (Blühdorn 2013; Biro 2016; Godrej 2016; Inoue et al. 2020) bereichern die Debatte um unterschiedliche Problemdiagnosen und Lösungsansätze. Allen ist jedoch gemein, dass das liberale Institutionen-Setting als Ausgangspunkt und Folie zur Abgrenzung dient. So wird bspw. der große Stellenwert von Individualität im Liberalismus problematisiert, mit dem in der Regel die Norm der Akkumulation von Konsumgütern und Besitz einhergehe, sodass in der Folge das gute Leben implizit mit befriedigten materiellen Wünschen gleichgesetzt würde (De Geus 2001, S. 28). Abhängigkeiten von der Natur oder anderen Menschen spielen vor diesem Hintergrund sowohl aus Eckersleys Sicht (2004) als auch aus Sicht anderer Wissenschaftler*innen keine Rolle: im Liberalismus dürfe das Individuum die Natur nach Belieben für seine Zwecke nutzen oder sie sich aneignen und sei ihr nicht unterworfen.

Weitere themenspezifische Diskurse behandeln Partizipation, Anerkennung und einen erweiterten Zugang zivilgesellschaftlicher Gruppen zu demokratischen Entscheidungsprozessen (Gabrielson 2008; Peters 2019), sowohl was konstruktive Reformverschläge (Delina 2018; Bohn 2019), kritische Perspektiven auf aktuelle Entwicklungen (Blühdorn und Butzlaff 2020) oder partizipative Möglichkeiten jenseits des nationalstaatlichen Raums (Mert 2019) betreffen. Gerade wenn es um die Demokratisierung politischer Institutionen mit dem erklärten Ziel geht, Nachhaltigkeitsbelange stärker zu berücksichtigen – unabhängig davon, ob es sich um kommunale Prozesse oder globale Umweltgovernance handelt – ist die aktive Partizipation vormals wenig berücksichtigter oder ausgeschlossener Akteure zu einer Schlüsselstrategie avanciert. Beteiligung, sowohl als normative Orientierung wie als praktischer politischer Prozess, findet demnach auch in der wissenschaftlichen Literatur breite Aufmerksamkeit. Neu entstehende soziale Bewegungen, die sich insbesondere als Stimme zukünftiger Generationen verstehen sowie im Interesse nicht-menschlicher Lebewesen handeln, sind daher zunehmend Gegenstand wissenschaftlicher Reflektion im Demokratie-Nachhaltigkeit-Nexus (Martiskainen et al. 2020; Stuart et al. 2020; Asara 2022). Herbei gesehnte Veränderungen werden nach wie vor überwiegend mit den Aktivitäten „neuer“ oder bislang wenig beachteter Akteursgruppen verknüpft, auch wenn häufig unklar ist, ob und wenn ja, wie vorgebrachte politische Forderungen demokratische Institutionen überhaupt „nachhaltig“ beeinflussen können.

Ein weiterer zentraler Forschungsschwerpunkt geht eben dieser Frage nach der Absicherung eines sich stets verändernden politischen Klimas und der Verstetigung nachhaltigkeitspolitischer Entscheidungen nach und fokussiert auf die Entwicklung von (in der Verfassung verankerten) Umweltrechten (Hayward 2005; Barry 2008; Hiskes 2009; Daly 2012; Gellers 2017). So argumentieren Baber und Bartlett (2019):

> if something approximating ecological democracy is ever to be realized in the human environment – something beyond the imaginings of theorists and utopian fiction writers – then it will be necessary for a significant body of environmental rights to be universally recognized, and for governance arrangements to be created that will give them substantive impact via an extended rule of law. (S. 12)

Solche Argumente bauen auf der Annahme auf, dass auch im Anthropozän, einem Zeitalter in dem die Menschheit ihre Verantwortung für die statt findenden geophysischen Veränderungen zunehmend anerkennt, die wesentlichen politischen und wirtschaftlichen Aktivitäten immer noch von einer kapitalistischen, wachstums- und wettbewerbsorientierten Grundhaltung bestimmt werden, welche die rapide Ausweitung von Umweltrechten notwendig macht. Diese sei sowohl nötig um vergangene Schäden angemessen zu adressieren als auch nachhaltigkeitsbezogene Verpflichtungen auf Basis dieser Rechte aussprechen zu können.

Dies sind nur einige Blitzlichter einer sich rasant entwickelnden Forschungslandschaft an der Schnittstelle von Demokratie und Nachhaltigkeit (für einen detaillierten Überblick zu weiteren Themengebieten siehe Bornemann et al. 2022). Eines wird hier jedoch bereits deutlich: die Entwicklung der Forschungsliteratur in diesem Feld hängt direkt mit den großen Herausforderungen zusammen, vor denen liberale Demokratien momentan stehen, und die Anlass zur Skepsis geben, ob die notwendigen Maßnahmen rechtzeitig mit der gebotenen Entschlossenheit getroffen werden. Doch inwiefern wird das Verhältnis von Demokratie und Nachhaltigkeit hier genau problematisiert?

Für eine Annäherung an das Verhältnis von Demokratie und Nachhaltigkeit kann zunächst der Blick von der jeweils einen auf die andere Seite gerichtet werden: kann Demokratie zu mehr Nachhaltigkeit beitragen, und bieten sich Nachhaltigkeitsherausforderungen überhaupt für demokratische Lösungsansätze an? Dabei gilt es zudem die unterschiedlichen Ebenen zu bedenken, denn das Verhältnis von Demokratie und Nachhaltigkeit stellt sich grundverschieden dar, je nachdem ob wir kommunale, nationalstaatliche oder globale Prozesse beobachten. Wir werfen zunächst einen Blick auf die demokratischen „Shortcomings“ wenn es um die Durchsetzung und Umsetzung von Nachhaltigkeit geht, und gehen anschließend dazu über zu ergründen, inwiefern Nachhaltigkeitsherausforderungen besondere Hürden für demokratische Governance darstellen.

Dem liberalen demokratischen System wird häufig vorgeworfen für die Beförderung einer Nachhaltigkeitstransformation schlecht aufgestellt zu sein. Dafür wird erstens der kurze Zeithorizont herangezogen, in dem sich wesentliche demokratische Institutionen erneuern: kurze Legislaturperioden motivierten eine anhaltende Kurzsichtigkeit auf Ebene der gewählten Repräsentant*innen des Volkes, was die Planung und Vision größerer politischer Projekte erschwere (Ellis 2016; Smith 2021). Dies sei einer der zentralen Gründe für die Gegenwartsfixierung demokratischer Politik. Ein zweiter Grund sei die Verstrickung von politischen und wirtschaftlichen Interessen durch Lobbying und anderer Formen der Einflussnahme auf den Agenda-Setting Prozess, welche häufig progressivere Nachhaltigkeitspolitiken blockierten oder diesen zumindest entgegenliefen (Eckersley 2004; Fuchs et al. 2016). Während korporatistische Systeme auf Interessensausgleich und die Einbindung gesellschaftlicher und wirtschaftlicher Gruppen in politische Entscheidungsprozesse abzielen und damit sicherstellen, dass Interessen in der Breite repräsentiert werden können, hat sich dieser Zugang aufgrund des immens gewachsenen Einflusses wirtschaftlicher Interessensgruppen als demokratische Schwachstelle erwiesen. In Deutschland etwa werden wirkungsvolle Schutzmechanismen zwar regelmäßig öffentlich diskutiert, doch hohe Honorare für Vorträge oder gut dotierte Aufsichtsratsposten für politische Mandatsträger sind dabei nur die sichtbare Spitze eines mittlerweile eng verzahnten Politik-Ökonomie-Komplexes. Eine tatsächliche, effektive Regulierung dieser Verquickung lässt weiter auf sich warten. Eine dritte mögliche Barriere des demokratischen Systems für eine gezielte Förderung und Umsetzung ambitionierter Nachhaltigkeitspolitik und weitreichender Klimaschutzmaßnahmen wird im hohen Stellenwert persönlicher Freiheitsrechte gesehen. „Das“ liberale Menschenbild wird oftmals insofern als „individualistisch“ charakterisiert, als dass die individuelle Freiheit des Individuums hier als Ausgangspunkt dient und staatliche Eingriffe in diese Freiheit nur möglichst zurückhaltend erfolgen sollten (Schuck 2002, S. 132ff; Wissenburg 1998, S. 36ff; Wissenburg 2001, S. 192). Individuelle Freiheit dürfe insbesondere nicht mit dem Verweis auf ein substanzielles Wohl der Gemeinschaft beschnitten werden – jede*r Bürger*in soll hingegen „seine“ bzw. „ihre“ Version des guten Lebens weitestgehend unbehelligt verwirklichen können (Eckersley 1996, S. 212; Schuck 2002, S. 141). Der liberale Staat wird hier in der Rolle gesehen, nach Möglichkeit bestehende Freiheiten zu garantieren oder gar auszuweiten. Es gibt nur wenige Rechtfertigungen, welche die Einschränkung unternehmerischer und persönlicher Freiheiten – und damit selbstverständlich die Freiheit der Produktion und des Marktes wie auch die Freiheit des Konsums – aus dieser Perspektive begründen können. Die im Frühjahr 2020 einsetzende Corona-Pandemie hat hier sicher geglaubte Weisheiten erschüttert: die Einschränkung umfassender persönlicher und sozialer Freiheiten, und dadurch die Inkaufnahme eines unvergleichbaren Einbruchs des BIPs nahezu aller Volkswirtschaften, zum Schutz menschlicher Gesundheit und im Interesse gesellschaftlicher Wohlfahrt war bis zu diesem Zeitpunkt undenkbar. Es bleibt abzuwarten, ob Gesellschaften aus der Pandemie Lehren für nationale Nachhaltigkeitspolitiken ziehen werden, doch aller Voraussicht nach werden es Befürworter*innen notwendiger Reduktionspfade und einer Politik der Suffizienz in der gegenwärtigen Kultur eines Freiheitsbegriffs, der auf die Ausweitung stetig wachsender Optionen setzt, weiterhin sehr schwer haben (siehe Dierksmeier in diesem Band).

Wenn wir nun die Frage „andersherum" stellen, fragen wir nicht nur, ob Demokratie Nachhaltigkeit kann (siehe Gesang in diesem Band), sondern umgekehrt auch, ob Nachhaltigkeit Demokratie kann. Wir versuchen also herauszufinden, ob sich die bestehenden Herausforderungen überhaupt für eine demokratische Bearbeitung eignen und stoßen dann auch hier sehr schnell auf tiefe Vorbehalte. Erstens sind Nachhaltigkeitsprobleme in der Regel hochkomplex und stellen bereits für die wissenschaftliche Forschung und die wissenschaftsinterne Kommunikation (interdisziplinär – zwischen den Disziplinen – und transdisziplinär – zwischen Wissenschaft und anderen gesellschaftlichen Gruppen) erhebliche Hürden da. Wie wirksam Politiken in Bezug auf eine angestrebte Transformation vor dem Hintergrund komplexer Nachhaltigkeits- und Klimazusammenhänge sein können, ist damit stets von hoher Unsicherheit geprägt. Wenn Umweltprobleme, zweitens, spezifische Grenzwerte überschreiten sind diese zudem irreversibel, d.h. sie können nachträglich nicht rückgängig gemacht werden, was der „Natur" des demokratischen Systems, dessen Entscheidungen stets reversibel sein sollen, um den Willen der gegenwärtig souveränen Bevölkerung abbilden zu können, zuwiderläuft (Ellis 2016). Letztlich sind, drittens, der Klimawandel wie auch eine ganze Reihe weiterer Umweltprobleme grenzüberschreitend, d.h. sie lassen sich nicht alleinig im nationalen Kontext bearbeiten, wovon der mittlerweile riesige Umfang der globalen Klimagovernance ein eindrückliches Zeugnis ist. Da der Klimawandel immense globale Ungleichheiten und Ungerechtigkeiten produziert, müssten diese „externen Effekte" im demokratischen Prozess mitgedacht werden und Gegenstand von Verhandlung und Entscheidung sein. Genau dies ist jedoch selten bis nie der Fall: die Temporalität und die Globalität, also die zeitlichen und räumlichen Dimensionen der Klima-

und Umweltkrisen, übersteigen für gewöhnlich den Horizont demokratischer Institutionen. Davon sind insbesondere Fragen der Repräsentation berührt (Thompson 2010; Monaghan 2013; Beyleveld et al. 2015; Bertenthal 2020). Während die Umsetzung von Nachhaltigkeit die Einbeziehung der Interessen aller Betroffenen, d.h. auch der Interessen von Menschen außerhalb jeweiliger nationalstaatlicher Grenzen, noch nicht geborener Menschen und eventuell sogar nicht-menschlicher Wesen, voraussetze, würden in der liberalen Demokratie nur die Interessen der jeweils wahlberechtigten Bürger*innen repräsentiert und nur diese fänden Eingang in politische Entscheidungsprozesse (und selbst das ist nur idealtypisch der Fall, wie jüngere Studien der Responsivitätsforschung zur Übereinstimmung von politischen Entscheidungen und dem Willen der Bürger*innen nahelegen; Elsässer et al. 2017, siehe auch Siepker in diesem Band). Die Politik diene damit zwar dem Wohl der Gemeinschaft, allerdings einer (u.a. räumlich und zeitlich) sehr eng bemessenen anthropozentrisch gedachten Gemeinschaft, und insbesondere die Repräsentation der Interessen *aller* von nachhaltigkeitsrelevanten Entscheidungen Betroffener sei somit kaum möglich (Eckersley 2004, S. 93; Blühdorn 2010, S. 8; Gesang 2014, S. 22ff).

Diese skeptischen und teilweise düsteren Diagnosen hindern jedoch viele Akteure nicht daran, immer wieder aufs Neue – mit neuen Modellen, neuen Methoden, neuen Experimenten – den Versuch zu unternehmen, die inhärenten Spannungen von Demokratie und Nachhaltigkeit zu überwinden oder zumindest zu verringern. Dieser Band zu aktuellen Perspektiven auf das Verhältnis von Demokratie und Nachhaltigkeit versteht sich ebenso nicht als eine bloß erneute Problematisierung und Aufzählung der oben angeführten Herausforderungen. Die hier versammelten Autor*innen sind geeint in der Suche nach Ideen und praktischen Umsetzungsmöglichkeiten wie eine Nachhaltigkeitstransformation demokratisch gelingen kann, sowohl in kurzfristiger als auch in mittelfristiger Perspektive. Oder anders formuliert: Die Frage „how to reconcile two normative ideals: ensuring environmental sustainability while safeguarding democracy“ (Pickering et al. 2020, S. 1) zieht sich explizit oder implizit durch alle Beiträge. Diesem Anspruch folgend sind die Beiträge des Bandes in drei Sektionen aufgeteilt: (1) „Konzeptuelle Debatten“, welche über den Weg der Reflektion neue Wege aufzeigen und Denkanstöße geben möchten, (2) „Praktische Herausforderungen“, die auf das Handeln von Akteuren blicken die sich bereits heute der demokratischen Bearbeitung von Umwelt- und Nachhaltigkeitsproblemen verschrieben haben, und (3) „Demokratische Entwürfe“, die konkrete strukturelle und institutionelle Vorschläge dazu unterbreiten, wie die Demokratie in Zukunft responsiver und in vielerlei Hinsicht „angemessener“ auf Nachhaltigkeitsherausforderungen reagieren kann. Der Band wirft damit einen Blick auf das politische Denken, das politische Handeln und das politische Gestalten an der Schnittstelle von Demokratie und Nachhaltigkeit.

3 Konzeptuelle Debatten

Im Kontext klima- und nachhaltigkeitspolitischer Debatten macht sich unter einer Vielzahl von Akteuren eine gewisse Skepsis gegenüber der Notwendigkeit theoretischer und ethischer Reflektion breit. So wird gerade unter Bewegungsakteuren und zivilgesellschaftlichen Initiativen häufig die Meinung geäußert, die Politik müsse nur konsequenter und vor allem zügiger Akteure zu verantwortungsvollem Handeln verpflichten und Fehlverhalten stärker regulieren; die wissenschaftlichen Fakten seien schließlich lange bekannt, jetzt gelte es zu handeln. Gemessen an der Dringlichkeit und Größe der zu bewältigenden Herausforderungen ist dieser Handlungsaufruf sicherlich richtig und faktisch wie moralisch geboten. Und doch liegt in der Auftrennung von praktischem politischem Handeln, auf der einen, und der Reflexion über demokratische Governance, auf der anderen Seite, eine nicht zu unterschätzende Gefahr. Anhand der folgenden viel zitierten Formulierung Max Webers (1978) lässt sich die Relation von Handeln und Reflektion als miteinander integriert fassen:

> Interessen (materielle und ideelle), nicht: Ideen, beherrschen unmittelbar das Handeln der Menschen. Aber: die ‚Weltbilder', welche durch ‚Ideen' geschaffen wurden, haben sehr oft als Weichensteller die Bahnen bestimmt, in denen die Dynamik der Interessen das Handeln fortbewegte (S. 252).

Reflektion ist notwendig, um die eingeschlagenen Pfade des politischen Handelns nachzuverfolgen und ggf. (rechtzeitig) korrigieren zu können. Nach einem klassischen Politikverständnis geht es in der Politik stets um die Aggregation von Interessen und Präferenzen und darum, bei der Verteilung von Gütern und (materiellen wie immateriellen) Werten einen fairen Ausgleich anzustreben. Doch im Feld der Nachhaltigkeitspolitik geht es, heute vielleicht mehr als in jedem anderen Politikfeld, verstärkt um Präferenztransformation, um das Abändern eingetretener Pfade und Verhaltensgewohnheiten sowie der Abkehr von BAU (Business As Usual)-Strategien, auf individueller wie auf institutioneller Ebene (Bohn 2019; Gumbert 2022). Dazu bedarf es spezifischer Fähigkeiten und Tugenden, die im demokratischen System ausgebildet, geschult und ständig wiederholt werden müssen und ebenso einer Reflektion auf Ebene der Kultur

– Webers Weltbilder – um soziale Handlungen und Praktiken in einen größeren Gesamtzusammenhang einordnen und Orientierung bieten zu können.

Das Feld der Environmental Political Theory (stellvertretend Gabrielson et al. 2016; Vanderheiden 2020) leistet eben diese wichtige Funktion der theoretischen Reflektion und Orientierungshilfe. Perspektiven darauf, wie nachhaltigkeitspolitische Strategien entworfen und umgesetzt werden sollten, unterscheiden sich teilweise enorm, je nachdem, ob beispielsweise eine liberale, republikanische, kommunitaristische oder radikaldemokratische Perspektive angelegt wird (siehe z.B. Machin 2013). Sie differieren etwa in Bezug auf das zugrunde gelegte Menschenbild oder den Stellenwert, der einzelnen Werten (Freiheit, Gleichheit, Gemeinschaft, etc.) beigemessen wird und legen dementsprechend verschiedene normative und ethische Maßstäbe an. Insbesondere der Begriff der Ethik selbst bedarf in klima- wie nachhaltigkeitspolitischen Debatten einer Klärung, damit nicht vermeintlich *softe* ethische Prinzipien den *harten* politischen und ökonomischen Realitäten entgegengestellt werden, um deren Relevanz dadurch zu mindern. **Anne Käfer** diskutiert in diesem Band die Bedeutung der Ethik für Fragen demokratischer Nachhaltigkeitspolitik. Die Unterscheidung der Sphären „Ethik" und „Politik" ermögliche es, unterschiedliche Verständnisse von „gut" und „gerecht" wahrzunehmen und diese von der Realität politischer Verhandlungen und politischer Kompromisse zu unterscheiden. Aufgabe der Ethik sei es, so Käfer, auf zugrunde liegende Überzeugungen aufmerksam zu machen, diese zu reflektieren und so dazu beizutragen, den Eingang dieser Vorstellungen in unterschiedliche politische Programme sichtbar zu machen.

Zu weiteren zentralen Begriffen, die insbesondere für Debatten an der Schnittstelle von Demokratie und Nachhaltigkeit eine besondere Rolle spielen, gehört der Begriff der Freiheit. In der Öffentlichkeit als (zu) ambitioniert bezeichnete Klima- und Nachhaltigkeitsziele stehen in liberalen Demokratien schnell unter dem Verdacht, die Freiheit des Einzelnen einzuschränken und generell zu stark in die Freiheit der Produktion und des Konsums einzugreifen. Vorwürfe der Befürwortung einer Ökodiktatur oder gar der Entwicklung hin zum Ökofaschismus werden in diesem Zusammenhang immer wieder laut, um demokratische Klimapolitiken zu diffamieren. Insbesondere das Verhältnis von Freiheit und Grenzen – Grenzziehungen im Namen der Reduktion von Treibhausgasen und des Schutzes von Ökosystemleistungen – werden regelmäßig debattiert (Bohn und Gumbert 2020). Demokratische Nachhaltigkeitspolitik braucht beides: eine Auseinandersetzung mit dem Begriff der Grenze (siehe auch Gumbert in diesem Band), sowie eine Debatte darüber, welcher Freiheitsbegriff geeignet ist, demokratische Gesellschaften auf die mit dem Klimawandel verbundenen Herausforderungen des 21. Jahrhunderts vorzubereiten. **Claus Dierksmeier** leistet in diesem Band einen Beitrag zu dieser Debatte, indem er sich für einen qualitativen Freiheitsbegriff (gegenüber einer quantitativen Ausrichtung) ausspricht, um damit unter anderem den scheinbaren Konflikt zwischen Freiheit und Nachhaltigkeit aufzulösen. Durch den Fokus auf einen Begriff qualitativer Freiheit, der darauf achtet, welche Freiheiten wir einander einräumen und wessen Freiheit wir ermöglichen, sei es möglich, eine konkrete Integration liberaler und ökologischer Interessen zu verwirklichen.

Ein anderer Begriff, der aus der Debatte um demokratische Nachhaltigkeitspolitik nicht mehr wegzudenken ist, ist der Begriff der Verantwortung. Gerade wenn, wie oben ausgeführt, demokratische Nachhaltigkeitspolitik freiheitliches Handeln innerhalb notwendiger sozialer und ökologischer Grenzen stützen und verteidigen sollte, erweist er sich als ein immer stärker anleitendes Handlungsprinzip. Der Verantwortungsbegriff hat Verpflichtungscharakter, denn wer Verantwortung übernimmt, erkennt entweder vergangene Schäden an, bedenkt die in die Zukunft weisenden Folgen des eigenen Handelns und/oder ist an einer aufrichtigen Klärung wichtiger Fragen sowie der Lösung gegenwärtiger Problemlagen interessiert. Dafür bedarf es jedoch eines Bewusstseins dieser Probleme sowie der zugrundliegenden Zusammenhänge und der Freiheit (und Ressourcen), das Handeln nach den eigenen Vorstellungen auszurichten. Diese wesentlichen Voraussetzungen für die Übernahme sowie für die Zurechnung von Verantwortung werden heute vor besondere Herausforderungen gestellt, die verantwortliches Handeln erschweren. Die Folgen des individuellen wie kollektiven Handelns sind im Kontext des Nachhaltigkeitsbezugs räumlich und zeitlich entgrenzt, das heißt es ist nicht mehr einsehbar, an welchen Orten und zu welcher Zeit sich Folgen materialisieren. Um Verantwortungsübernahme gesellschaftlich zu stärken, müssen jedoch die Perspektiven der Globalität und der Intergenerationalität eine feste Bezugsgröße für individuelles und kollektives Handeln werden. **Armin Grunwald** nimmt sich in diesem Band den Dilemmata und Herausforderungen des Verantwortungsbegriffs in liberalen Konsumgesellschaften an. Ausgehend von der These, dass Konsument*innen einen entscheidenden Beitrag zur Überwindung der Klimakrise leisten können (unter erheblichem moralischen Druck auf das individuelle Konsumhandeln, wohlgemerkt) argumentiert er, dass Konsument*innenverantwortung zwar notwendig sei, die Engführung auf diese jedoch die Nachhaltigkeitskrise nicht lösen könne. Nur in Verbindung mit Bürger*innenverantwortung, die er wesentlich weiter fasst, könne der Wandel gelingen.

Diese konzeptuellen Debatten an der Schnittstelle von Demokratie und Nachhaltigkeit legen der Wissenschaft selbst eine besondere Verantwortung auf. Die Zusammenhänge zwischen demokratischem System und den diversen Nachhaltigkeitsherausforderungen erfordern ein konstantes Prüfen auch neuer Studien und Forschungsergebnisse, die zunächst nicht im engeren Sinne dem Themenkomplex zugehörig erscheinen. **Basil Bornemann** setzt sich auf theoretischer Ebene mit zwei aktuellen Phänomenen auseinander, die jeweils unterschiedliche Dynamiken entwickelt haben und doch auf vielfältige Weise aufeinander verweisen: der Nachhaltigkeitstransformation und dem Erstarken des Populismus. Dabei nimmt er die möglichen Interaktionen aus beiden Richtungen in den Blick, die Nachhaltigkeitstransformation als Treiber oder Bremser des Populismus, sowie den Populismus als Förderer oder Hinderer der Nachhaltigkeitstransformation. In der Analyse setzt der Beitrag unterschiedliche Transformationsansätze in Verbindung zum Populismus und bietet dadurch eine aktuelle Diagnose an, wie gut (bzw. schlecht) die Nachhaltigkeitsforschung es versteht, die gesellschaftlichen Herausforderungen des Populismus in der eigenen Forschung mitzudenken und abzubilden. Damit leistet der Beitrag die bereits weiter oben angesprochene Funktion, die Forschung in ihrer Selbstreflexivität und Orientierung zu unterstützen und damit auch gesellschaftliche Bearbeitungsstrategien anzuleiten.

4 Praktische Herausforderungen

Im Zusammenhang mit der Bewältigung der Klimakrise sowie drängenden Nachhaltigkeitsherausforderungen wird die aktive Rolle von Bürger*innen und zivilgesellschaftlichen Vereinigungen von der medialen Öffentlichkeit immer häufiger eingefordert und zunehmend von politischer Seite auch entsprechend gefördert. Dabei ist insbesondere der Einbezug von Individuen in nachhaltigkeitsbezogene Verfahren und Projekte in den letzten Jahrzehnten rasant fortgeschritten. So sind etwa im Rahmen der Energiewende die Möglichkeiten individueller Beteiligung auf vielfältige Weise ausgebaut worden, von Möglichkeiten an Informationsveranstaltungen teilzunehmen, über finanzielle Beteiligungsmodelle (Anteile an neu entstehenden Windanlagen) bis hin zur Teilnahme an Deliberations- oder Planungsverfahren selbst. Insgesamt profitieren gerade beteiligungswillige Bürger*innen davon, dass die Prozessdimension politischer Entscheidungen gegenüber der reinen Output-Dimension in den letzten Jahrzehnten beständig an Bedeutung gewonnen hat (Newig et al. 2011). Diese Entwicklungen sind alles andere als zufällig, haben doch sowohl öffentliche als auch private Akteure ein Interesse daran, ein gewisses Maß an bürger*innenschaftlicher Beteiligung zu gewährleisten. Zum einen dient Beteiligung der Legitimation politischer Entscheidungen in Sachfragen, die sich ständig zunehmender Komplexität sowie von großer Vielfalt geprägter normativer Urteile ausgesetzt sehen. Zum anderen hat die Neoliberalisierung des Staates, d.h. die Deregulierung und Privatisierung öffentlicher Aufgaben und Versorgungsleistungen, die Bedeutung der Nachfrageseite und den Fokus auf den Energieverbrauch privater Haushalte besonders gestärkt.

Diese Prozesse der Ausweitung bürger*innenschaftlichen Engagements können von außen betrachtet als ein „Mehr an Demokratie" gelesen werden, bzw. tragen auf diese Weise zur Entstehung neuer Kanäle potenzieller Einflussnahme und Mitbestimmung durch die Bevölkerung bei. Dabei ergeben sich für die Prozesse selbst besondere Herausforderungen: Fairness, Mitbestimmung sowie eine gleiche Interessensgewichtung sind als Ziele dabei nur durch umfassende Reflektion und ein adäquates Verfahrensdesign von Beginn an zu gewährleisten. Ein zentrales Grundanliegen ist dabei die Repräsentativität der Gruppe der Beteiligungswilligen. **Lena Siepker** diagnostiziert in diesem Band die Ungleichverteilung von Engagement und Beteiligung in Deutschland als ein zentrales Hindernis für eine gelingende sozial-ökologische Transformation. Siepker diskutiert in ihrem Beitrag Kritierien, nach denen sich Beteiligung unterscheidet und skizziert darauf aufbauend vier Lösungsansätze: die Förderung politischer Gleichheit, die Förderung der Inklusivität zivilgesellschaftlicher Einflussmöglichkeiten, die Förderung der Responsivität politischer Entscheidungsträger*innen sowie die Förderung der Integration des Nachhaltigkeitsgedankens in das Gemeinwohl.

Während der Beitrag Ansatzpunkte für Reformen hinsichtlich individueller Beteiligung auf Ebene demokratischer Institutionen diskutiert (z.B. Ausweitung und Diversifizierung bürger*innenschaftlicher Beteiligungsoptionen), muss der Blick zusätzlich auch auf konzertiertes Engagement und den Zusammenschluss zu kooperativen Vereinigungen und Verbänden seitens der Bürger*innen gelegt werden. Die Forderung nach neuen sozial-ökologischen Transformationspfaden ist gegenwärtig eng mit der Kultivierung neuer, kollektiver und politisch verorteter Konsumpraktiken verknüpft, insbesondere, da der dominante Fokus auf die individuelle Modifizierung von Konsument*innenverhalten zunehmend als politisch ungenügend angesehen wird (Kasper 2016). Dabei organisieren sich Konsument*innen immer öfter im Rahmen gemeinschaftlicher Initiativen (z.B. Foodsharing) mit dem Ziel, den nicht-nachhaltigen Umgang mit spezifischen Gütern oder Ressourcen zu verändern und die dazu gehörigen Alltagspraktiken zu restrukturieren (Schlosberg/Coles 2016). Durch solche Initiativen können wichtige Impulse für neue Organisationsmodi im Bereich der Produktion, Distribution oder des Konsums entstehen sowie damit verbunden alternative Formen demokratischer Teilhabe. **Sigrid Kannengießer** diskutiert in diesem Band entlang dieser Überlegungen die Schnittstelle von politischer Partizipation, kritischem Konsum und Nachhaltigkeit anhand eines praktischen und überaus aktuellen Beispiels: der Entwicklung und Verbreitung von Repair-Cafés. In Reparaturinitiativen engagieren sich Menschen mit dem Ziel, Nachhaltigkeit zu fördern und werten ihr Handeln, gerade auch durch die Gemeinschaft vor Ort, häufig als Form der politischen Partizipation. Obgleich die Ausweitung der Praktik des Reparierens, so Kannengießer, die Gesellschaft potenziell nachhaltiger mache, indem sie durch Nutzungsdauerverlängerung sowohl zur Ressourcenschonung als auch zur Müllvermeidung beitrage, so müssten Lösungen vor allem auch jenseits der Mikroebene der Alltagspraktiken ansetzen, um strukturelle Treiber zu adressieren.

Neben den von Kannengießer diskutierten konsumkritischen Praktiken sind es zunehmend auch dezidiert politische Initiativen welche sich – im Gegensatz zu den Initiativen, die einen Beitrag über praktische Reduktionsbemühungen leisten – über demokratische Wege für eine grundlegende Berücksichtigung nachhaltigkeitsrelevanter Belange in verschiedenen Sektoren engagieren. Der Beitrag von **Christian Wimberger** und **Benedikt Lennartz** befasst sich am Beispiel des Sorgfaltspflichtengesetzes und der Initiative Lieferkettengesetz exemplarisch mit den Hindernissen und Hürden, mit denen sich solche politischen Initiativen auseinandersetzen müssen. Die enge Verzahnung von wirtschaftlichen und politischen Interessen führt im demokratischen System häufig zu einer Verlangsamung bzw. einem dauerhaften Aufschub von Gesetzesinitiativen, die Akteure zu umfassenderem nachhaltigem Handeln verpflichten wollen, wo freiwillige Selbstverpflichtungen wenig Ambition zeigen (Fuchs und Kalfagianni 2010). Das Beispiel zeigt welchen demokratischen Beitrag die außerparlamentarische Aggregation von Interessen in Form von Aktionsbündnissen und vereinzelt überaus heterogenen Interessenskoalitionen leisten kann und wie zivilgesellschaftliches Engagement, trotz Widerständen, politische Ergebnisse hervorbringen kann.

Die Sektion zu den praktischen Herausforderungen einer demokratisch organisierten Nachhaltigkeitstransformation nimmt damit verschiedene relevante Konstellationen in den Blick: angefangen mit der Berücksichtigung der Rolle individueller Bürger*innen, über zivilgesellschaftliche Initiativen und ihre praktischen Lösungsansätze für Nachhaltigkeitsherausforderungen bis hin zu dezidiert politischen Bündnissen, die von demokratischen Möglichkeiten Gebrauch machen um andere Akteure zu einer kritischeren Betrachtung ihrer eigenen Operationen und ambitionierteren Nachhaltigkeits- und Menschenrechtsstandards zu verpflichten.

5 Demokratische Entwürfe

Die dritte Sektion des Bandes verhandelt schließlich die Systemebene sowie die demokratischen Institutionen selbst. Bisherige Konzeptualisierungen des Anthropozäns sind gekennzeichnet durch unvorhersehbare, abrupte und potenziell katastrophale Umweltveränderungen, die bestehende demokratische Systeme vor schier unlösbare Aufgaben zu stellen scheinen. Schreckensszenarien bestehend aus Ressourcenknappheit, stetig zunehmender, erzwungener Migration und vermehrten inner- und zwischenstaatlichen Konfliktkonstellationen geben Vorstellungen Auftrieb, dass Demokratien in ein „Age of Authoritarianism" (Beeson 2010) abgleiten könnten, in welchem Gesellschaften technokratisch durchregiert werden. Umso wichtiger erscheint daher die Maßgabe, mögliche kurzfristige „Stellschrauben" im demokratischen Getriebe wie langfristige Weichenstellungen der Entwicklung des Gesamtsystems aufzuzeigen. Eckersley (2015) schlägt in diesem Zusammenhang vor, die „space-time-community co-ordinates" liberaler Demokratien zu überarbeiten: Repräsentant*innen der Demokratie seien aktuell nicht verpflichtet gegenüber Nicht-Bürger*innen – außerhalb des Staatsgebietes Lebenden, Nicht-Menschen, also Angehörigen anderer Spezies, sowie zukünftigen Generationen – Rechenschaft abzulegen. Gleichzeitig überschreiten die Problemlagen wie die notwendigen Lösungsansätze räumliche, zeitliche und Spezies-spezifische Grenzen.

Ausgehend von den oben genannten Diagnosen steht im dritten Abschnitt entsprechend die Frage möglicher Reformen und Anpassungen der Demokratie selbst im Fokus des Interesses, und damit die Frage, wie die erwähnten Grenzüberschreitungen grundsätzlich durch die Institutionen liberaler Demokratien bearbeitet werden können. Dazu bedarf es konkreter Designvorschläge – demokratischer Entwürfe – wie Veränderungen im Institutionengefüge aussehen könnten, um die bestehenden Nachhaltigkeitsherausforderungen mitzudenken und auf dieser Grundlage zu bearbeiten. Der Begriff des Entwurfs wird dabei nicht in seiner alltagssprachlichen Bedeutung des Vorläufigen oder des noch zu Überarbeitenden verstanden. Es geht vielmehr darum, etwas in seinen Grundzügen zu entwickeln: das Entwerfen ist eine notwendige Vorbedingung des Gestaltens.

In vielen demokratischen Entwürfen zur Berücksichtigung der bestehenden Nachhaltigkeitsherausforderungen findet der souveräne Volkswille – ganz im Sinne des demokratischen Ideals der Selbstregierung der Bürger*innen – eine besondere Berücksichtigung. **Bernward Gesang** diskutiert in diesem Band unterschiedliche Ideen, wie direkt- und basisdemokratische Elemente mit einer Erneuerung der Institutionen einhergehen können. Ein „Führerschein für Politiker*innen" würde über Repräsentant*innen ein öffentlich einsehbares „Persönlichkeits- und Werteprofil" generieren, was erheblichen Einfluss auf die parteiinterne Rekrutierung von politischen Kandidat*innen, die Wahlentscheidung der Bürger*innen, als auch auf die Institution der demokratischen Wahl selbst haben könnte. Ein weiterer Vorschlag orientiert sich konkret an den zeitlichen Grenzen der liberalen Demokratie: die Institution eines Zukunftsrats oder einer Ombudsperson für zukünftige Generationen würde ein Mandat erhalten, die Interessen nachfolgender Bürger*innen zu formulieren und in legislativen Prozessen einzubringen. Dabei gilt es eine Reihe unterschiedlicher normativer und praktischer Abwägungen zu treffen, wie der Beitrag verdeutlicht.

Zur Ausgestaltung solcher zukunftsorientierten Institutionen gibt es bereits einige nennenswerte Vorschläge (siehe Gonzalez-Ricoy/Gosseries 2016 für eine Übersicht), die sich in Reichweite und Ambition deutlich unterscheiden. Insgesamt können die Ansätze zur Adressierung der institutionell eingebauten Kurzfristorientierung als eines der gegenwärtig zentralen und intensiv beforschten Untersuchungsfelder an der Schnittstelle von Demokratie und Nachhaltigkeit gelten. Der Text von **Jörg Tremmel** in diesem Band leistet ebenfalls einen wichtigen Beitrag zu diesem Feld. Ausgehend von der grundlegend neuen Situation, mit der das Anthropozän Politik und Governance im 21. Jahrhundert konfrontiert, entwickelt er den Vorschlag einer Zukunftsinstanz welche Legislative, Exekutive und Judikative in den Funktionen ergänzt, die durch das ursprüngliche Konzept der „trias politica" (noch) nicht abgebildet werden konnten. Der Beitrag diskutiert die konkreten Möglichkeiten einer institutionellen Aufhängung von Zukunftsinstanzen und spricht sich in diesem Zusammenhang für deren Rolle als Impulsgeber im Gesetzgebungsprozess aus, d.h. als ein unabhängiges Gremium mit Initiativrecht.

Solche an der Zukunft orientierten Institutionen berücksichtigen in ihrer Arbeit in aller Regel nicht nur die temporale Dimension von Nachhaltigkeitsherausforderungen, da die Auswirkungen des Klimawandels sowie anderer negativer Umweltveränderungen auf zukünftige Generationen mit der oben angesprochenen globalen wie innerstaatlichen Ungleichverteilung der Schäden einhergehen. Und doch ist das Mandat von Zukunftsinstanzen begrenzt, da diese sich unter der Referenzgröße des eigenen Staatsvolks und Staatsgebiets in erster Linie auf der temporalen Achse bewegen, das heißt, vor allem an der Schmälerung der demokratischen Gegenwartsfixierung ansetzen. **Tobias Gumbert** diskutiert in diesem Band beispielhaft am Feld des nachhaltigen Konsums, wie globale Gerechtigkeitserwägungen über demokratische Verfahren systematischer als bislang Zugang zu nachhaltigkeitspolitischen Anliegen finden können. Ausgehend von den Entgrenzungen von Produktion und Konsum – der Entkopplung von Ressourcenverbrauch und Bedürfnisbefriedigung, spätestens seit den 1950er Jahren – und den unterschiedlichen Versuchen, diese zu begrenzen, argumentiert er, dass politische Maßnahmen und Strategien, gesellschaftlichen Konsum nachhaltiger zu gestalten, an den Entgrenzungsphänomenen (dem Überschreiten biophysischer und gleichsam sozialer und politischer Grenzen) und deren Ursachen selbst ansetzen müssen. Damit ist gemeint, dass die Fragen nach dem Sinn und Zweck sowie den Konsequenzen von Konsum – und damit die Frage nach „unseren" Bedürfnissen und denen anderer Menschen – wieder stärker öffentlich thematisiert werden müssen, um tatsächlich zu einem nachhaltigeren Umgang mit Ressourcen, Gütern und Dienstleistungen zu gelangen. Tobias Gumbert stellt verschiedene Modelle vor, welche dieses Anliegen sowohl konzeptuell entwickeln als auch vereinzelt bereits praktisch umsetzen.

Die dritte Sektion stellt insofern vielleicht die grundlegendsten Fragen an demokratische Prozesse und Institutionen. Die Grundüberzeugung, die den in ihr versammelten Arbeiten gemeinsam ist, beschreibt einen engen Zusammenhang zwischen gelingender sozial-ökologischer Transformation und dem Beschreiten (oder auch Ausprobieren) neuer demokratischer Systempfade.

6 Fazit

Der vorliegende Band verfolgt das zentrale Ziel nicht nur die Herausforderungen des Demokratie-Nachhaltigkeits-Nexus aufzuzeigen, sondern einen Beitrag zur demokratischen Bearbeitung von Klima- und Nachhaltigkeitskrise zu leisten. Seine Schwerpunktsetzungen im Dreiklang konzeptuelle Debatte, praktische gesellschaftliche Lösungsansätze und systemische/institutionelle Anpassung versammeln dazu relevante, herausfordernde und inspirierende Fragen, Ideen und Beispiele. Die Herausgeber*innen und Autor*innen möchten damit zur weiteren kritischen und gleichzeitig lösungsorientierten Beschäftigung mit Thematiken an der Schnittstelle von Demokratie von Nachhaltigkeit anregen.

7 Literatur

Achterberg, Wouter. 1993. „Can liberal democracy survive the environmental crisis? Sustainability, liberal neutrality and overlapping consensus". In Dobson, Andrew und Paul Lucardie (Hg.): *The politics of nature. Explorations in green political theory*. London: Routledge, 81–101.

Ari, Izzet und Ramazan Sari. 2017. „Differentiation of developed and developing countries for the Paris Agreement". *Energy Strategy Reviews* 18: 175–182.

Asara, Viviana. 2022. „Socio-environmental movements as democratizing agents". In Bornemann, Basil; Knappe, Henrike und Patrizia Nanz (Hg.). *The Routledge Handbook of Democracy and Sustainability*. Abingdon/UK, New York: Routledge, 413–428.

Baber, Walter F. und Robert V. Bartlett. 2020. „A rights foundation for ecological democracy". *Journal of Environmental Policy & Planning* 22(1): 72–83.

Barry, John. 2001. „Greening Liberal Democracy: Practice, Theory and Political Economy". In Barry, John und Marcel Wissenburg (Hg.). *Sustaining Liberal Democracy. Ecological Challenges and Opportunities*. New York: Palgrave, 59–80.

Barry, John. 2008. „Towards a Green Republicanism: Constitutionalism, Political Economy, and the Green State". *The Good Society*, 17(2): 3–11.

Barry, John. 2012. *The Politics of Actually Existing Unsustainability. Human Flourishing in a Climate-Changed, Carbon-Constrained World*. Oxford: OUP.

Beeson, Mark. 2010. „The coming of environmental authoritarianism". *Environmental Politics*, 19(2): 276–294.

Bertenthal, Alyse. 2020. „Standing Up for Trees: Rethinking Representation in a Multispecies Context". *Law & Literature*, 32(3): 355–373.

Beyleveld, Deryck; Düwell, Marcus und Andreas Spahn. 2015. „Why and How Should We Represent Future Generations in Policymaking?". *Jurisprudence*, 6(3): 549–566.

Biro, Andrew. 2016. „Human Nature, Non-Human Nature, and Needs. Environmental Political Theory and Critical Theory". In Gabrielson, Teena; Hall, Cheryl; Meyer, John M. und David Schlosberg (Hg.). *The Oxford Handbook of Environmental Political Theory*. Oxford: Oxford University Press, 89–102.

Blühdorn, Ingolfur. 2010. „Nachhaltigkeit und postdemokratische Wende. Zum Wechselspiel von Demokratiekrise und Umweltkrise". *vorgänge. Zeitschrift für Bürgerrechte und Gesellschaftspolitik* 49(2): 44–54.

Blühdorn, Ingolfur. 2013. „The Governance of Unsustainability. Ecology and Democracy after the Post-democratic Turn". *Environmental Politics*, 22(1): 16–36.

Blühdorn, Ingolfur und Felix Butzlaff. 2020. „Democratization beyond the post-democratic turn: towards a research agenda on new conceptions of citizen participation". *Democratization*, 27(3): 369–388.

Bohn, Carolin. 2019. „Preference transformation through 'green political judgement formation'? Rethinking informal deliberative citizen participation processes". *Critical Review of International Social and Political Philosophy*, online first. DOI: 10.1080/13698230.2019.1698122.

Bohn, Carolin und Tobias Gumbert. 2020. „"Grüne liberale Freiheit" als Baustein einer sozialökologischen Ethik der Grenzen“. In Becker, Josef; Kistler, Sebastian und Max Niehoff (Hg.). *Grenzgänge der Ethik*. Münster: Aschendorff, 131–148.

Bornemann Basil, Knappe Henrike und Patrizia Nanz (Hg.). 2022. *The Routledge Handbook of Democracy and Sustainability*. Abingdon/UK, New York: Routledge.

Brand, Ulrich und Markus Wissen. 2017. *Imperiale Lebensweise. Zur Ausbeutung von Mensch und Natur im Globalen Kapitalismus*. München: oekom.

Cannavò, Peter F. 2016. „Environmental Political Theory and Republicanism“. In Gabrielson, Teena; Hall, Cheryl; Meyer, John M. und David Schlosberg (Hg.). *The Oxford Handbook of Environmental Political Theory*. Oxford: Oxford University Press, 72–88.

Daly, Erin. 2012. „Constitutional protection for environmental rights: The Benefits of environmental process“. *International Journal of Peace Studies*, 17(2), 71–80.

De Geus, Marius. 2001. „Sustainability, Liberal Democracy, Liberalism“. In Barry, John und Marcel Wissenburg (Hg.). *Sustaining Liberal Democracy. Ecological Challenges and Opportunities*. New Yok: Palgrave, 19–36.

Delina, Laurence L. 2018. „Climate mobilizations and democracy: the promise of scaling community energy transitions in a deliberative system“. *Journal of Environmental Policy & Planning*, 22(1), 30–42.

Demirovic, Alex. 1994. „Ecological Crisis and the Future of Democracy“. In Martin O'Connor (Hg.). *Is capitalism sustainable? Political economy and the politics of ecology*. New York/N.Y.: Guilford, 253–274.

Doherty, Brian und Marius de Geus (Hg.). 1996. *Democracy and green political thought. Sustainability, rights, and citizenship*. London, New York: Routledge.

Eckersley, Robyn. 1995. „Liberal Democracy and the Rights of Nature: The Struggle for Inclusion“. *Environmental Politics* 4(4): 169–198.

Eckersley, Robyn. 1996. „Greening Liberal Democracy. The rights discourse revisited“. In Doherty, brian und Marius de Geus (Hg.): *Democracy and green political thought. Sustainability, rights, and citizenship*. London, New York: Routledge, 212–236.

Eckersley, Robyn. 2004. *The Green State. Rethinking Democracy and Sovereignty*. Cambridge/MA: MIT Press.

Eckersley, Robyn. 2015. „Anthropocene raises risks of Earth without democracy and without us“. *The Conversation*, 31. März 2015. Online: https://theconversation.com/anthropocene-raises-risks-of-earth-without-democracy-and-without-us-38911 (30.09.2021).

Eckersley, Robyn. 2019. „Ecological democracy and the rise and decline of liberal democracy: Looking back, looking forward“. *Environmental Politics*, 1–21.

Ellis, Elisabeth. 2016. „Democracy as Constraint and Possibility for Environmental Action“. In Gabrielson, Teena; Hall, Cheryl; Meyer, John M. und David Schlosberg (Hg.). *The Oxford Handbook of Environmental Political Theory*. Oxford: Oxford University Press, 505–519.

Elsässer, Lea; Hense, Svenja und Armin Schäfer. 2017. „'Dem deutschen Volke?' Die Responsivität des Bundestags". *Zeitschrift für Politikwissenschaft*, 27: 161–180.

Fuchs, Doris, und Agni Kalfagianni. 2010. „The Causes and Consequences of Private Food Governance". *Business and Politics* 12(3): Article 5.

Fuchs, Doris; Di Giulio, Antonietta; Glaab, Katharina; Lorek, Sylvia; Maniates, Michael; Princen, Thomas und Inge Røpke. 2016. „Power: the missing element in sustainable consumption and absolute reductions research and action". *Journal of Cleaner Production*, 132: 298–307.

Gabrielson, Teena. 2008. „Green Citizenship: A Review and Critique". *Citizenship Studies* 12(4): 429–446.

Gabrielson, Teena; Hall, Cheryl; Meyer, John M. und David Schlosberg (Hg.). 2016. *The Oxford Handbook of Environmental Political Theory*. Oxford: Oxford University Press.

Gellers, Joshua C. 2017. *The global emergence of constitutional environmental rights*. New York: Routledge.

Gesang, Bernward (Hg.). 2014. *Kann Demokratie Nachhaltigkeit?* Wiesbaden: Springer.

Godrej, Farah. 2016. „Culture and Difference. Non-Western Approaches to Defining Environmental Issues". In Gabrielson, Teena; Hall, Cheryl; Meyer, John M. und David Schlosberg (Hg.). *The Oxford Handbook of Environmental Political Theory*. Oxford: Oxford University Press, 39–56.

González-Ricoy, Iñigo und Axel Gosseries. 2016. *Institutions for Future Generations*. Oxford: Oxford University Press.

Gumbert, Tobias. 2022. „Behavioral economics and nudging: assessing the democratic quality of sustainable behavior change agendas". In Bornemann, Basil; Knappe, Henrike und Patrizia Nanz (Hg.). *The Routledge Handbook of Democracy and Sustainability*. Abingdon/UK, New York: Routledge, 387–400.

Hayward, Tim. 2005. *Constitutional environmental rights*. Oxford: Oxford University Press.

Heidenreich, Felix. 2018. „How Will Sustainability Transform Democracy. Reflections on an Important Dimension of Transformation Sciences". In *GAIA* 27(4): 357–362.

Hiskes, Richard P. 2009. *The human right to a green future*. New York: Cambridge University Press.

Huber, Robert A.; Maltby Tomas; Szulecki, Kacper und Stefan Ćetković. 2021. "Is populism a challenge to European energy and climate policy? Empirical evidence across varieties of populism". *Journal of European Public Policy*, 28(7): 998–1017.

Inoue, Cristina Yumie Aoki; Ribeiro, Thais Lemos und Ítalo Sant' Anna Resende. 2020. „Worlding global sustainability governance". In Kalfagianni, Agni; Fuchs, Doris und Anders Hayden (Hg.). *Routledge Handbook of Global Sustainability Governance*. London/New York: Routledge, 59–71.

IPCC. 2022. *Climate Change 2022: Impacts, Adaptation, and Vulnerability.* Contribution of Working Group II to the Sixth Assessment Report of the Intergovernmental Panel on Climate Change [H.-O. Pörtner, D.C. Roberts, M. Tignor, E.S. Poloczanska, K. Mintenbeck, A. Alegría, M. Craig, S. Langsdorf, S. Löschke, V. Möller, A. Okem, B. Rama (Hg.)]. Cambridge: Cambridge University Press.

Kasper, Debbie. 2016. „Conceptualizing social practices: insights into social change“. Huddart Kennedy, Emily; Cohen, Maurie J. und Naomi T. Krogman (Hg.): *Putting Sustainability into Practice.* Northampton/MA: Edward Elgar, 25–46.

Lafferty, William M. und James Meadowcroft (Hg.). 1996. *Democracy and environment. Problems and Prospects.* Cheltenham: Edward Elgar.

Lessenich, Stefan 2016. *Neben uns die Sintflut. Die Externalisierungsgesellschaft und ihre Folgen.* Berlin: Hanser.

Lockwood, Matthew 2018. „Right-wing populism and the climate change agenda: exploring the linkages“. *Environmental Politics,* 27(4): 712–732.

Machin, Amanda. 2013. *Negotiating Climate Change: Radical Democracy and the Illusion of Consensus.* London, New York: Zed Books Ltd.

Martiskainen, Mari; Axon, Stephen; Sovacool, Benjamin K.; Sareen, Siddharth; Del Rio, Dylan Furszyfer und Kayleigh Axon. 2020. „Contextualizing climate justice activism: Knowledge, emotions, motivations, and actions among climate strikers in six cities“. *Global Environmental Change* 65.

Mert, Aysem. 2019. „Participation(s) in Transnational Environmental Governance: Green Values Versus Instrumental Use“. *Environmental Values* 28: 101–121.

Meuleman, Louis und Ingeborg Niestroy. 2015. „Common But Differentiated Governance: A Metagovernance Approach to Make the SDGs Work“. *Sustainability,* 7(9): 12295–12321.

Midlarsky, Manus. 1998. „Democracy and the Environment: An Empirical Assessment“. *Journal of Peace Research* 35(3): 341–361.

Monaghan, Elizabeth. 2013. „Making the Environment Present: Political Representation, Democracy and Civil Society Organisations in EU Climate Change Politics“. *Journal of European Integration* 35(5): 601–618.

Newig, Jens; Kuhn, Katina und Harald Heinrichs. 2011. „Nachhaltige Entwicklung durch gesellschaftliche Partizipation und Kooperation? – eine kritische Revision zentraler Theorien und Konzepte“. In Heinrichs, Harald; Kuhn, Katina und Jens Newig (Hg.). *Nachhaltige Gesellschaft. Welche Rolle für Partizipation und Kooperation?* Wiesbaden: VS Verlag für Sozialwissenschaften, 27–45.

Ophuls, William. 1977. *Ecology and the politics of scarcity. Prologue to a political theory of the steady state.* San Francisco/CA: W.H. Freeman.

Peters, Michael. 2019. Can democracy solve the sustainability crisis? Green politics, grassroots participation and the failure of the sustainability paradigm. *Educational Philosophy and Theory* 51 (2), S. 133–141.

Pinto, Jorge. 2020. „Green Republicanism and the Shift to Post-productivism: A Defence of an Unconditional Basic Income“. *Res Publica* 26: 257–274.

Pötter, Bernhard. 2010. *Ausweg Ökodiktatur? Wie unsere Demokratie an der Umweltkrise scheitert*. München: oekom Verlag.

Pickering, Jonathan; Bäckstrand, Karin und David Schlosberg. 2020. „Between environmental and ecological democracy: theory and practice at the democracy-environment nexus". *Journal of Environmental Policy & Planning*, 22(1): 1–15.

Schlosberg, David. 2016. „Environmental Management in the Anthropocene". In Gabrielson, Teena; Hall, Cheryl; Meyer, John M. und David Schlosberg (Hg.). *The Oxford Handbook of Environmental Political Theory*. Oxford: Oxford University Press, 193–208.

Schlosberg, David und Romand Coles. 2016. "The new environmentalism of everyday life: Sustainability, material flows and movements". *Contemporary Political Theory* 15(2): 160–181.

Schlosberg, David; Bäckstrand, Karin und Jonathan Pickering. 2019. „Reconciling Ecological and Democratic Values: Recent Perspectives on Ecological Democracy". *Environmental Values* 28: 1–8.

Schuck, Peter H. 2002. „Liberal Citizenship". In Isin, Engin F. und Bryan S. Turner (Hg.). *Handbook of Citizenship Studies*. London: SAGE Publications, 131–144.

Smith, Graham. 2021. *Can Democracy Safeguard the Future?* Cambridge/UK: Polity Press.

Steffen, Will; Persson, Asa; Deutsch, Lisa; Zalasiewisz, Jan; Williams, Mark; Richardson, Katherine; Crumley, Carole; Crutzen, Paul; Folke, Carl; Gordon, Line; Molina, Mario; Ramanathan, Veerabhadran; Rockström, Johan; Scheffer, Marten; Schellnhuber, Hans Joachim und Uno Svedin. 2011. „The Anthropocene: From Global Change to Planetary Stewardship". *Ambio* 40(7): 739–761.

Stehr, Nico. 2016. „Exceptional circumstances: Does climate change trump democracy?" *Issues in Science and Technology* 32(2).

Stephens, Piers H. 2016. „Environmental Political Theory and the Liberal Tradition". In Gabrielson, Teena; Hall, Cheryl; Meyer, John M. und David Schlosberg (Hg.). *The Oxford Handbook of Environmental Political Theory*. Oxford: Oxford University Press, 57–71.

Stuart, Diana; Gunderson, Ryan und Brian Peterson. 2020. „The climate crisis as a catalyst for emancipatory transformation: An examination of the possible". *International Sociology* 35(4): 433–456.

Thompson, Dennis F. 2010. „Representing future generations: political presentism and democratic trusteeship". *Critical Review of International Social and Political Philosophy* 13(1): 17–37.

Vanderheiden, Steve. 2020. *Environmental Political Theory*. Cambridge/UK: Polity Press.

Weber, Max. 1978. *Gesammelte Aufsätze zur Religionssoziologie*. Bd. I, 7. Aufl. Tübingen: Mohr.

Wissenburg, Marcel. 1998. *Green liberalism. The free and the green society*. London, Bristol/PA: UCL Press.

Wissenburg, Marcel. 2001. „Sustainability and the Limits of Liberalism". In Barry, John und Marcel Wissenburg (Hg.). *Sustaining Liberal Democracy. Ecological Challenges and Opportunities.* New York: Palgrave, 192–204.

Konzeptuelle Debatten

Demokratie und Nachhaltigkeit – Welche Rolle spielt die Ethik?

Anne Käfer

Klar zwischen Ethik und praktischer Politik zu unterscheiden, das scheint mir für Ethik wie Politik von Gewinn zu sein. In der Ethik ist das je nach Weltanschauung für gut, gerecht und richtig erachtete Handeln im Blick. Die in einer pluralen Gesellschaft sehr unterschiedlichen Überzeugungen vom Guten und Gerechten werden in der *demokratischen* Politik debattiert und zur Abstimmung gestellt; daraus ergeben sich Regelungen, die je nach den jeweiligen Mehrheitsverhältnissen gestaltet sind. In der demokratischen Politik wird also niemals *das* Gute und *das* Gerechte regieren, vielmehr werden Gesetze gefunden, in die die Überzeugungen der Stimmberechtigten mehr oder weniger Eingang gefunden haben. Auf diese Überzeugungen aufmerksam zu machen, sie zu reflektieren und entsprechend konsequente Handlungsoptionen aufzuzeigen, ist Aufgabe der Ethik. Ethikerinnen, Ethiker oder Ethikkommissionen, die im Vorgriff auf politische Debatten nicht die differenten Einsichten in das Gute und Gerechte hochhalten, sondern stattdessen gemutmaßte politische Realisierungsmöglichkeiten von Handlungsoptionen in den Vordergrund ihrer ethischen Urteilsfindung rücken, werden ihrem Arbeitsfeld nicht gerecht.[1]

Das Gute und das Gerechte und das, was getan werden soll, ist Thema der Ethik. Doch woher nimmt sie ihr Wissen über das Gute, das Gerechte und das Gesollte? Und inwiefern kann sie mit diesem Wissen dazu beitragen, dass in demokratischen Gesellschaften Nachhaltigkeit großgeschrieben wird? Um Antworten zu finden, wird zunächst darüber nachgedacht, was als das Gute bezeichnet wird (1.). Hierbei wird deutlich, dass die Bestimmung des Guten je nach der weltanschaulichen Überzeugung variiert, die diejenigen vertreten, die nach dem Guten gefragt sind. Von dieser Überzeugung, die den Lebensvollzug bestimmt und antreibt, handelt der zweite Abschnitt (2.). Auf dem Boden einer jeweiligen Weltanschauung

---

1 Selbstverständlich betreiben Ethikerinnen und Ethiker ihre Arbeit stets auf dem Boden ihrer je eigenen Überzeugungen vom Guten und Gerechten. Das gilt es zu berücksichtigen. Konkrete ethische Urteile, die ich aus meiner Sicht fälle, sind Urteile aus evangelischer Perspektive.

lässt sich eruieren, welche Handlungsentscheidungen in ethisch herausfordernden Situationen angemessen sind und realisiert werden sollten. So wird drittens das Gesollte thematisiert, das nicht unabhängig davon gegeben ist, was für das Gute und Gerechte gehalten wird (3.). In diesen drei Schritten wird dargelegt, was unter Ethik zu verstehen ist. Im Anschluss daran wird ausgeführt, welche Rolle die Ethik im Zusammenhang von Demokratie und Nachhaltigkeit spielen kann (4.).

1 Das Gute

Das Gute, das in der Ethik Thema ist, wird höchst unterschiedlich bestimmt. Aristoteles, der zur Frage nach dem Guten ausführlich und einflussreich Antwort gibt, nimmt an, dass unter den Menschen drei verschiedene Verständnisse vom Guten üblich seien. Seine „Nikomachische Ethik“ beginnt er mit der Einsicht: „Jede Kunst und jede Lehre, ebenso jede Handlung und jeder Entschluß scheint irgendein Gut zu erstreben. Darum hat man mit Recht das Gute als dasjenige bezeichnet, wonach alles strebt.“ (Aristoteles 2007, 1094a). Dies höchste Gute, wonach alles menschliche Leben strebe, bestimmt Aristoteles als „Glückseligkeit“. Die erstrebte Glückseligkeit sei allerdings an sehr Unterschiedliches geknüpft. Eine Gruppe Menschen empfinde Glückseligkeit vor allem dann, wenn sie Sinnenfreuden erlebe; so sei ihr Leben unter anderem auf den Genuss beim Verzehr bestimmter Speisen und Getränke ausgerichtet (ebd., 1095b). Diese Gruppe hat die Befriedigung rein persönlicher Interessen im Blick. Eine andere Gruppe sei darauf aus, unter den Mitmenschen um ihrer Tüchtigkeit willen geachtet zu sein und also Ansehen und Ehre zu erlangen (ebd., 1096a). Auch hierbei ist der persönliche Vorteil ausschlaggebend für das Handeln und Streben der Menschen. Doch wird Glückseligkeit nur dann erwartet, wenn das eigene Handeln im Sinne der Gemeinschaft geschieht und diese dies mit Anerkennung lohnt.

Die dritte und kleinste Gruppe ist nach Aristoteles glückselig, wenn sie ihr Leben der Weisheit und Wahrheit widmen könne (ebd.). Die Philosophen, die Weisheitsliebhaber, erlebten das höchste Gute in ihrem Streben nach der Erkenntnis von Wahrheit (ebd., 1177a). Die Philosophen – von Philosophinnen handelt Aristoteles nicht – wollen die Wahrheit über das, was ist, erkennen, um die gute Ordnung entdecken zu können, in der alles, was ist, miteinander existieren sollte (ebd., 1141a). So können sie die Regeln und Gesetze benennen, deren Einhaltung nötig ist, damit das *Gemeinwohl* (Aristoteles 2012, 1282b; vgl. Anzenbacher 2000, S. 653f.) wirklich werden kann, nämlich das Gute für das Gemeinwesen insgesamt wie auch für alle seine Individuen (Aristoteles 2007, 1094b).

Die Realisation einer guten Gemeinschaftsordnung verlangt nach Aristoteles grundlegend Gerechtigkeit. Mit Gerechtigkeit sind sowohl die Beziehungen zwischen den einzelnen Individuen im Blick als auch das Verhältnis zwischen dem Einzelnen und der Gemeinschaft. Unter den Einzelnen gilt es zu regeln, wie vorgegangen wird, wenn ein Individuum einem anderen Eigentum entwendete oder Gewalt antat. Ebenso gilt es, unter den Einzelnen gerecht zu regeln, wie viel bestimmte Waren und Güter wert sind und kosten.[2] Der jeweilige Preis ergibt sich aus dem Wert, den eine Ware für die Verhandlungspartner*innen hat. Besteht beispielsweise große Lust auf den Verzehr eines Schnitzels, könnte hierfür eine hohe Geldsumme verlangt werden. Der Schnitzelpreis hängt aber auch ab von der Höhe des Gehalts, das die Arbeiter*innen im Schlachtbetrieb erhalten. Zudem könnte nicht nur der Nutzwert, sondern sogar der Lebenswert des geschlachteten Tieres ein Kostenfaktor sein. Und es könnte im Sinne der Nachhaltigkeit auf den Preis aufgeschlagen werden, was bei der Herstellung des Fleischproduktes an Treibhausgasemissionen und Wasserverbrauch anfällt.[3] Der gerechte Wert eines Kalbsschnitzels wäre also auch abhängig von demjenigen Wert, den eine Menschengemeinschaft den Gemeingütern Luft und Wasser zumisst.

Bei der Frage, welchen Wert eine Menschengemeinschaft bestimmten Gütern wie Wasser und Luft und den gemeinsamen Lebensgrundlagen insgesamt beimisst, kommt die Verteilungs- oder Teilhabegerechtigkeit ins Spiel. Es gilt, gerecht zu regeln, wer wie viel Anteil an den gemeinsamen Gütern erhält. Wie bei allen Gerechtigkeitsfragen ist ebenso hier die erste und grundsätzlich entscheidende Frage, *wer* bei der Beantwortung der Gerechtigkeitsfragen berücksichtigt wird. Die Verteilung von materiellen Gütern wie auch die Ermöglichung von Chancen, um an Güter wie Ehre, Bildung und Macht zu gelangen, wird, wenn hierfür nur eine begrenzte Anzahl an Menschen vorgesehen ist, anders gestaltet, als wenn alle Menschen hier und heute und gar auch die zukünftigen Generationen miteinkalkuliert werden. Wer für berechtigt gehalten wird, als Gerechtigkeitssubjekt an der Aushandlung von Gerechtigkeit teilzunehmen, und wer überhaupt für berechtigt gefunden wird, schließlich am Guten teilzu-

---

2 Von der *iustitia commutativa* handelt Aristoteles, EN, Buch V, 1131a.

3 Noch dazu werden zur Produktion von Tierfutter Wälder abgeholzt, s. https://www.greenpeace.de/themen/landwirtschaft/fleischeslust-was-das-stuck-lebenskraft-tatsachlich-kostet (zuletzt aufgerufen am 26.08.2021).

haben, dies sind Fragen, die je nach *Ethosgemeinschaft* anders beantwortet werden.

Das Ethos einer Menschengemeinschaft, nämlich die Ordnung, in der eine Gemeinschaft ihrer Gewohnheit nach zusammenlebt,[4] ist der eigentliche Gegenstand der Ethik. Denn die Ethik hat es zur Aufgabe, das Ethos zu beschreiben und auf seine Kompatibilität mit den in der Gemeinschaft vertretenen Überzeugungen vom Guten, vom Gerechten und Lebenssinnvollen (Weltanschauung) hin zu untersuchen. Wenn dabei Diskrepanzen zwischen dem gewohnten Lebensvollzug und der eigentlich vertretenen Weltanschauung deutlich werden, kann von Seiten der Ethik aufgezeigt werden, dass es im Sinne der Ethosgemeinschaft wäre, geänderte Sollensforderungen aufzustellen. Im Blick auf bisher nicht gekannte Handlungsmöglichkeiten, die beispielsweise mit neuen technischen Entwicklungen einhergehen, hat die Ethik die Aufgabe, ethische Urteile über den Umgang mit der neuen Technik zu fällen, die der in der Ethosgemeinschaft vertretenen Weltanschauung entsprechen.

2 *Die Gesinnung*

In einer pluralen Gesellschaft werden unterschiedliche Überzeugungen vom höchsten Gut vertreten, es wird mal als Lust, mal als Ehre oder Geld, mal als Wahrheit, Liebe oder Freiheit vorgestellt. Die Varianz dieser Vorstellungen spiegelt sich in der Vielfalt an Weltanschauungsgemeinschaften, die in der Gesellschaft miteinander existieren; zu ihnen zählen die jüdischen, christlichen, buddhistischen oder muslimischen Gemeinschaften ebenso wie solche, die sich dem Humanismus, der Philosophie Kants oder Marx' verbunden wissen.[5]

Je nach Weltanschauung differieren das Weltbild und das Bild vom Menschen, Wert und Bedeutung bestimmter Lebewesen und Güter sowie die Überzeugung vom Sinn des eigenen Lebens wie des Lebens überhaupt. Diese unterschiedlichen Vorstellungen, die in einer bestimmten Idee vom höchsten Guten gründen, bedingen die Gesinnungen der Menschen, die der einen oder anderen Ethosgemeinschaft zugehören.

---

4 Die Bedeutung von „Ethos“ leitet sich her aus griech. ἔθος (Gewohnheit) und ἦθος (das Übliche, Charakter), s. dazu Eilert Herms, Art. Ethos, Sp. 1640f.

5 Innerhalb der Religions- und Weltanschauungsgemeinschaften lassen sich kleinere Gemeinschaften ausmachen wie beispielsweise im Christentum die orthodoxe, die römisch-katholische und die protestantische Konfessionsgemeinschaft.

In der christlichen Gemeinschaft beispielsweise wird Gott als das höchste Gute erkannt und von ihm ist geoffenbart, dass er die Liebe ist. Die von der Liebe bestimmte Gesinnung wird als christliche bezeichnet. Wahrhaft christlich ist also ein Mensch, dessen Handeln in Liebe gründet und von Liebe geleitet ist. Da die allmächtige Liebe des Schöpfers allen Geschöpfen gilt, ist christliches Handeln bestrebt, das Wohlergehen aller Mitgeschöpfe zu bewirken (vgl. Käfer 2019, S. 531–542) und Gottes Liebe wirksam werden zu lassen (vgl. Luther 1520, WA 7, S. 38; Käfer 2019, S. 56).

Aus christlicher Sicht ist aber auch deutlich, dass dem Menschen ein Leben in Liebe aus eigener Kraft nicht möglich ist und er vornehmlich in handlungsleitender Selbstbezogenheit existiert (vgl. Confessio Augustana [CA], Art. 2, 1540/2014, S. 95f.). Was ihm in seinem Leben nützlich dazu ist, Sinnenlust oder Ehre, Macht oder Geld zu erlangen, nutzt er also zu seinen Zwecken. Dieser Selbstbezogenheit des Menschen wird in der christlichen Theologie die dem Gemeinwohl dienliche Einsicht entgegengesetzt, dass in Menschengemeinschaften das Zusammenleben möglichst gerecht und insbesondere rechtsverbindlich geregelt sein sollte (vgl. Luther 1523, S. 245–281, insb. S. 255). Von der Beantwortung der Gerechtigkeitsfragen sollten aus christlicher Sicht weder Menschen anderer Gesellschaften noch zukünftige Generationen ausgeschlossen werden. Denn im Abgleich mit der allmächtigen Schöpferliebe muss davon ausgegangen werden, dass zukünftig existierende Menschen ebenso gottgewollt sind wie die gegenwärtigen, die gemeinschaftliche Güter plündern.[6] Dementsprechend sollten aus christlicher Sicht Gesetze, die das Zusammenleben regeln, auch die längerfristigen Folgen gegenwärtigen Handelns berücksichtigen.

6 Da die allmächtige Liebe Gottes keine Grenzen kennt, sollte auch die gottgemäße Liebe des Menschen vor keiner der Kreaturen Gottes haltmachen. Liebe wäre nicht Liebe, wenn sie sich wählerisch nur auf einzelne Geschöpfe bezöge und zuließe, dass andere Kreaturen bloß als Mittel zu irgendwelchen Zwecken gebraucht würden. Vgl. dazu auch die Formulierungen in: Weisheit 11,24 (nach Lutherbibel 2017): „Denn du liebst alles, was ist, und verabscheust nichts von dem, was du gemacht hast. Denn du hast ja nichts bereitet, gegen das du Hass gehabt hättest. 25 Wie könnte etwas bleiben, wenn du nicht wolltest? Oder wie könnte erhalten werden, was du nicht gerufen hättest? 26 Du schonst aber alles, denn es ist dein, Herr, du Liebhaber des Lebens".

3 Das Gesollte

Darüber, welches Handeln vom Menschen verlangt und was zu tun gesollt ist, handelt einflussreich Immanuel Kant in seiner praktischen Philosophie, in der er seine Idee vom Gesollten als allgemeine behauptet. Denn er scheint anzunehmen, dass die eben noch bemerkte Vielfalt an Vorstellungen vom Guten und Gerechten, die mit unterschiedlichen Gottes-, Welt- und Menschenbildern einhergeht, dadurch aufgehoben werden könne, dass allein die Vernunft des Menschen über das Handeln entscheide. Durch den Gebrauch der menschlichen Vernunft, die Handlungsoptionen an dem Gesetz prüfe, das sie selbst sich gebe, stellt sich nach Kant die Erkenntnis davon ein, was das allgemeine Gute sei, das in konkreter Situation getan werden sollte. Dies Gesetz, nämlich der kategorische Imperativ,[7] lasse den vernunftbegabten Menschen wissen, welches Handeln gut und gefordert sei. Und der diesem Gesetz gemäße Wille des vernünftigen Menschen sei „das höchste und unbedingte Gute" (Kant 1785/1996, B15). „Es liegt also der moralische Wert der Handlung nicht in der Wirkung, die daraus erwartet wird, also auch nicht in irgend einem Prinzip der Handlung, welches seinen Bewegungsgrund von dieser erwarteten Wirkung zu entlehnen bedarf. Denn alle diese Wirkungen (Annehmlichkeit seines Zustandes, ja gar Beförderung fremder Glückseligkeit) konnten auch durch andere Ursachen zu Stande gebracht werden [...]. Es kann daher nichts anders als die *Vorstellung des Gesetzes* an sich selbst, *die freilich nur im vernünftigen Wesen stattfindet*, so fern sie, nicht aber die verhoffte Wirkung, der Bestimmungsgrund des Willens ist, das so vorzügliche Gute, welches wir sittlich nennen, ausmachen, welches in der Person selbst schon gegenwärtig ist, die darnach handelt, nicht aber allererst aus der Wirkung erwartet werden darf." (ebd., B15/16).

Weil nach Kant die vernünftige Person davon absieht, mit ihrem Handeln aus Gründen der eigenen Lebenssinnüberzeugung Bestimmtes wirken zu wollen, erkenne sie das wahrhaft Gute, das ihr damit zugleich als Pflicht vor Augen stehe, die sie zu erfüllen habe (vgl. ebd., B76/77). Indem ihr Wille gänzlich darauf aus sei, diese gesollte Pflicht allein um der Pflicht willen auszuführen, sei mit diesem Willen „das höchste und unbedingte Gute" wirklich.

---

7 S. Immanuel Kant, Grundlegung zur Metaphysik der Sitten (GMS), B 52: „[H]andle nur nach der Maxime, durch die du zugleich wollen kannst, daß sie ein allgemeines Gesetz werde."

Wenn ein Mensch so handeln will, wie er soll, und zwar, weil er soll, hat er nach Kant im Blick, was nach ethischem Urteil das einzig Gute, weil Vernünftige sei. Denn dann strebe der vernünftige Mensch nicht nach einem Handlungsziel auf Grund einer bestimmten weltanschaulichen Überzeugung, die ihn antreibt. Vielmehr beurteile er Handlungsoptionen unabhängig von persönlichen Vorstellungen und Einsichten, individueller Zielperspektive und fundamentaler Lebenssinnüberzeugung und also angeblich rein aus Vernunft.[8] Weil er sein Urteil vernunftgemäß fälle, sei dieses ein allgemeingültiges. Um ein allgemeingültiges Urteil über das ethisch Gute und Richtige zu fällen, ist es nach Kant nötig, die eigenen Überzeugungen von dem, was als gut und erstrebenswert angesehen wird, außen vor zu lassen und sie aus jeglicher Entscheidungsfindung auszuklammern.

Dass die Vernunft gemäß dem kantischen Sittengesetz tatsächlich ein umfassend allgemeingültig gutes Handeln bestimme, wird allerdings von Hans Jonas im Blick auf Fragen nachhaltigen Handelns angezweifelt. Denn der kantische Imperativ trage der Existenz zukünftiger Generationen keine Rechnung; er verlange nicht, dass das gesetzmäßige Handeln ein solches sei, durch das die Zukunft menschlichen Lebens nicht beeinträchtigt werde. Mit dem kategorischen Imperativ sei nicht schon gefordert, dass zukünftigen Generationen Leben möglich sein müsse. Deshalb formuliert Jonas, dem daran gelegen ist, dass das gegenwärtige Handeln die Möglichkeit fortdauernder menschlicher Existenz und zukünftigen Wohlergehens nicht ausschließe, das kantische Vernunftgesetz neu: „Handle so, daß die Wirkungen deiner Handlung verträglich sind mit der Permanenz echten menschlichen Lebens auf Erden." (Jonas 1979/2020, S. 38). Nach Jonas kann menschliches Handeln nur dann als sittlich gut bezeichnet werden, wenn hierbei der Fortbestand der Menschheit gesichert sei. Jedoch sei nicht leicht zu begründen, warum ein in der Gegenwart Handelnder überhaupt ein Interesse am Fortbestand der Menschheit haben sollte (vgl. ebd.).

Es ist meines Erachtens nicht nur nicht leicht zu begründen, wieso ein Mensch bei seinem Handeln auf das Leben und das Wohlergehen zukünftiger Generationen achten und gar Rücksicht auf die Existenz von Tieren und Pflanzen nehmen sollte. Zudem setzt die Anwendung des Imperativs von Kant wie Jonas grundlegend voraus, dass ein Mensch das jeweilige Gesetz überhaupt befolgen *will*. Bedingung hierfür aber ist, dass dieser

8 Die Pflicht beruht nach Kant „gar nicht auf Gefühlen, Antrieben und Neigungen, sondern bloß auf dem Verhältnisse vernünftiger Wesen zu einander" (Kant 1785/1996, B76).

Mensch prinzipiell überzeugt davon ist, es sei vernünftig und gut, gemäß dem kantischen Vernunftgesetz zu handeln. Es ist also eine Überzeugung von dem, was das Vernünftige und Gute sei, gerade auch der Befolgung des kategorischen Imperativs vorausgesetzt; ohne sie wird er nicht gehört werden.

Anders als Kant annimmt, wird ein Mensch niemals unabhängig von seinen Grundüberzeugungen ein Handeln gemäß dem Sittengesetz für vernünftig erachten, sondern nur dann, wenn er grundsätzlich von der Vernünftigkeit des Gesetzes überzeugt ist. Dass ein Mensch von selbstbezogenen Lüsten und Vorteilen absieht, um ein Gesetz zum Wohl der Allgemeinheit zu befürworten, kann nur dann möglich sein, wenn ihm die Mitmenschen in Gegenwart und Zukunft dies wert sind, dass er um ihretwillen unter anderem von der Befriedigung eigener Bedürfnisse oder der Erfüllung mancher Wünsche absieht. Ein Mensch wird nur dann, wenn ihm an einem Zusammenleben gelegen ist, das das Leben und die Würde anderer achtet und schützt, auch tatsächlich wirken *wollen*, was der kategorische Imperativ als sittlich gut bestimmt. Das Sollen wird dann gewollt, wenn der Gesetzesinhalt im Sinne des jeweils Handelnden ist.

Kants ethische Annahmen scheitern an seinem Menschenbild, das den Menschen anders zeichnet, als er in Wirklichkeit gegeben ist.[9] Für eine realistische Beschreibung menschlichen Handelns sollte nicht außer Acht gelassen werden, dass Menschen bei ihrem Handeln entweder an der „Beförderung [eigener oder/und] fremder Glückseligkeit" (Kant 1785/1996, B15) gelegen ist.

4 *Ethik und Demokratie*

Menschliches Handeln geschieht nicht ohne Bezogenheit auf ein höchstes Gut, durch das die Gesinnung eines Menschen bestimmt ist, die grund-

9 Friedrich Schleiermacher hält fest, dass Kant mit Menschen als vernünftigen Wesen rechnet, ohne dafür die Bedingung der Möglichkeit solcher Wesen anzugeben, die in der Wirklichkeit so doch gar nicht gegeben sind; Schleiermacher kritisiert, dass Kant „gar nicht besorgt ist, dasjenige, was seinem Ausdrucke des ethischen Gesezes zum Grunde liegt, nemlich die Mehrheit und Gemeinschaft vernünftiger Wesen, irgendwo her abzuleiten, und doch ist ihm diese Voraussezung so nothwendig, daß ohne sie sein Gesez [d. i. der kategorische Imperativ] nur ein unverständliches Orakel sein würde." (Friedrich Schleiermacher, Grundlinien einer Kritik der bisherigen Sittenlehre, S. 53). S. auch die Kritik Hegels an Kant in: Michael Moxter, Art. Ethik, VI. als philosophische Disziplin, (1624–1631) Sp. 1627.

legend seinen Lebensvollzug leitet und die die Entscheidung darüber bedingt, was für vernünftig, für ethisch gut und für gerecht gehalten wird. Aufgabe der Ethik ist es, das Ethos der Angehörigen einer Ethosgemeinschaft daraufhin zu beschreiben, von welchen Vorstellungen des Guten, von welchem Gottes- und Menschenbild das in der Gemeinschaft übliche Handeln geleitet und bestimmt ist. Auf dem Boden solcher Deskription kann dann reflektiert werden, ob das üblicherweise ausgeübte Handeln tatsächlich mit der vertretenen Grundüberzeugung übereinstimmend ist und wie bei ethischen Herausforderungen angemessen zu urteilen ist. Solche Herausforderungen stellen gegenwärtig unter anderem die Massentierhaltung, die Vermüllung von Meeren mit Plastik und außerordentlich hohe CO^2-Emissionen dar.

In einer pluralen demokratischen Gesellschaft der Gegenwart leben Menschen sehr unterschiedlicher Lebenssinnüberzeugungen und Vorstellungen vom Guten und Gerechten zusammen. Neben der Entscheidungsfreiheit der Einzelnen, die in einer Demokratie gefordert ist, bietet die Demokratie den weiteren Vorteil, dass in ihr sehr unterschiedliche Ansichten vom Guten und Gerechten miteinander ins Gespräch treten können. Entsprechend werden staatliche Rechtsordnungen und Gesetze über das gesollte Handeln nicht allein und autoritär von einem Herrscher oder wenigen Mächtigen entschieden, die im Unterschied zu einer Vielzahl an wahlberechtigten Einzelpersonen doch nur sehr einseitige Entscheidungen fällen können, wie schon Aristoteles bemerkt: „Mit dem besten Manne verglichen ist zwar jeder einzelne aus der Menge für sich genommen wohl schlechter; ein Staat [ἡ πόλις] besteht aber aus vielen Einzelpersonen, (die sich in ihren positiven Qualitäten ergänzen können), wie auch eine Mahlzeit, zu der viele ihren Teil beitragen, mehr Anklang findet als ein einziges einfaches Gericht. Deswegen entscheidet auch die Menge vieles besser als jeder einzelne, wer er auch sei. Außerdem verdirbt etwas von großer Masse weniger leicht – so wie jeweils die größere Menge Wasser weniger leicht in ihrer Qualität verdorben werden kann, so kann auch die Menge weniger leicht als die wenigen zum Schlechten beeinflußt werden." (Aristoteles 2012, 1286a).[10]

Nach Aristoteles sind es allerdings ausschließlich freie Männer, die über das Gemeinwohl einer Gesellschaft entscheiden sollten.[11] Die Vielfalt an

---

10 Aristoteles präferiert eine Staatsform, die als Mischung von Oligarchie und Demokratie bezeichnet werden kann, nämlich die „Politie", s. a.a.O., 1293b f. und 1295a f.

11 Aristoteles hält die politische Beteiligung von Frauen für politisch ungünstig (s. hierzu Beate Wagner-Hasel, Das Diktum der Philosophen: Der Ausschluss

Stimmberechtigten ist heutzutage in pluralen demokratischen Gesellschaften erheblich größer, was durch die uneinholbar wertvolle Einsicht in die Gleichheit aller Menschen als Menschen bedingt ist.

Der Vorteil, den Aristoteles mit einer Vielzahl an Entscheidungsberechtigten verbindet, nämlich der mit ihr gewährte wie geforderte Austausch über differente Handlungsoptionen, erschwert es gleichwohl, zielstrebig nachhaltiges Handeln durchzusetzen. Denn in der pluralen demokratischen Gesellschaft gibt es auch diejenigen Personen, die ihre Sinnenlüste, ihr Streben nach Geld und Macht oder aber die Sicherheit ihres Arbeitsplatzes und Einkommens durch staatliche Eingriffe im Sinne der Nachhaltigkeit gefährdet sehen.

Die Ethik, in Gestalt von Kommissionen oder einzelner Wissenschaftler*innen, könnte es unternehmen, die nachhaltigem Handeln abgeneigten Personen daraufhin zu befragen, welche Vorstellungen vom Guten sie denn vertreten und welche Lebenssinnüberzeugungen für ihren Lebensvollzug maßgeblich sind. Antworten die Befragten beispielsweise, sie seien überzeugt, dass ein gutes Leben in der Befriedigung von Sinnenlüsten bestehe, wie sie etwa durch eine ausgeprägte karnivore Ernährung und den Gebrauch reichlich CO^2-emittierender Fahr- und Flugzeuge möglich sei, könnte erkundet werden, wem sie ein solches Leben gewähren wollten. Damit wird die Frage nach Gerechtigkeit gestellt. Und immer wenn die Frage nach Gerechtigkeit gestellt wird, nämlich die Frage danach, wer am höchsten Gut teilhaben sollte, kann im Prozess der ethischen Urteilsfindung deutlich werden, dass das höchste Gute nicht auf Kosten anderer Mitgeschöpfe allein zu haben ist. Das höchste Gute kann nur dann als das wahrhaft höchste Gute gelten, wenn es das eine allgemeine Gute ist, in dessen Güte alle Geschöpfe einzustimmen vermögen. Sinnenlust, die zu Lasten anderer geht, kann demnach nicht als das eine in Wahrheit höchste Gute gelten.

Dass diese Einsicht aufgrund der bemerkten Selbstbezogenheit des Menschen keineswegs allgemein geteilt wird, sollte die Ethik nicht davon abhalten, einerseits den Menschen mit seinen Überzeugungen und Vorstellungen vom höchsten Gut ernst zu nehmen, andererseits aber darauf hinzuweisen, dass nur dann, wenn keinem Mitgeschöpf die Teilhabe an diesem Gut verweigert wird, wahrhaft von dem einen höchsten Gut die

---

der Frauen aus der Politik und die Furcht vor der Frauenherrschaft). Zudem unterscheidet er von den freien und eigentlichen Staatsbürgern Sklavinnen und Sklaven. Aristoteles geht davon aus, das Sklavesein eines Menschen gründe in dessen Natur; von Natur sei ein Teil der Menschen Sklaven, die anderen seien Freie (ebd., 1254a/b).

Rede sein kann. Werden aus dem Adressatenkreis des Guten auch die zukünftig erwarteten Gesellschaftsglieder nicht ausgeschlossen, bedeutet dies, dass in Fragen der Nachhaltigkeit ein Handeln gewählt werden muss, das auch für nachfolgende Generationen gut genannt werden kann, indem es ihnen wenigstens den Gebrauch gemeinschaftlicher, lebensnotwendiger Güter gewährt.

Es ist nicht Sache der Ethik, staatliche Gesetze und Vorgehensweisen auszuhandeln und vorzugeben; die Fülle an Grundüberzeugungen, die in unterschiedlichen Ethosgemeinschaften geteilt wird, lässt erkennen, dass es auch keiner Ethikerin, keinem Ethiker und ebenso keiner Ethikkommission möglich sein kann, das *eine* gute Handeln zu wissen und zu bestimmen.[12] Doch es ist Aufgabe der Ethik, die Gesellschaft auf die Unterschiedenheit der entscheidungsrelevanten Grundüberzeugungen hinzuweisen. So macht sie darauf aufmerksam, dass die in der Gesellschaft vorfindlichen Vorstellungen vom höchsten Gut maßgeblich dafür sind, was für gut, richtig und gerecht gehalten wird. Dabei sollte sie, und zwar im Wissen um die Vielfalt an Überzeugungen, die Allgemeingültigkeit des jeweils als gut Behaupteten anfragen und die Lebenssinnüberzeugungen auf ihre Sozialverträglichkeit hin überprüfen.

Indem sie nach den Lebenssinnüberzeugungen fragt, verlangt sie von den Befragten womöglich das Eingeständnis selbstbezogener Gesinnung. Schon die Entdeckung eigener Ichzentriertheit könnte hilfreich sein, im demokratischen Willensbildungsprozess das Wohl anderer und zukünftiger Geschöpfe vermehrt zu bedenken.

Die Reflexion des eigenen Handelns auf dem Boden der eigenen Überzeugungen lässt Selbstbezogenheit oder Inkonsequenzen im eigenen Lebensvollzug entdecken. Sie lässt erkennen, wie ernst es einem mit bestimmten Handlungsoptionen im Sinne der Nachhaltigkeit eigentlich sein müsste, wenn man die Überzeugungen vom Guten und Gerechten, die in der eigenen Ethosgemeinschaft vertreten werden, ernstnähme. Auch kann die Ethik Ethosgemeinschaften, denen auf dem Boden ihrer Überzeugungen nachhaltiges Handeln eigentlich ausgesprochen wichtig sein müsste, dazu ermutigen, sich für Strategien, Maßnahmen und Gesetze einzusetzen, die das Wohlergehen der zukünftigen Generationen schützen.

---

12 S. dazu auch Herms (1999, Sp. 1600): „E[thik] bleibt theoretisch, produziert keine Normen und auch nicht deren Anerkennung und Erfüllung. Innerhalb ihres Ethos ist sie aber Ausdruck von Rationalität und potenzierter Handlungsfähigkeit und zugleich die notwendige Bedingung für die Ausbreitung von beidem."

Geht dem demokratischen Willensfindungsprozess ethische Urteilsbildung voran, steht jener jedenfalls auf wohldurchdachten Füßen. Die demokratisch zu treffenden Entscheidungen werden geradezu zu Lebensentscheidungen, wenn den einzelnen stimmberechtigten Personen bewusst wird, dass sie ihre Urteile auf dem Boden ihrer Lebenssinnüberzeugungen fällen. So liegt ein erhebliches Gewicht auch auf der jeweiligen Entscheidung für oder wider Maßnahmen im Sinne der Nachhaltigkeit. Auf diese Weise trägt die Ethik das Ihre dazu bei, dass in der demokratischen Gesellschaft kurzfristige, unüberlegte Entscheidungen zu Fragen der Nachhaltigkeit in die Minderheit geraten.

5 Literatur

Anzenbacher, Arno. 2000. Art. Gemeinwohl. In: *Religion in Geschichte und Gegenwart*[4]. Bd. 3. Tübingen: Mohr Siebeck, 653f.

Aristoteles. 2007. *Die Nikomachische Ethik (EN)*. Griechisch-deutsch, übers. v. Olof Gigon, neu hg. v. Rainer Nickel, Düsseldorf.

Aristoteles. 2012. *Politik (Pol.)*. Übers. und mit einer Einl. sowie Anm. hg. v. Eckart Schütrumpf (PhB 616), Hamburg: Meiner.

Confessio Augustana (CA). 1540/2014. In: Dingel, Irene (Hrsg.). *Die Bekenntnisschriften der Evangelisch-Lutherischen Kirche* (BSELK). Göttingen: Vandenhoeck & Ruprecht, 65–228.

Greenpeace e.V. (Hrsg.). 2014. „Fleisch – Was kostet das Stück Lebenskraft?". Online zugänglich unter: https://www.greenpeace.de/themen/landwirtschaft/fleischeslust-was-das-stuck-lebenskraft-tatsachlich-kostet, letzter Zugriff 26.08.2021

Herms, Eilert. 1999. Art. Ethik I. Begriff und Problemfeld. In: *Religion in Geschichte und Gegenwart*[4]. Bd. 2. Tübingen: Mohr Siebeck, 1598–1601.

Herms, Eilert. 1999. Art. Ethos. In: *Religion in Geschichte und Gegenwart*[4]. Bd. 2. Tübingen: Mohr Siebeck, 1640f.

Jonas, Hans. 1979/2020. *Das Prinzip Verantwortung. Versuch einer Ethik für die technologische Zivilisation*. Berlin: Suhrkamp.

Luther, Martin. 1520. „Von der Freiheit eines Christenmenschen". In: Weimarer Ausgabe (WA) 7: 12–38.

Luther, Martin. 1523. „Von weltlicher Oberkeit, wie weit man ihr Gehorsam schuldig sei". In: WA 11: 245–281.

Käfer, Anne. 2019. Schöpfung und Recht. Gerechtes Zusammenleben des Geschaffenen als christliche Herausforderung. In: Meyer-Blanck, Michael (Hrsg.). *Christentum und Europa, XVI.* Europäischer Kongress für Theologie (VWGTh 57), Leipzig: Evangelische Verlagsanstalt, 531–542.

Käfer, Anne. 2021. „Das ‚Gott' Genannte. Notizen zur Gottesbeziehung". In: David, Philipp; Käfer, Anne; Krüger, Malte; Munzinger, André; Polke, Christian (Hrsg.). *Neues von Gott? Versuche gegenwärtiger Gottesrede*. Darmstadt: wbg Academic, 43–59.

Kant, Immanuel. 1785/1996. „Grundlegung zur Metaphysik der Sitten" (GMS). In: Wilhelm Weischedel (Hrsg.). *Werkausgabe in 12 Bänden*, Bd. VII: Kritik der praktischen Vernunft. Grundlegung zur Metaphysik der Sitten. Frankfurt am Main: Suhrkamp, 7–102.

Moxter, Michael. 1999. Art. Ethik, VI. Als philosophische Disziplin. In: *Religion in Geschichte und Gegenwart*[4]. Bd. 2. Tübingen: Mohr Siebeck, 1624–1631.

Schleiermacher, Friedrich. 1803/2002. Grundlinien einer Kritik der bisherigen Sittenlehre. In: ders. Schriften aus der Stolper Zeit [1802–1804]. Kritische Gesamtausgabe I/4. Berlin: De Gruyter, 27–357.

Wagner-Hasel, Beate. 2000. Das Diktum der Philosophen: Der Ausschluss der Frauen aus der Politik und die Furcht vor der Frauenherrschaft. In: Späth, Thomas; Wagner-Hasel, Beate (Hrsg.). *Frauenwelten in der Antike. Geschlechterordnung und weibliche Lebenspraxis*. Stuttgart/Weimar: J.B. Metzler Verlag, 198–217.

Freiheit und Nachhaltigkeit[1]

Claus Dierksmeier

1 Einleitung

Viele Menschen beklagen einen Konflikt zwischen Freiheit und Nachhaltigkeit. Auf den ersten Blick verwundert das kaum. Wer ökologische Nachhaltigkeit anstrebt, erlegt sich Bindungen auf, nimmt bestimmte Optionen nicht wahr und legt sich umgekehrt auf gewisse andere fest. Das schränkt spürbar den persönlichen Freiheitsraum ein – ob nun beim Konsumieren, beim Wirtschaften oder in der Politik. Es scheint, wer mehr Nachhaltigkeit möchte, muss sich zu weniger Freiheit bequemen – oder umgekehrt.

Man kann diesen Konflikt von beiden Seiten her aufzulösen versuchen: *Entweder* lässt sich darlegen, weshalb bestimmte Formen ökologischen Handelns unsere persönliche, ökonomische sowie politische Freiheit gar nicht reduzieren, sondern eher wahren oder bisweilen sogar steigern; etwa durch Lebensstile, die im Reduzieren auf das Wesentliche gesteigerte Erfüllung versprechen und Wirtschaftsweisen sowie Politikstrategien, die erfolgreich *win-win*-Potentiale zwischen Ökologie und Ökonomie ausschöpfen. *Oder* aber man entschärft den Konflikt von Seiten der Freiheit her, indem man aufweist, dass und wie die Idee der Freiheit durchaus nicht in einem notwendigen Zielkonflikt mit Strategien der Nachhaltigkeit steht.

In diesem Artikel folge ich der zweiten Strategie. Dabei erörtere – und kritisiere – ich zunächst die vielen neoliberalen und libertären Theorien zugrundeliegende Konzeption *quantitativer* Freiheit, welche nach dem Motto „je mehr, desto besser" auf eine Maximierung individueller Optionen zielt und so die Spannung zwischen Zielen der Freiheit und der Nachhaltigkeit ins Prinzipielle verschärft (1). Dem stelle ich sodann eine Idee *qualitativer* Freiheit gegenüber, die jenen Konflikt auf der Prinzipienebene auflöst, um damit einer konkreten, pragmatischen Integration liberaler und ökologischer Interessen den Boden zu bereiten (2). Zuletzt fasse ich zentrale Überlegungen und Ergebnisse in einem kurzen Fazit zusammen (3).

---

1 Hinweis auf Ersterscheinung: Dierksmeier, Claus. 2020. „Qualität vor Quantität. Über Freiheit und Nachhaltigkeit". *Mittelweg 36* 6: 33–57.

2 Quantitative Freiheit

Im 20. Jahrhundert war, vor allem in der angloamerikanischen Philosophie, ein positivistischer Zugang zur Theorie der Freiheit populär, der Freiheit auf Phänomene einengt, die mit den fünf Sinnen beobachtet werden können. Der Urahn solcher Ansätze ist Thomas Hobbes (1588–1679) mit seinem Freiheitsbegriff, der Freiheit auf körperliche Bewegungsfreiheit reduziert. So erklärte Hobbes etwa: „By LIBERTY, is understood, according to the proper signification of the word, the absence of external impediments: [...].“ (Hobbes 1996/1651, S. 2). Wasser, fügt Hobbes hinzu, „kept in by banks, or vessels“ (ebda.) ist nicht (mehr) frei; Wasser, das seiner eigenen Fließrichtung folgt, hingegen schon. Freiheit wird also nicht mit Blick auf ihren Inhalt und innere Zielrichtung ausgewiesen, sondern rein äußerlich, *via negationis*, durch die Abwesenheit von körperlichem Zwang und physischer Einwirkung definiert (ebd., S. 1).

Im Umkehrschluss wäre zu folgern, dass ein Mensch, der im Wahn oder Drogenrausch handelt, aber von seiner Umwelt physisch unbehelligt bleibt, als *frei* anzusehen ist. *Diese* Lesart wird von Hobbes auch ausdrücklich bekräftigt; er will *liberty* eben nicht als Freiheit des Geistes (beispielsweise, sich von solcher Sucht zu emanzipieren), sondern allein als körperliche Freiheit – als Bewegungsfreiheit – verstanden wissen. Wiederholt definiert er darum „liberty in the proper sense“ als „corporal liberty; that is to say, freedom from chains, and prison, [...]“. Die *physischen Möglichkeiten* der Bürger*innen „to choose their own abode, their own diet, their own trade of life [...]“ machen in seinen Augen den Kern der Freiheit aus (ebd.). Demzufolge werden die Gesetze der Gesellschaft zwangsläufig als „artificial chains“ empfunden (ebd., S. 6); Freiheit kann folglich nur *außerhalb* derselben, im von Gesetzen (noch) nicht geregelten Bereich existieren. Je weniger man durch derlei Beschränkungen gegängelt wird, umso freier ist man. Freiheit, so verstanden, meint also *Freiheit von* Beschränkungen; sie definiert sich *negativ* über deren Abwesenheit – und *quantitativ*: Je weniger Grenzen, desto mehr Freiheit; je mehr Freiheit, umso besser.

Der erhoffte Gewinn jenes Unterfangens ist ein wertfreier, rein *deskriptiver* Freiheitsbegriff, der vorab das zulässige linguistische Feld absteckt, auf dem später Fragen *normativer* Natur – wer wem wie die (Wieder-)Herstellung welcher Freiheiten schuldet – beackert werden können.[2] Bei der Definition der *Grenzen* jener Freiheit wird heute zwar weniger Hobbes gefolgt, für den auch Sachzwänge und natürliche Hindernisse hierzu gehören, als

2 Repräsentativ für diese Haltung: Oppenheim (1985, S. 305–309)

vielmehr Jeremy Bentham (1748–1832), der nur Vorgänge dazu zählt, für die *andere Menschen* kausal verantwortlich sind. In Bentham's Beispiel: „You and your neighbour, suppose, are at variance: he has bound you hand and foot, or has fastened you to a tree: in this case you are certainly not at liberty as against him: on the contrary he has deprived you of your liberty […].“ (Bentham 1970, S. 253f) Solch' willkürliche Gewalt, meint Bentham, schafft, im Durchschnitt, den Täter*innen weniger Nutzen als sie die Opfer kostet. Somit soll, als neutraler Sachwalter der quantitativen Freiheit aller, der Gesetzgeber einschreiten. Seine Regelungskraft „cuts off on the one side or the other a portion of the subject's liberty“ (ebda.), um die Gesamtmenge an Freiheiten zu maximieren. Bentham schlussfolgert:

> "Liberty then is of two or even more sorts, according to the number of quarters from whence coercion, which it is the absence of, may come: liberty as against the law, and liberty as against those […] wrongdoers. In the same proportion and by the same cause by which the one is increased, the other diminished." (Herv. i.O.)

Die beiden Optionen – d.h. dem Gesetz zufolge und zuwider zu handeln – werden dabei keiner *inhaltlichen* Prüfung unterworfen. Es gilt einfach auszutarieren, bei welchem Schnittpunkt beider Kurven Individuen durchschnittlich mit der meisten Freiheit davonkommen. Und dabei ergibt sich, dass man der Quantität der individuellen Freiheit klugerweise durchaus einige Grenzen setzen sollte: Wenn nämlich ein jeder sich einfach nach Gutdünken bewegt, so kommt es unweigerlich zu unliebsamen Zusammenstößen. Zwangsbewehrte Koordinationsregeln müssen also her, welche (indem sie die individuellen Freiheitsräume hier und da etwas beschneiden) die Gesamtmenge von Freiheit insgesamt (und damit im Durchschnitt auch den Freiheitsraum der Einzelnen) vergrößern.

Um dies einzusehen, bedarf es keiner moralischen *Vernunft;* rechnender *Verstand* reicht aus (vgl. Feinberg 1992). Das benötigte Regelsystem wird deshalb als ein von der – qualitativen, wertgebundenen – Debatte um das gute Leben ablösbares Gefüge des Rechts vorgestellt. Dem könnten alle, so heißt es, unabhängig von ihren moralischen oder religiösen Überzeugungen, nur aufgrund einer klugen – quantitativen, wertfreien – Berechnung ihres eigenen Vorteils beziehungsweise ihres Optionsraumes zustimmen (vgl. Button 2008). So wird dann etwa der Rechtsstaat gerechtfertigt, nämlich als Maximierungsmittel individueller Freiheiten. Und diese Unabhängigkeit von normativen Vorgaben legt, scheint es, jene quantitative Konzeption von Freiheit auch für den kulturellen Export und für die Governance einer sich fortschreitend globalisierenden Welt nahe (vgl. Friedman und Friedman 1990).

Jedoch ganz so glatt läuft es nicht. Das Modell drängt sämtliche Hinsichten, die sich der Logik eines quantitativen Zuwachses an individueller Handlungsmacht nicht recht einfügen, in den privaten Sektor ab. Umwelt, Mitwelt und Nachwelt tauchen in den Theorien quantitativer Freiheit nur selten und randständig auf: Die Respektierung des Anderen als sozial, ökonomisch oder medizinisch Schwachen, als rechtlich Unterprivilegierten oder politisch Diskriminierten sowie die Wertschätzung aller nicht autark über sich selbst verfügenden Natur erscheint in quantitativ orientierten Freiheitstheorien auffallend unglaubwürdig. Und das hat systematische Gründe.

Die Theorie quantitativer Freiheit ist am Modell eines rationalen Tauschs orientiert. Wenn die Respektierung des Anderen als *Negation* (weil Beschränkung) eigener Interessen konzipiert ist, so wird man diese nur dann gewähren, wenn man dafür etwas zurückerhält: im Normalfall eine gleichartige Rücksichtnahme der anderen. Wie die Unterlassungspflichten, so auch alle Leistungspflichten. Man unterstützt andere, insofern diese zu einer eben solchen oder zu einer andersartigen, quantitativ aber gleichwertigen Unterstützung verpflichtet werden können; andernfalls nicht. Wo kein symmetrischer Tausch stattfinden kann, bleibt, strenggenommen, der Grund zur Vergemeinschaftung aus. Wozu – als rationaler Eigennutzmaximierer – sich auf rechtlich ausgeformte Selbstbeschränkung oder auf Hilfsleistungen verpflichten lassen, wenn man niemals etwas davon hat? Die Probleme, die ein solches Vorgehen für den Aufbau einer belastbaren Freiheitsphilosophie gerade im Hinblick auf Belange der sozialen und ökologischen Nachhaltigkeit mit sich bringt, erscheinen offensichtlich.

Der Wunsch scheint hier also der Vater des Gedankens zu sein; der Wunsch nämlich, „freedom as normative condition and freedom as physical fact“ sauber voneinander abzugrenzen; also die physische Freiheit, beruhend auf „modal categories of possibility and impossibility“, von normativen Fragen, orientiert an „deontic categories of permissibility and impermissibility“, zu trennen (Kramer 2003, S. 59). Knapper: Was man kann und was man darf, ist zweierlei. Das Bestreben zielt darauf, unbeschwert von strittigen Diskursen über Werte und Normen operieren zu können. Doch lässt sich wirklich ein Grundbestand freiheitlichen Könnens physikalistisch-deskriptiv beschreiben – ohne jeglichen Bezug auf normative Belange? Liegt hier tatsächlich der kleinste gemeinsame Nenner vor, auf den sich alle Weltbürger*innen, egal welcher Weltanschauung sie sonst anhängen, einigen könnten? Können wir Freiheiten messen, abzählen, verrechnen? Liegt in der quantitativen Konzeption von Freiheit tatsächlich der

Schlüssel, um Freiheit interpersonell sowie interkulturell vergleich- und verteilbar zu machen (vgl. Megone 1987, S. 621f)?

Zweifel scheinen angebracht. Falls Freiheit wirklich nur darin bestünde, nach Gutdünken die eigenen Gliedmaßen zu bewegen, wie wollte man dann die Emphase und das moralische Pathos erklären, mit denen politische wie philosophische Diskussionen über Freiheit geführt werden? Warum klammern sich Menschen verzweifelt an bestimmte Freiheiten, verzichten aber entspannt auf andere (vgl. O'Neill 1989, S. 205)? Müssten sie nicht, dem quantitativen Motto getreu, alle genau gleich bewerten? Dies zeigt: Wenn wir die Frage, was bestimmte Chancen eigentlich wertvoll macht, völlig von der Idee der Freiheit absondern, dann *subjektivieren* wir etwas, das *objektiv* zur Sache gehört. Wo aber *qualitative* und *normative* Aspekte zur in Rede stehenden Freiheit selbst gehören, führt eine Beschränkung auf allein *quantitative* und *deskriptive* Urteile in die Irre und opfert die Wahrheit der Methode (Connolly 1993, S. 139–143). In den letzten Jahrzehnten hat sich darum auch die angloamerikanische Philosophie zusehends von einer rein auf sichtbar-physische Komponenten abstellenden Definition der Freiheit entfernt. Im Rekurs auf das alltägliche Vorverständnis von Freiheit und seine sprachlichen Spiegelungen werden nun öfter auch mit den Augen 'unsichtbare' Dimensionen beachtet, etwa moralische Aspekte der Freiheitsidee.

Natürlich ist es ein Gewinn, dass man heute den reicheren Bedeutungsrahmen, den unsere Alltagssprache der Freiheitsidee zumisst, nun auch philosophisch zulässt und prüft. Aber reicht das bereits aus? Der sprachanalytische Zugriff verzichtet auf jede über die *faktischen* Üblichkeiten und Grenzen der Sprachgemeinschaft hinausreichende Deutung der Freiheitsidee. Das macht es schwierig, *kontrafaktische* Aspekte zu thematisieren, etwa wenn uns die Idee der Freiheit als normative Aufforderung entgegentritt, dominante Rede- und Handlungsweisen zu verändern. Deswegen ist noch grundsätzlicher zu fragen: Ist es sinnvoll, Freiheit lediglich an ihren semantischen oder sonstigen Ausformungen (*extensional*) festzumachen? Oder müssen wir die Idee der Freiheit nicht doch auch auf ihren möglicherweise über jegliche ihrer Verkörperungen hinausweisenden Bedeutungssinn (*intensional*) untersuchen? Falls wir nämlich vergessen, dass das bei einer rein äußerlich-objektivierenden Betrachtung entstehende Bild einer von ihrem inneren Sinn und Zweck abgelösten Freiheit bestenfalls der Abdruck ihrer weltlichen Verdinglichung ist und nicht ihr Urbild, so könnten wir ungewollt ein Zerrbild der Freiheit für ihr Abbild halten. Freiheit reduzierte sich dann in der Tat zu (nichts als) der Menge vorhandener Optionen.

Hierzu liefert David Hume (1711–1776) die Vorlage. Wie Hobbes definiert er Freiheit als ungehinderte Bewegung nach eigenem Gutdünken. Der Raum, in dem sie sich artikuliert, begrenzt sie; mithin kann keine individuelle Freiheit unendlich sein, soll noch Platz für die Freiheit anderer bleiben. Es kommt zu der – in diesem Modell unvermeidlichen – Konkurrenz zwischen individuellem Freiheitswunsch und interpersonaler Koordination. Entsprechend dieser Logik erscheint Hume das Verhältnis von Gesetz und Freiheit als tragischer Konflikt: „In all governments, there is a perpetual intestine struggle, open or secret, between authority and liberty; and neither of them can ever absolutely prevail in the contest. A great sacrifice of liberty must necessarily be made in every government.“ (Hume 1953, S. 156ff) Man scheint vor die missliche Wahl gestellt, entweder die Freiheitsräume der Individuen oder die Handlungsspielräume des Staates zu vergrößern. Tertium non datur.

Der dagegen seit der Antike in der kontinentaleuropäischen Tradition gepflegte, ja gefeierte Gedanke, dass individuelle und kollektive Freiheit einander auch wechselseitig integrieren und begünstigen könnten, bleibt dabei auf der Strecke. Das ist den klassischen Anschauungsformen der quantitativen Logik – Geometrie und Arithmetik – geschuldet. Geometrisch gilt nun einmal: Wo ein Körper Raum greift, kann es gleichzeitig kein anderer tun. Arithmetisch kommt dasselbe heraus: Die Gesellschaft wird spiel- oder sozialvertragstheoretisch über ein Gedankenexperiment konzipiert, in dem die Individuen ihre eigene Freiheit maximieren und umgekehrt die Eingriffe anderer minimieren wollen. Dabei ist die Krux des rein quantitativen Zugangs zur Freiheitsthematik, den gesellschaftlichen Aus- und Abgleich von Freiheiten als Nullsummenspiel wahrzunehmen. Freiheitsgewinne auf der einen Seite müssen, dieser Sichtweise zufolge, Freiheitsverluste auf der anderen nach sich ziehen.

Zufolge einer rein quantitativen Logik akzeptieren Individuen den Staat und seine Regeln nur, insofern sie voraussehen, in rechtlich geordneten Verhältnissen mehr Vorteile erhaschen zu können als in anarchischen Konstellationen. Damit diese Kosten-Nutzen-Rechnung aufgeht, muss, was die Einzelnen von jenem hypothetischen Tausch der Rechte und Pflichten erhalten, mindestens gleichwertig sein zu dem, was sie einzahlen. Und da – in dieser Forderung nach Symmetrie – liegt der Haken: Was ist mit Menschen, die nicht in der Lage sind, anderen deutlich zu nutzen oder zu schaden und darum als unattraktive Partner*innen für einen solchen Tausch erscheinen? Dieses Problem stellt sich etwa angesichts der Interessen und Rechte von Menschen mit schwersten geistigen und körperlichen Behinderungen, aber ebenso auch im Hinblick auf die Angehörigen zukünftiger Generationen. Wie sind sie zu integrieren (vgl. Nussbaum 2011, S. 87)?

Denn der quantitativen Logik zufolge müsste gesellschaftliche Assistenz und Rücksichtnahme in Fällen einer dauerhaften und krassen Asymmetrie von Leistung und Gegenleistung folgerichtig unterbleiben. Insbesondere ein Schutz der Umwelt, soweit er nicht erkennbar der ihn auf sich nehmenden Generation und ihren Kindeskindern nutzt, lässt sich mit diesen Mitteln schlecht begründen.

Es drängt sich von daher schon auf, vom bloßen Optionenzählen Abstand zu nehmen, um Raum für qualitative Differenzierungen zu schaffen. Einige Freiheiten sind eben wichtiger als andere: Diese so elementare wie essentielle Einsicht nötigt zum Überdenken der Fundamente der genau dies übergehenden quantitativen Freiheitstheorien. Denn ein Freiheitsbegriff, der allein auf die Anzahl ungezwungen realisierbarer Präferenzen zielt, lässt allzu leicht übersehen, dass Freiheit wesentlich auch in der normativen Reflexion, Kritik und Änderung unserer Präferenzen besteht. Einige wenige Präferenzen (zweiter Ordnung) können zahllose Präferenzen (erster Ordnung) kritisch evaluieren und langfristig transformieren. Man denke zum Beispiel an elementare sittliche Maximen, die eine Vielzahl hedonistischer Vorlieben in Schach halten. Wäre unserer Freiheit geholfen, wenn aufgrund der Mehrzahl dieser irgendwann jene gänzlich aufgehoben würden? Erfahren Menschen, deren Reflexionsfähigkeit sabotiert wird, in der unbegrenzten Befriedigung ihrer unbedachten Bedürfnisse ein Höchstmaß an Freiheit?

Um diesen Einwand zu verdeutlichen, muss man gar nicht auf schrille Gedankenexperimente (Halluzinationsmaschinen, Glücksdrogen, Parallelexistenzen etc.) zurückgreifen. Denken wir uns, realitätsnäher, eine Gesellschaft, die öffentliche Medien und Bildung geringachtet und die Formung von Geist und Geschmack zunehmend privaten Anbietern überlässt. Das mögliche Ergebnis: durch kommerzielle Manipulation abgerichtete Bürger*innen, die ihre Lebenszeit artig-konform im Kaufrausch vertändeln und für eine Politik votieren, die sich der beständigen Erweiterung von Konsumoptionen verschreibt. Zufolge des quantitativen Freiheitsverständnisses müssten nun diese Menschen als freier gelten als Bürger*innen anderer Gesellschaften, die beispielsweise, obschon autonom informiert und gebildet (*plus 1*), weniger Kaufoptionen (*minus n+1*) zur Auswahl hätten (Dworkin 1988, S. 15). Will man dies ernsthaft behaupten?

Wir sollten daher der Verabsolutierung von Wahlfreiheit entgegentreten – im Namen der Freiheit selbst. Und zwar nicht allein aufgrund der Alltagserfahrung, dass uns gelegentlich etwas weniger Optionen ganz genehm sind, weil uns vor überquellenden Supermarktregalen schon mal eine Sehnsucht nach einer „freedom from decision“ beschleicht (vgl. van Orman Quine 1987, S. 68; Ehrenberg 2008). Auch wäre die Kritik nicht vorrangig psychologisch an dem Gedanken auszurichten, dass ein Zuviel an Auswahlmöglichkeiten zu überzogenem Individualisierungs- und Authentizitätszwang führen mag, der manch' arme Seele depressiv macht (vgl. Honneth 2004; Petersen 2011). Nein, wir sollten vielmehr ganz grundsätzlich verweigern, Freiheit auf Wahlfreiheit zu verkürzen und als abzählbare Ware („commodity") zu konzipieren (vgl. Dworkin 1977, S. 268; Kymlicka 1989).

Um das gleich klarzustellen: Dass quantitative Theorien Freiheit zur Ware verdinglichen, ist der Sachvortrag ihrer Verfechter*innen. Apologet*innen quantitativer Ansätze präsentieren mit Stolz: Freiheit erscheine bloß als Selbstzweck, sei in Wahrheit aber nur Mittel zum Zweck. Obschon unsere Wahlfreiheit kein konkretes Mittel (zu vordefinierten Zwecken) darstelle, so doch ein abstraktes Instrument. Und diese Abstraktheit mache den Reiz der Sache aus. Wie Geld, so stelle auch Freiheit ein Allzweckmittel dar, von dem man gar nicht genug haben könne, ganz egal, was man damit anzustellen gedenke. Fälschlich also werde Freiheit für intrinsisch *höherwertig* gehalten als die Güter, die sie verschafft. Tatsächlich sei ihr Wert ganz so *extrinsisch* wie der Wert jener; nur eben – dies ist die Pointe – quantitativ ungleich *größer*, da diese Ware durch ihre besagte Abstraktheit auch zukünftige, jetzt noch unbestimmte Nutzungen miteinschließe (vgl. Carter 1999, S. 50–52).

Wer jedoch Freiheit wie oder geradewegs als Geld denkt, macht sie zum Fetisch: Um der durch die Geld-Metapher postulierten Kommensurabilität zu genügen, ist der Warenwert der Freiheit durch eine Reduktion auf rein materielle Optionen zu budgetieren. Um aber Freiheit auf diese Weise vergleichbar machen und messen zu können, müssen wir uns, heißt es, die gesamte Welt einschließlich unserer selbst und unserer Freiheit mechanisch denken: „we need to think of space and time as granular in order to produce measurements of 'the extensiveness of available action'." (ebd., S. 174) Genau dann erst nämlich ließen sich alle qualitativen Werturteile restlos auf quantitativ penibel ermittelbare Raum-Zeit-Relationen zurückführen.

Welch' ein circulus vitiosus: Man legt sich zuerst darauf fest, Freiheit rein quantitativ zu betrachten. Dazu wird dann ihre Kommensurabilität und dafür wiederum ihre Messbarkeit postuliert. Letztere erfordert eine physikalische Betrachtung der Welt sowie unserer selbst. Jene lässt nun ihrerseits nur quantitative Auswertungen, keine qualitativen Bewertungen zu. Schlussendlich werden deshalb alle qualitativen Aspekte der Freiheit als unwesentlich ausgegeben, und es wird behauptet, diese könnten verlustfrei auf quantitative Differenzen zurückgeführt werden.

Das zeigt: Die Theorie quantitativer Freiheit gibt sich wertneutral, ist es aber nicht. Vielmehr fällt sie mit der Beschränkung auf das empirisch

Zählbare eine versteckte Wertung: gegen so nicht zu ermessende, aber möglicherweise gleichwohl relevante Aspekte der Freiheit. Mit welchem Recht aber wird festgelegt, dass nur kausale Einwirkungen als Freiheitsschranken gelten, nicht jedoch Unterlassungen von Leistungen, welche für das Zustandekommen oder Verhindern der Freiheit Dritter unerlässlich sein können (vgl. Miller 1985, S. 313)? Können wir überhaupt definieren, was eine Freiheitsverletzung darstellt, bevor wir uns über unsere Pflichten gegeneinander verständigt haben?

Kurz: Wertfragen gehören zur Erkenntnis der Freiheit. Ohne ihre Beantwortung ist der Radius der Freiheit nicht abzustecken, und wir können nicht angeben, was wir anderen gegenüber mit Recht verteidigen dürfen und was wir von ihnen einzufordern berechtigt sind (vgl. Kristjánsson 1996, S. 32). Der Gehalt der Freiheitsidee muss also auch aus einer Theorie des Sollens, nicht allein des Seins gewonnen werden (vgl. Flathman 1987, S. 105). Wer allein mit quantitativ-naturwissenschaftlichen Methoden ein geistes- und sozialwissenschaftliches Phänomen untersucht, muss damit rechnen, dass sich dabei alle Aspekte verflüchtigen, welche jenseits des Materiell-Physischen liegen. Und das hat harsche praktische Konsequenzen:

So schützen quantitative Freiheitstheorien nämlich vorzugsweise Freiheiten, die man bereits (faktisch) hat, weniger hingegen solche, auf die man vielleicht (kontrafaktisch) ein Recht haben könnte. Sie orientieren sich (*extensional*) an Freiheit in ihrer materiellen Ausformung – Selbstverfügung über den eigenen Leib und Besitzstand –, nicht (*intensional*) an ihrem ideellen Begriffssinn. Sie optimieren nicht konkrete Lebenschancen, sondern maximieren abstrakte Optionen – verkörpert in einklagbaren Eigentumsrechten.[3] Die politische Gemeinschaft verdampft so schnell zu einer Anspruchsgesellschaft, die sich statt zu allseitiger Freiheitsermöglichung zum wechselseitigem Besitz- und Forderungsschutz verbindet und verpflichtet (vgl. Laski 1962, S. 105). Denn Bemühungen um soziale wie ökologische Nachhaltigkeit werden als Bedrohung individueller Optionenräume wahrgenommen. Und das ist nur folgerichtig: Wo Freiheit lediglich als naturgegebenes Vermögen betrachtet wird, rückt die soziale Konstruktion von Freiheit (vgl. De Ruggiero 1925) aus dem Blick. Mitmenschen erscheinen in allererster Linie als mögliche Störer*innen jener natürlichen

3 „In the profoundest sense there *are* no rights but property rights. […] Each individual, as a natural fact, is the owner of himself, the rule of his own person. Then, 'human' rights of the person […] are, in effect, each man's *property right* in his own being, from *this* right stems his right to the material goods he has produced." (Narveson, *The Libertarian Idea*, S. 175); siehe auch Rothbard (1977, S. 238).

Freiheit[4] und es folgt die lebensweltlich absurde Konsequenz: Je weniger individuelle Freiheit von Mitmenschen beeinflusst oder mitgestaltet wird, desto besser. Freiheit muss demnach in souveräner Unabhängigkeit gesucht und jegliche politische Regulierung wie soziale Mitbestimmung privater Freiheit als potentielle Negation derselben beargwöhnt werden (vgl. Mill 1991, S. 8). Darum erfreut sich das andernorts als 'Nachtwächterstaat' verspöttelte Konzept eines Minimalstaats bei Vertreter*innen der quantitativen Freiheit noch immer großer Beliebtheit (vgl. Macpherson 1973, S. 91).

Quantitativ gedacht sind solche Resultate leider stimmig: Wozu auf Menschen Rücksicht nehmen, von denen wir keine gleichwertigen Vor- oder Nachteile erwarten können? Also machen Solidarität oder Umweltschutz an Nationsgrenzen halt, sobald weder nachteilige (zum Beispiel ökonomische oder sicherheitspolitische) Rückwirkungen noch handfeste Vorteile zu erwarten sind. Ähnlich werden Fragen globaler und intergenerationaler sozio-ökonomischer Partizipation sowie ökologischer Voraussicht und Nachhaltigkeit im Rahmen quantitativ-freiheitlicher Theorien nachrangig behandelt. Zwar lassen sich *einige* Belange sozialer und ökologischer Nachhaltigkeit in quantitative Freiheitstheorien integrieren – jene nämlich, deren Berücksichtigung sich für die betroffenen Individuen noch rechnet –, aber auch nur diese. Wer sonstige, sich nicht bald amortisierende soziale oder ökologische Anliegen freiheitstheoretisch berücksichtigen möchte, muss daher nicht nur die Zahl, sondern auch die Art unserer Optionen eruieren – und Freiheit also nicht nur quantitativ, sondern auch qualitativ betrachten (vgl. Cohen 1995, S. 53).

3 Qualitative Freiheit

Freiheit kann, wie gezeigt, nicht wertneutral analysiert werden. Das wird heute zwar zusehends anerkannt;[5] jedoch oft nur als kleines Zugeständnis am Rande einer nach wie vor überwiegend quantitativen Denkungsart; nach dem Motto: Qualitative Momente könne man ja gerne privat in jenem Raum ausleben, den eine an der Konzeption quantitativer Freiheit orientierte Politik eröffne (vgl. Nelson 2005). Das ist aber zu kurz gedacht.

4 „Jene individuelle Freiheit […] lässt jeden Menschen im andern Menschen nicht die *Verwirklichung*, sondern vielmehr die *Schranke* seiner Freiheit finden." (Marx und Engels 1988, S. 365)

5 Die Idee „qualitativer Freiheit" wurde bereits im deutschen Politikdiskurs aufgegriffen. Vgl. etwa Lindner (2009).

Mannigfaltigkeit ist kein quantitatives Konzept. *Vielzahl* ist quantitativ. *Vielfalt* jedoch zielt auf *Diversität* in der Vielzahl: auf eine qualitativ unterschiedlich gegliederte Menge.

Das lässt sich am Beispiel des Verhältnisses des öffentlichen zum privaten Nahverkehr zeigen. Wer etwa in den USA über den Weg zur Arbeitsstelle nachdenkt, hat zumeist nur die Wahl zwischen verschiedenen Automarken; die Möglichkeit, das Fahrrad oder den Zug zu nehmen, fällt in Ermangelung an Fahrradwegen oder effizientem öffentlichen Nahverkehr vielerorts aus; bisweilen sogar schlicht deshalb, weil die einzige Verbindung zwischen zwei Orten ein *highway* ist. Einmal unterstellt, der Automarkt sei in den USA mit deutlich mehr Marken und Modellen übersät als in Europa: rein quantitativ (im Sinne einer schieren Mehrzahl) wären die Menge aller Optionen für private Transportfreiheit größer. Qualitativ dagegen (im Sinne signifikanter Verschiedenheit) erscheint die Auswahl betrüblich beengt. Von einer wirklichen Wahl der Transportmittelwahl – gerade auch im Hinblick auf ökologisch nachhaltige Optionen – kann oft nicht die Rede sein. Also: Wer eine echte Vielfalt der Lebensverhältnisse wünscht, verlangt der Sache nach qualitative, nicht nur quantitative Freiheit. Erst die qualitative Differenz macht aus blasser Vielzahl bunte Vielfalt.

Aber welche Freiheiten gehören denn in jenen Raum schützenswerter Möglichkeiten? Alle? Auch destruktive? Es muss natürlich eine Auswahl getroffen werden (vgl. Christman 2005). Aber wie? Im quantitativen Denken, so hatten wir gesehen, muss eine Konkurrenz von Freiheiten stets nach der Maßgabe entschieden werden, bedingungslos vorzuziehen, was mehr Optionen und Folgeoptionen schafft. Es handelt sich um eine absolute Messung zwischen Optionen und ihren unterstellten Folgen. Dem höchsten numerischen Wert an Optionen wird automatisch der höchste Freiheitswert zugeschlagen. Wo aber – um es zu wiederholen – Qualität allein aus Quantität resultiert, wird sie aber letztlich auf diese reduziert. So gerät Quantität zur (einzig akzeptierten) Qualität von Freiheit.

Im Falle qualitativ ausgerichteter Freiheitstheorie ist dies anders. Sie wendet die Idee der Freiheit im Zuge ihrer Konkretisierung auf sich selbst an und vertritt: Je essentieller eine Freiheit ist, je klarer sie also den universellen, auf alle Menschen zielenden Gedanken von Autonomie verwirklicht, umso stärker sollten wir sie in Konkurrenz zu alternativen Möglichkeiten fördern. Sie empfiehlt daher, Optionen den Vorzug zu geben, die bestimmten inhaltlichen, an der Autonomie aller Menschen ausgerichteten Kriterien genügen, wie zum Beispiel Menschenwürde, Vernünftigkeit, Reziprozität, Universalisierbarkeit, Förderung von Lebenschancen und so weiter (vgl. Nussbaum 2011, S. 32).

Entscheidend ist: Zur Durchführung dieses Vergleichs reichen relative Rangverhältnisse aus. Ein/e Vertreter*in einer qualitativen Theorie muss also nicht die Freiheitlichkeit von bestimmten Optionen aufs Gramm genau abwiegen, wenn er/sie die Vorzugswürdigkeit unterschiedlicher Möglichkeiten abwägt. Man kann ja etwa durchaus sinnvoll sagen, dass die Freiheit, eine bestimmte Meinung äußern zu dürfen, wesentlicher sei als die Freiheit, auf einer bestimmten Seite der Autobahn fahren zu dürfen, ohne doch genau abzumessen, um wieviel exakt die erste Option besser ist als die zweite. Ökonometrisch ausgedrückt: Quantitative Freiheit fordert kardinale Skalen mit kommensurablen Messgrößen, qualitative Freiheit etabliert ordinale Rangordnungen, in denen auch inkommensurable Güter zum Vergleich gebracht werden.

Diese theoretische Differenz hat praktische Konsequenzen. Zum Beispiel: Während im Rahmen quantitativ ausgerichteter Freiheitstypen ein Zuwachs an privaten Optionen – etwa im Rahmen einer freien Markt- und Verkehrswirtschaft – per se gutzuheißen ist, können qualitativ ausgerichtete Liberalismen differenzierter urteilen und auch die Art jener Optionen (samt ihrer Opportunitätskosten) mit in den Blick nehmen. Masse ist nicht Klasse und Freiheit daher auch nicht einfach mit Auswahlfreiheit gleichzusetzen (vgl. MacGilvray 2011). Konkret: Während an quantitativer Freiheit ausgerichtete Theorien etwa den Markt für gewöhnlich als Himmel ökonomischer Freiheit ausmalen, weil er definitionsgemäß nichts anderes ist als Ort und Aggregat freiwilliger Tauschakte (vgl. Thrasher 2014), geht es bei der Theorie qualitativer Freiheit irdischer zu. Sie fragt nach der Qualität der am Markt getätigten Transaktionen: War Not im Spiel oder lag Manipulation vor (vgl. Ameson 2009, S. 139)? Sind Transaktionen auch dann akzeptabel, falls sie die Menschenwürde untergraben (vgl. Nussbaum 2011, S. 35)? Wie steht es zudem um sittenwidrige und ehrverletzende Geschäfte? Wie um Übereinkünfte zulasten Dritter, beispielsweise zulasten zukünftiger Generationen?

Aufgrund solcher Reflexionen wird qualitative Freiheit nicht jedwede Vermehrung von Optionen gutheißen und wirtschaftlichen Erfolg konsequentermaßen nicht im Sinne eines rein quantitativen Wachstums definieren (vgl. Mirowski und Sent 2002). Vielmehr wäre eine Balance *zwischen* Freiheiten zu finden: zwischen Wirtschaftsfreiheit auf der einen und politischen, sozialen, kulturellen und ökologischen Freiheiten auf der anderen Seite, sicherlich. Aber auch zwischen der ökonomischen Freiheit dieser und jener Bürger*innen, sowie zwischen unterschiedlichen Formen ökonomischer Freiheit, zum Beispiel zwischen kurzfristig oder langfristig orientierten, mehr oder weniger ökologisch und sozial nachhaltigen Wirtschaftszielen. Das heißt, bei der Einhegung ökonomischer Maximierungstendenzen kämpft also – entgegen landläufiger Stereotypen – nicht Freiheit gegen Unfreiheit (vgl. Crouch 2011), sondern es konkurrieren differente Formen von Freiheit miteinander.

Besonders wichtig: Da Freiheit *per se* keine lokale oder nationale, sondern eine globale, keine irgendwen ausgrenzende, sondern eine alle einbeziehende Idee darstellt, sind Rasse, Geschlecht und Religion für die Forderung nach Freiheit sowie deren Geltungskraft unerheblich. Aber, qualitativ gedacht, sollten es eben auch zeitliche und räumliche Distanz sein. Wenn uns Freiheit zusteht, weil wir Personen sind, so allen Personen. Die Bürger*innen ferner Länder haben ebenso wie die Angehörigen zukünftiger Generationen ein Menschenrecht auf die Zugangsbedingungen zu einem freien Leben wie jene Menschen, mit denen wir bereits kommunizieren, kooperieren oder Handel treiben. Deshalb weitet eine qualitativ ausgeführte Idee der Freiheit nicht nur das Schädigungsverbot, sondern auch die Pflicht zur Freiheitsermöglichung auf asymmetrische, zum Beispiel auf globale und intertemporale, Verhältnisse aus.

Die Freiheit der Anderen definiert demnach nicht nur die *Grenze* der unsrigen, sondern determiniert auch eines ihrer vornehmsten *Ziele*. Weil weder Markt noch Natur sicherstellen, dass *alle* ein autonomes Leben führen können, müssen das Fordern individueller Freiheit und das Fördern ihrer generellen Voraussetzungen Hand in Hand gehen. Nicht nur schon innegehabter Besitz und bereits gesicherte Freiheiten sollten folglich verteidigt werden, sondern auch jedermanns Anspruch auf Eigentums- und Rechtseinräumung. Persönliches Eigentum sichert Weltteilhabe; Weltteilhabe aber ist Menschenrecht. Solange auch nur ein einziger Mensch sich in Unfreiheit befindet, bleibt also, ihrer eigensten Idee nach, die Freiheit aller anderen unvollkommen.

Während quantitativ orientierte Freiheit Selbstbestimmung maximieren und Fremdbestimmung minimieren will, zielt die Idee qualitativer Freiheit darauf, Selbstbestimmung durch soziale Mitbestimmung zu optimieren. Sie begreift in den Anderen und in der Gesellschaft eher *Sphären* als *Schranken* der individuellen Freiheit. Sie liest die Welt der gesellschaftlichen Koordination als Eloge sozial vermittelter Freiheit und nicht als Elegie über unausweichliche Zwangsverhältnisse. Das ist näher an der Realität. Schließlich sind unsere sozioökonomischen Realitäten ja nicht die Konsequenz von Naturgewalten, sondern das Ergebnis eines Wirkens und Waltens individueller wie institutioneller Freiheiten und indirekt damit auch ein Resultat der sie bestimmenden Freiheitstheorien. Auch von daher ist es verkürzt, lediglich quantitative Verteilungskonflikte zwischen *faktischen* Freiheitsbeständen zu thematisieren. Vielmehr müssen stets auch *kontrafaktische* Erwägungen angestellt werden. Zum Beispiel ist zu fragen, welche *Freiheitsalternativen* durch den gegenwärtigen ökonomischen wie politischen *status quo* verhindert und welche *alternativen Freiheitskonzeptionen* durch den intellektuellen *status quo* behindert werden. Die Idee der qualitativen Freiheit hat also nicht nur eine Besitzstandswahrung hinsichtlich bereits erworbener Anrechte und Optionen im Sinn, sondern darüber hinaus das Schaffen neuer, anderer Lebenschancen.

Ein qualitatives Freiheitsverständnis wird daher Beschränkungen individueller Optionen nicht pauschal bekämpfen, sondern einige davon – als freiwillige Qualifizierungen – affirmieren. So sind etwa auch die sozialen, ökologischen und kulturellen Kontexte, unter welchen sich unsere Fähigkeit zur Autonomie, zur Selbstkritik und Selbstkontrolle, ausformt, legitimer Gegenstand freiheitsrechtlicher Regelungen (vgl. Dworkin 1988, S. 15). Während das Modell quantitativer Freiheit von einer in Independenz und Indifferenz sich gefallenden Freiheit ausgeht, die sich von sozialen, moralischen oder ökologischen Kontexten nach Gutdünken isolieren kann (vgl. Christman 2005, S. 123, S. 143) wird von der Warte qualitativer Freiheit aus Autonomie auch und gerade in interdependenten Lebensverhältnissen betont (vgl. O'Neill x, S. 212–221, insb. S. 220). Statt einer quantitativen Gleichung – im Sinne von: mehr Independenz = weniger Dependenz = mehr Freiheit – sucht eine qualitativ orientierte Theorie der Freiheit Antworten auf die Frage, *welche* Formen von sozialer, kultureller wie ökologischer Interdependenz unsere Autonomie am geeignetsten fördern. Manche Rahmenvorgaben mögen Freizügigkeit beschneiden, aber gerade dadurch Freiheit ermöglichen, weil sie die Intaktheit unserer Umwelt und/ oder Zivilisation pflegen.

Aber wird mit dieser Ausweitung der Verantwortungsbezüge die Freiheitsidee nicht verunklart oder überlastet? Von quantitativer Warte aus, d.h. unter der Zielvorgabe, ein Maximum an privaten Optionen zu erreichen, mag das so erscheinen. Die Theorie qualitativer Freiheit jedoch flirtet erst gar nicht mit der Fiktion unbegrenzter Freiräume. Sie hinterfragt individuelle Freizügigkeit stets darauf, inwiefern sie der Freiheit aller zuträglich ist (vgl. Tinder 2007). Belastungen und Grenzen, die diesem Zweck dienen, erscheinen ihr deshalb nicht (wie in quantitativer Logik) als ungeliebte, obschon unumgängliche Freiheitsbeschränkungen. Sie werden (in qualitativer Denkungsart) vielmehr als Formen allseitiger Freiheitsermöglichung bejaht: als Akte, durch die sich Freiheit selbst verpflichtet und einschränkt. Die Forderung nach sozialer und ökologischer Verantwortung etwa gilt ihr nicht als *negative Begrenzung* von individueller Freiheit, sondern sie prüft, ob und inwieweit es daraus *positive Bestimmungen* der Freiheit resultieren. Oft werden ja die jeweils aufgegebenen Optionen durch die so zu gewinnenden Lebenschancen – qualitativ – aufgewogen, etwa im Hinblick auf die Nachhaltigkeit freier Lebensverhältnisse.

Die Gesellschaft hat im Übrigen schon immer gewisse Freiheitsformen privilegiert und etwa typischerweise die Freiheit zu zerstören, der Freiheit zu erschaffen oder der Freiheit zu bewahren nachgeordnet. Und das mit gutem Grund: Unsere Freiheit selbst überlebt nicht ohne intakte biologische wie kulturelle Umwelten; also sollte sie zu deren Gedeihen beitragen (vgl. Di Fabio 2005, S. 75). Alle müssen tätig werden, damit jede und jeder frei sein kann: ob im Einsatz für Bildung und Erziehung, in der Verteidigung privaten, aber sozialpflichtigen Eigentums als Grundlage selbständigen Weltumgangs oder in der karitativen Sorge für andere; ob im Engagement für den Schutz der natürlichen Lebensgrundlagen, beispielsweise um zukünftigen Generationen ein freies Leben zu ermöglichen, oder im solidarischen Wirken für die Armen und Ausgegrenzten von heute.

Natürlich sind hierbei klare Grenzen zwischen Ethik und Politik zu ziehen. Was Einzelne aus moralischer Motivation heraus von sich selbst verlangen, ist das Eine. Was die Politik der Allgemeinheit abverlangt, ein anderes. Individueller, freiwilliger Verzicht und kollektive, sanktionierte Verbote sind nicht dasselbe. Aber sie stehen in einem Regelungszusammenhang. In einer Gesellschaft, in der sich die Einzelnen nicht freiwillig binden und auf die soziale und ökologische Nachhaltigkeit ihres Freiheitsgebrauchs achten, sondern opportunistisch im Sinne des *homo oeconomicus*-Modells jegliche Möglichkeit ausnutzen, sich, wo dies ungestraft geht, Vorteile auch zu Ungunsten Dritter oder der Allgemeinheit zu verschaffen, reißen eklatante Koordinationslücken auf. Diese können auch ein zwangsbewehrtes Recht und eine auf allen Registern der Anreize spielende Politik zwar niemals ganz schließen – soweit reichen bisher die Augen und Arme des Staats bisher nicht –, wohl aber wird so die Gesellschaft zu einem ebensolchen Versuch getrieben: Wo freiwillige Verantwortungsübernahme ausbleibt, folgt der Ruf nach einer schärferen Beschränkung der persönlichen Freiräume durch den Staat auf dem Fuße. Wer hier freiheitswidrige Übergriffigkeit fürchtet, tut gut daran, die Aufgabenteilung zwischen der Makro-, Meso- und Mikroebene der Gesellschaft nicht durch sein eigenes Verhalten zu unterminieren.

Das heißt, die Idee qualitativer Freiheit nimmt Einzelne *und* Gemeinschaft in Anspruch: Sich aus selbstverschuldeter Unmündigkeit zu befreien, obliegt jedem selbst. Die Befreiung aus unverschuldeter Unmündigkeit jedoch schulden alle einander. Wir sollten die Gesellschaft nicht als Vertrag zur wechselseitigen Versicherung des Habens, sondern als Bund zur allseitigen Ermöglichung des Seins betrachten; als eine Gemeinschaft also, die in subsidiärer Weise Solidarität gewährt und Nachhaltigkeit fördert.

Damit aber sowohl die Einzelnen (Mikroebene) als auch (auf der Mesoebene) die intermediären Institutionen und Assoziationen ihrer sozialen sowie ökologischen Verantwortung genügen können, bedürfen sie nicht nur der *Abwesenheit* von Rechtsverletzungen, sondern auch der *Anwesenheit* bestimmter Bedingungen: Freiheit bedarf etwa eines aktivierenden Sozialstaats, der alle zur Autonomie ermächtigt und befähigt, eines wirksamen Umweltschutzes, einer wachsamen Zivilgesellschaft und einer wertevermittelnden Kulturgemeinschaft. Was von unserer Freiheit ausgeht, geht schlussendlich auch wieder in sie ein. Die Praxis der Freiheit beruht auf Voraussetzungen, die sie selber verändert. Die Pflege der Um- und Mitwelt ist liberal, weil Freiheit relational ist. Gerade weil Freiheitsphilosophie niemandem bestimmte Lebensziele vorschreibt, muss sie angesichts endlicher Ressourcen und unendlicher denkbarer menschlicher Ziele zum sorgsamen Gebrauch der geteilten Lebenswelt aufrufen, damit auch zukünftige Generationen noch in Freiheit über sich entscheiden können. Wo dies seitens der Einzelnen und der intermediären Institutionen nicht geleistet wird oder – mangels universeller, zwangsbewehrter Koordinationsbefugnisse – gar nicht geleistet werden kann, muss der Staat einspringen. In einer individuell-moralisch wie intermediär-sittlich optimal ausgerichteten Gesellschaft schrumpfen daher die Staatsaufgaben spürbar, aber sie laufen niemals gegen null. Als Rechtsklarheit verschaffende Autorität und als Garant der Ermöglichungsbedingungen der Befähigungen aller zu einer autonomen Existenz ist der Staat auch in einem Volk von Engeln nötig.

Dem quantitativen Freiheitsdenken hingegen mangelt es an einem zureichenden Maßstab für solche Überlegungen. Denn, wie gesagt, erlaubt quantitatives Denken, strenggenommen, keinerlei Differenz hinsichtlich der Applikation der Idee der Freiheit. Mehr Optionen müssen überall und stets als vorzugswürdig gelten (vgl. Flathman 1987, S. 92). Wo soziale oder ökologische Agenden diesem Maximierungsimperativ ein um bestimmte Optionen reduziertes Profil entgegensetzen, kommt es zu Reibungen und die individuelle Freiheit wird gegen die Möglichkeitsbedingungen ihrer universellen Nachhaltigkeit ausgespielt, was zu einem unschön-egoistischen Missverständnis der Anliegen der Autor*innen des klassischen Liberalismus führt. Qualitative Freiheit dagegen bewertet Freiheitsgebrauch danach, ob und wie er die ungleichartigen, aber gleichförmigen Freiheiten anderer schützt oder, besser noch, steigert. Von dieser Warte aus betrachtet können Nachhaltigkeitsbemühungen – auch solche seitens des Staats, sofern sie freiheitlich (insbesondere durch das Beteiligen der jeweils Betroffenen) zustande kommen – also sehr wohl freiheitsphilosophisch affirmiert werden.

Damit diese Angaben nicht wolkig bleiben, müssen sie natürlich im persönlichen Alltag, in der Wirtschaft und in der Politik konkretisiert werden. Das jedoch ist nicht Sache der Philosophie. Denn wir müssen die Vielzahl von Begriffen und Konzepten von qualitativer Freiheit (was ein Gemeinwesen als Freiheiten schätzt und schützt) unterscheiden von der bloßen Idee qualitativer Freiheit (dass jene Qualifizierung vorgenommen wird). Es geht darum, hinsichtlich der Idee qualitativer Freiheit strukturelle Gleichheit mit substantieller Diversität in der Umsetzung durch Freiheitsbegriffe, d.h. Einheit im Prinzip bei gleichzeitiger Pluralität in der Ausformung zu bewahren. Dazu ist beim Nachdenken über Freiheit sauber zu differenzieren zwischen dem Beitrag der Philosoph*innen zur Idee der Freiheit und den durch Diskurs der Bürger*innen entwickelten Begriffen – Konzeptionen und Programmen – von Freiheit. Es macht einen nicht zu vernachlässigenden Unterschied, ob Autor*innen entweder (auf der Ebene der polity) philosophische Reflexionen zu Verfassungs- und Verfahrensfragen anstellen oder aber ob sie sich auf dem Hintergrund solcher Überlegungen als Mitbürger*innen zu Fragen politischer Programmatik (policy) und Prozesse (politics) äußern. Das eine erlaubt mehr Gewissheit und Genauigkeit, das andere verlangt eher Konkretheit und Lebensnähe. Dass (der Idee nach) Freiheit überhaupt qualitativ bestimmt werden muss, entscheidet also noch nicht, was im Namen dieser Idee gefördert werden soll (sprich: der besondere jeweilige Begriff von Freiheit). Daher liefert die Theorie der qualitativen Freiheit kein „one size fits all"-Modell freiheitlicher Lebensverhältnisse.

Klarerweise muss jene Konkretisierung der Freiheitsidee im Lichte derselben erfolgen: Die Idee der Freiheit verlangt nach freiheitlichen Verfahren ihrer Ausdifferenzierung. Nur Verfahren, die offen sind für die Partizipation aller, um deren Freiheit es geht, werden diesem Anspruch gerecht. Obschon die Theorie qualitativer Freiheit also nicht festlegt, *was* jeweils als qualitative Freiheit zu gelten hat, zeigt sie sehr wohl auf, *wie* eine Gesellschaft dies (nicht) ermitteln sollte. Entscheidungsverfahren, welche Einzelne und Gruppen diskriminieren und verhindern, dass Minderheiten heute so geschützt werden, dass sie morgen zwanglos zu Mehrheiten werden können, sind etwa im Lichte der Idee der qualitativen Freiheit unzulässig. Die Mittel liberaler Politik sollen ihren Zielen entsprechen, damit Freiheit, wo immer möglich, durch Freiheit erreicht werde. Substantielle und prozedurale Freiheit gehören unverbrüchlich zusammen. Jede Gesellschaft muss nicht nur selber darüber befinden, welchen Rechtsschutz, welche Lebenschancen, welche Unterstützung sie ihren Bürger*innen gewähren will. Auch muss sie autonom die *Verfahren* für solche Entscheidungen festlegen. Die Theorie qualitativer Freiheit fragt folglich nicht technokratisch: „Wer hat Recht?“, sondern demokratisch: „Wer hat das Recht zu entscheiden?“ und damit natürlich auch: „Wer hat das Recht zu irren?“.

Aber nicht nur prozedural, auch substantiell sind einige, eingrenzende Regeln einzuhalten: Wer seine Freiheit so umsetzt, dass, falls die Rollen getauscht würden, ihm keine Freiheit bliebe, widerspricht sich und untergräbt so die Geltungskraft seines eigenen Freiheitsverlangens. Nur ein solcher Freiheitsbegriff kann als Übersetzung der Idee qualitativer Freiheit gelten, der seine kritische Universalisierung und Selbstanwendung übersteht. Denn Freiheit meint also immer auch die Freiheit der anders Lebenden. Ein Gebrauch von Freiheit, der schwer umkehrbare Pfadabhängigkeiten schafft, steht daher unter einer weit höheren Begründungslast als einer, dessen Wirkung leichthin reversibel ist.

Wirtschaftspolitisch erkennen wir beispielsweise schon seit langem an: Wer ein temporäres Monopol dazu nutzt, dass andere auf Dauer keinen Marktzugang gewinnen können, gebraucht seine Freiheit unzulässig zur Verhinderung der wirtschaftlichen Freiheit anderer – und ruft damit den Staat als Korrektiv, als Anwalt der ansonsten unterdrückten Freiheitsinteressen, auf den Plan. Gilt Ähnliches auch ökologisch? Man könnte ja wie folgt argumentieren: Wer etwa das Wattenmeer ruiniert, schließt damit ja nicht nur gegenwärtig unzählige andere freiheitliche Nutzungen desselben Lebensraums aus, sondern auch zukünftig. Dürfen solche Handlungen gleichgesetzt werden mit Aktionen, welche die Freiheiten anderer begünstigen oder gar erst ermöglichen? Und wer muss, um einer Entscheidung hierüber Legitimität zu verschaffen, an der Beratung und Entschließung über solche Fragen wie beteiligt werden?

Diese Überlegungen zeigen: Der Auftrag der Idee qualitativer Freiheit, die Anliegen der individuellen wie der gesellschaftlichen Freiheiten so miteinander zu vermitteln, dass alle in Freiheit leben können, führt auf den Demokratiebegriff – und qualifiziert ihn sogleich. Die Demokratie soll Verfahren liefern, mit denen aus Betroffenen Beteiligte werden. Nicht weniger, aber auch nicht mehr hat sie zu leisten als die gemeinsame Bearbeitung geteilter Probleme auf der Grundlage der deliberativen Partizipation und politischen Repräsentation der Freiheit aller: verschiedenste Instanzenwege, bürgergesellschaftliche Deliberation, direkte Demokratie, öffentliche Dialoge, Planungszellen, Bürgerforen, Befragungen, Mediationsverfahren etc. kommen hierfür in Frage (vgl. Fuhrmann 1999). Welche dieser Formen für welche politischen, wirtschaftlichen und gesellschaftlichen Regelungsbedarfe dabei die geeignetsten sind – und warum, hinsichtlich dieser Fragen gibt es eine riesige Forschungslücke – vor allem im Hinblick auf die zunehmende Globalisierung und Virtualisierung unserer Lebenswelt und die sich daraus ergebenden Probleme angemessener Mitbestimmung über große räumliche und zeitliche Distanzen hinweg. Klarerweise müssen sich die Formen der Freiheitspolitik der Zeit anpassen (Howaldt und Schwarz 2010). Wenn man Demokratie mit Habermas als „Selbstbestimmung der Menschheit" versteht,[6] dann muss auch hinsichtlich der fortschreitenden räumlichen und zeitlichen Entgrenzung unserer Handlungsfolgen gelten: Wo die Probleme die Kompetenzen nationalen Rechts überfordern, dort hat man auch jenseits des staatlichen Denkgerüsts – verstärkt auch auf regionaler und globaler Ebene – nach Antworten zu suchen (vgl. de Souza Briggs 2008, S. 13). Und: Wenn die Entscheidungen von heute die Freiheiten von morgen ruinieren können, haben wir die Interessen zukünftiger Generationen angemessen in unsere gegenwärtigen Entscheidungsprozesse einzubeziehen. Durch entsprechende Bestrebungen um die soziale und ökologische Nachhaltigkeit unseres sich zusehends globalisierenden Freiheitsgebrauchs wird die Idee der Freiheit keinesfalls reduziert, sondern manifestiert.

4 Fazit

Quantitative Freiheit umschreibt ein maximierendes Grundanliegen, dem es auf die höchstmögliche *Anzahl* oder die größtmögliche *Ausdehnung* individueller Wahlmöglichkeiten ankommt. Die Idee der qualitativen Freiheit will uns demgegenüber für das notwendige *Bewerten, Schaffen* und *Verändern* jener Möglichkeiten sensibilisieren: einige sollten wir besonders fördern, andere weniger. Während *quantitative* Freiheit darauf sinnt, *wieviel* Freiheit dem Einzelnen gewährt wird, achtet *qualitative* Freiheit darauf, *welche* Freiheiten wir einander einräumen und *wessen* Freiheit wir ermöglichen. Die These dieses Aufsatzes ist dabei, dass die Idee der qualitativen Freiheit einer quantitativen Betrachtung unserer Freiheit vorangehen muss: Erst kommt das *qualitative Abwägen*; dann erst, nach den dadurch zu gewinnenden Kriterien, das *quantitative Abwiegen* konkurrierender Freiheitsansprüche. Recht verstanden resultiert die Dimension quantitativer Freiheit erst aus der Idee qualitativer Freiheit und ist ihr deshalb dialektisch ein- und unterzuordnen.

Anders formuliert: Obschon Theorien quantitativer Freiheit qualitative Überlegungen zurückweisen, können sie ohne implizite Anleihe bei die-

6 „Demokratie arbeitet an der der Selbstbestimmung der Menschheit, und erst wenn diese wirklich ist, ist jene wahr. Politische Beteiligung wird dann mit Selbstbestimmung identisch sein." (Habermas 1961, S. 15)

sen nicht funktionieren. Ihre akkurate Rekonstruktion kommt deshalb ihrer Dekonstruktion – d.h. ihrer dialektischen Überführung in die Kategorie der Qualität – gleich. Umgekehrt ist die Idee qualitativer Freiheit von vornherein auf die Integration des Quantitativen ausgerichtet. Qualitatives Werten will quantitatives Messen sachgerecht und verhältnismäßig zum Einsatz bringen, nicht ersetzen. Qualitative Freiheit eliminiert quantitative Freiheit nicht; wohl aber deren Verabsolutierung. Während das quantitative Denken alle qualitativen Forderungen negiert und externalisiert, wird umgekehrt die quantitative Dimension vom qualitativen Ansatz affirmiert und integriert. Die Idee qualitativer Freiheit erweist sich damit als integrationsfähiger und genießt somit kategorialen Vorrang. Kürzer: Quantitative Freiheit findet in qualitativer Freiheit ihren Grund; qualitative Freiheit gibt sich in quantitativer Freiheit ihr Maß.

Durch die vorrangige interne Qualifizierung unserer Freiheiten auf ihre Verträglichkeit mit den Freiheiten anderer, ja aller Menschen hin – also auch und gerade im Hinblick auf die Rechte zukünftiger Generationen – werden Nachhaltigkeitsbelange sichtbar als integrale Momente einer freiheitlichen Lebensführung, Wirtschaftsordnung und Gesellschaft. Anstatt es quantitativ als ein Minus zu verbuchen, sollten wir das Bemühen um die nachhaltige Gestaltung unseres Freiheitsgebrauchs qualitativ als ein Melior – eine Verbesserung, eine Steigerung – unserer Lebenschancen betrachten und behandeln.

Durch welche Verfahren und Prozesse auch immer die Weltgemeinschaft diesen Gedanken konkretisiert, die Zielperspektive, in der die Auswahl der geeigneten Mittel und Maßnahmen getroffen werden muss, ist klar. Qualitative Freiheit will die spannungsreichen Zielsetzungen der Individuen und Gemeinwesen weltweit miteinander vermitteln (um Freiheit zu erhalten), koordinieren (um Freiheit zu gestalten) und veranlassen, dass Menschen persönliche Freiheit zum Wohle der Autonomie anderer Weltbürger*innen einbringen (um Freiheit zu entfalten). Kurz: Statt einer Welt der quantitativ unbegrenzten Möglichkeiten, in der einige Wenige alles erwerben und auch ruinieren können, erstrebt sie eine Welt der qualitativ sinnvollen Wirklichkeiten, in der auch in Zukunft alle Weltbürger*innen etliches zu erreichen vermögen. Die Welt ist Gemeinbesitz aller Menschen – und genauso sollte sie auch behandelt werden: im Dienst und zur Förderung der qualitativen Freiheit aller.

5 Literatur

Arneson, Richard. 2009. „Meaningful Work and Market Socialism Revisited“. *Analyse und Kritik-Zeitschrift für Sozialwissenschaften* 31 (1).

Bentham, Jeremy. 1970. *Of Laws in General*. Hart, Herbert Lionel Adolphus (Hrsg.). London.

De Souza Briggs, Xavier. 2008. *Democracy as Problem Solving: Civic Capacity in Communities across the Globe*. Cambridge, Massachusetts: MIT Press.

Button, Mark. 2008. *Contract, Culture and Citizenship: Transformative Liberalism from Hobbes to Rawls*. University Park, Pennsylvania.

Carter, Ian. 1999. *A Measure of Freedom*. Oxford: Oxford University Press.

Christman, John. 2005. „Saving Positive Freedom". *Political Theory* 33 (1): 79–88.

Cohen, Gerald. 1995. *Self-Ownership, Freedom, and Equality*. Cambridge: Cambridge University Press.

Connolly, William. 1993. *The Terms of Political Discourse*. Oxford: Blackwell

Crouch, Colin. 2011. *The Strange Non-death of Neo-liberalism*. Cambridge: Polity.

De Ruggiero, Guido. 1925. *The History of European Liberalism*. Boston: Beacon Press.

Dworkin, Gerald. 1988. *The Theory and Practice of Autonomy*. Cambridge: Cambridge University Press.

Dworkin, Ronald. 1977. *Taking Rights Seriously*. London: Duckworth.

Ehrenberg, Alain. 2008. *Das erschöpfte Selbst: Depression und Gesellschaft in der Gegenwart*. Frankfurt a.M.: Suhrkamp.

Feinberg, Joel. 1992. *Freedom and Fulfillment: Philosophical Essays*. Princeton, New Jersey: Princeton Univ. Press.

Flathman, Richard. 1987. *The Philosophy and Politics of Freedom*. Chicago: Univ. of Chicago Press.

Friedman, Milton und Friedman, Rose. 1990. *Free to Choose: A Personal Statement*. San Diego: Harcourts.

Fuhrmann, Raban. 1999. *Der Bürger der Bürgergesellschaft: ‚Bürgergutachten‘ aufgrund von fünf ‚Bürgergutachtenzellen‘ nach dem Verfahren ‚Planungszelle‘*. Berlin: Liberales Inst. der Friedrich-Naumann-Stiftung.

Habermas, Jürgen. 1961. *Über den Begriff der politischen Beteiligung*. Neuwied am Rhein: Luchterhand.

Hobbes, Thomas. 1996. *Leviathan*. Originalausgabe: 1651, Menston.

Honneth, Axel. 2004. „Organized Self-Realization". *European Journal of Social Theory* 7 (4): 463–478.

Howaldt, Jürgen und Schwarz, Michael. 2010. *„Soziale Innovation“ im Fokus: Skizze eines gesellschaftstheoretisch inspirierten Forschungskonzepts*. Bielefeld: Transcript.

Hume, David. 1953. *Theory of Knowledge. Containing the Enquiry Concerning Human Understanding*. Austin: Univ. of Austin Press.

Kramer, Matthew. 2003. *The Quality of Freedom*. Oxford: Oxford Univ.Press.

Kristjánsson, Kristján. 1996. *Social Freedom: The Responsibility View*. Cambridge: Cambridge Univ. Press.

Kymlicka, Will. 1989. *Liberalism, Community and Culture*. Oxford: Clarendon.

Laski, Harold. 1962. *The Rise of European Liberalism*. London: Unwin Books.

Lindner, Christian. 2009. Einleitung. In Rösler, Philipp und Lindner, Christian (Hrsg.). *Freiheit: gefühlt – gedacht – gelebt. Liberale Beiträge zu einer Wertediskussion*. Wiesbaden: GMV Fachverlage.

MacGilvray, Eric. 2011. *The Invention of Market Freedom*. New York: Cambridge Univ. Press.

Macpherson, Crawford Brough. 1973. *Democratic Theory. Essays in Retrieval*, Oxford: Clarendon Press.

Marx, Karl und Engels, Friedrich. 1988. *Werke*. [1839 bis 1844], Berlin: Dietz.

Megone, Christopher. 1987. „One Concept of Liberty". *Political Studies* 35 (4): 611–622.

Mill, John Stuart. 1991. *On Liberty and Other Essays.* Gray, John (Hrsg.). Oxford: Oxford Paperbacks.

Miller, David. 1985. „Reply to Oppenheim". *Ethics*, 95 (2): 310–314.

Mirowski, Philip und Sent, Esther-Mirjam (Hrsg.). 2002. *Science Bought and Sold: Essays in the Economics of Science*. Chicago: University of Chicago Press.

Narveson, Jan. 1988. *The Libertarian Idea*. Philadelphia: Temple University Press.

Nelson, Eric. 2005. „Liberty: One Concept Too Many?". *Political Theory* 33 (1): 58–78.

Nussbaum, Martha. 2011. *Creating Capabilities. The Human Development Approach*. Cambridge, Massachusetts: Belknap Press of Harvard University Press.

O'Neill, Onora, 1992. „Autonomy, Coherence, and Independence". In Milligan, David und William Watts Miller (Hrsg.). *Liberalism, Citizenship, and Autonomy.* Aldershot: Avenbury.

O'Neill, Onora. 1989. *Constructions of Reason: Explorations of Kant's Practical Philosophy.* Cambridge: Cambridge University Press.

Oppenheim, Felix. 1985. „Constraints on Freedom' as a Descriptive Concept". *Ethics* 95 (2): 305–309.

Petersen, Anders. 2011. „Authentic Self-realization and Depression". *International Sociology* 26 (1): 5–24.

Thrasher, John. 2014. „John Tomasi: Free Market Fairness". *Public Choice* 159 (1–2): 309–311.

Tinder, Glenn. 2007. *Liberty: Rethinking an Imperiled Ideal.* Grand Rapids, Michigan: Eerdmans.

Rothbard, Murray Newton. 1977. *Government and the Economy.* Kansas City, Kansas: Sheed Andrews and Michel.

van Orman Quine, Willard. 1987. *Quiddities: An Intermittently Philosophical Dictionary.* Cambridge, Massachusetts: Harvard Univ. Press.

Verantwortliches Klimahandeln: Konsumentenverantwortung ist nötig, reicht aber nicht

Armin Grunwald

1. Klimawandel: auf der Suche nach den Zuständigen

So dringend wie das Problem des Klimawandels seit einigen Jahren erscheint: das Problem ist keineswegs erst seit kurzem bekannt. Im Jahre 1986 erschien das Wochenmagazin DER SPIEGEL mit einem berühmt, fast ikonisch gewordenen Titelbild: dem bis an die Turmspitzen im Wasser stehenden Kölner Dom. Klimawandel und Anstieg des Meeresspiegels waren bereits vor 35 Jahren Thema öffentlicher Debatten und die Klimarahmenkonvention der Vereinten Nationen mit dem berühmten Zwei-Grad-Ziel ist nunmehr fast 30 Jahre alt. Angesichts dieses Zeithorizonts erscheint der Zorn der ‚Fridays for Future'-Bewegung zumindest verständlich, steigen doch trotz vielfältiger Bemühungen die weltweiten Treibhausgasemissionen weiter. Die mittlerweile auch in gemäßigten Breiten wie in Deutschland deutlich merkbaren Auswirkungen wie extreme Hitze und Dürreperioden haben die Sorgen verschärft. Grundlegende Abhilfe freilich ist bislang nicht in Sicht.

Ein nicht unerheblicher Teil der Debatte zum Klimawandel dreht sich um die Frage nach den Schlüsselakteuren für ein Umsteuern auf klimafreundlichere Entwicklungspfade. Welche gesellschaftlichen Gruppen tragen besondere Verantwortung und Verpflichtungen sowie haben besondere Möglichkeiten, zum Wandel beizutragen? Wer kann Schritte unternehmen, die andere und wenn möglich die ganze Gesellschaft mitziehen? Eng damit zusammen hängt die Frage, wer in der Verursachungskette des Klimawandels besonders stark beiträgt und damit möglicherweise eine besonders große Verantwortung trägt.

Seit den 1980er Jahren sind diese Debatten mit Hoffnungen, Erwartungen und Enttäuschungen verbunden. Waren in den 1990er Jahren, insbesondere nach dem ersten Rio-Gipfel mit der Verabschiedung der Klimarahmenkonvention, die Erwartungen in das politische System und seine internationale Handlungsfähigkeit zum Erhalt menschverträglicher Bedingungen auf der Erde noch groß, so verringerte sich dieses Zutrauen angesichts scheiternder UN-Klimakonferenzen, des Egoismus von Staaten sowie der Kurzfristigkeit politischen Handelns. Partialinteressen und Taktiken des Verschiebens von Maßnahmen in eine unbestimmte Zukunft dominierten und untergruben Hoffnungen auf zupackendes Handeln. Danach dienten Wirtschaft und zivilgesellschaftliche Organisationen als Projektionsflächen für weitreichende Erwartungen zur Bewältigung des Klimawandels, allerdings enttäuschten auch diese (Grunwald 2012, Kap. 2). In den letzten Jahren haben der Austritt der USA unter Donald Trump aus dem Pariser Klimaabkommen und der Umgang des brasilianischen Präsidenten Bolsonaro mit dem amazonischen Regenwald weltweit mindestens für Enttäuschung gesorgt. Auch der Wiedereintritt in das Klimaabkommen unter Präsident Biden ändert nichts am Eindruck von Unzuverlässigkeit der Politik im Umgang mit dem Klimawandel.

Die Suche nach Gruppen und Akteuren mit besonderer Klimaverantwortung und besonderem Einfluss geht weiter. Seit fast zwanzig Jahren konzentriert sie sich auf die Konsumenten[1] (Scherhorn und Weber 2002). Der Konsument gilt als „schlafender Riese“, der große Dinge für Nachhaltigkeit in Bewegung setzen könnte, wenn er nur aufwachen würde (Busse 2006). Aufwachen bedeutet in großem Umfang das Konsumverhalten umzustellen, um dadurch verursachte Beiträge zum Klimawandel zu reduzieren. Müll zu trennen, öffentliche Verkehrsmittel und das Fahrrad zu nutzen, mit Energie und Wasser sparsam umzugehen, gelten als klimafreundliche Verhaltensmuster. Beim Einkauf im Supermarkt sollen die Klimabelastungen der Produkte als Kriterium beteiligt werden statt allein Preis und Preis/Leistungsverhältnis. Beim Kauf eines Autos oder von Elektrogroßgeräten, genau wie in der Wohnungseinrichtung und Unterhaltungselektronik, überall müsse die Ökobilanz, speziell in Bezug auf das Klima, kaufentscheidend werden. Touristen sollen sich darum kümmern, ob und wie Klimaschutzbelange an ihren Zielorten beachtet werden. Der moralische Druck auf die Konsumenten wächst, in dieser Richtung ihr Leben umzustellen (Leggewie und Welzer 2009).

Diese Position zur Lösung des Klimaproblems basiert auf dem Verursacherprinzip: der stark gewachsene und weltweit weiterwachsende Konsum sei es, der ganz wesentlich die Klimaprobleme erzeuge. Da die Konsumenten wesentlich für diese Probleme verantwortlich seien, etwa durch Mobilitätsverhalten, Energieverbrauch oder Einkauf, seien sie moralisch in der Pflicht, Abhilfe zu schaffen (Heidbrink et al. 2011), indem sie ihren Konsum ‚nachhaltiger' gestalten, um damit entscheidend zur Problement-

1 In diesem Kapitel verwende ich das in der deutschen Sprache vorgesehene gernerische Maskulinum. Es umfasst alle Geschlechter.

schärfung und -lösung beizutragen. Zusammen mit der Annahme, dass dies auch gelingen wird, dass also die Konsumenten den Schlüssel für eine klimafreundliche und nachhaltige Zukunft in der Hand halten, bezeichne ich dies als die ‚starke These zur Konsumentenverantwortung'.

In diesem Essay möchte ich mich kritisch mit dieser These auseinandersetzen. Die Argumentation stützt sich auf Vorarbeiten (Grunwald 2010, 2011, 2012). Zunächst ist eine wenigstens kurze Beschreibung des Verständnisses von Verantwortung erforderlich, um die zu untersuchende These zu präzisieren (Teil 2). Sie wird sodann zunächst einer funktionalen Kritik in Bezug auf die Annahme unterzogen, dass das Klimaproblem durch eine umfassende Veränderung des Konsumhandelns gelöst werden könnte (Teil 3). Anschließend wird in Frage gestellt, ob das Verursacherprinzip tatsächlich den unmittelbaren Schluss auf die Verantwortung der konsumierenden Menschen erlaube (Teil 4). Beide Analysen zeigen die Grenzen der starken These zur Konsumentenverantwortung auf und geben Anlass, vor überzogenen Erwartungen in dieser Richtung zu warnen. Konsumentenverantwortung ist wichtig, die Engführung darauf reicht jedoch nicht aus. Ihr muss Bürgerverantwortung für die klimafreundliche Gestaltung der politischen Rahmenbedingungen für den Konsum und der gesellschaftlichen Verhältnisse an die Seite gestellt werden (Teil 5).

2. *Das Verursacherprinzip und die Konsumentenverantwortung*

Die starke These zur Konsumentenverantwortung ist analytisch präziser zu bestimmen (2.2). Zunächst ist es aber erforderlich, sich kurz einige zentrale Eigenschaften des Verantwortungsbegriffs vor Augen zu führen (2.1).

2.1 *Verantwortung als Zuschreibungsbegriff*

Verantwortung wird schnell angemahnt, Medien thematisieren vermeintlich mangelnde Verantwortung der Politiker, in Corona-Zeiten werden Urlaubsreisende oder andere Gruppen als unverantwortlich diffamiert und dauernd wird an die Verantwortung der Bürger appelliert. Dieser Appellcharakter des Verantwortungsbegriffs führt immer wieder zum Spott der Soziologen über die vermeintlich naive Verantwortungsethik (z.B. Luhmann 1986). Verantwortungsdebatten seien abgelöst von realen Entwicklungen und irrelevant für konkrete Entscheidungsprozesse. Verantwortung sei nichts weiter als wohltönende, aber folgenlose Rhetorik für moralisierende Appelle (z.B. Beck 1988). Es ist ein leichtes, an die Verantwortung von Verbrauchern, Urlaubern und Autofahrern zu appellieren, schon schwerer zu sagen, was das konkret bedeutet, und oft aussichtslos, eine derart postulierte Verantwortung auch umzusetzen, so bisherige Erfahrungen.

Damit Verantwortung nicht zu einem rhetorischen Schlagwort in politischen oder öffentlichen Debatten degeneriert, ist Begriffsarbeit zu leisten (z.B. Lenk 1992; Grunwald 2014; Gianni 2016; Heidbrink et al. 2017; Grunwald 2021). Verantwortlichkeiten bestehen nicht einfach aus sich heraus, sondern mündige Bürger*innen thematisieren, reflektieren und diskutieren sie, schreiben sie zu und können ihre Verteilung modifizieren. Verantwortung als delegierte Verpflichtung (Gethmann 1989) ist Resultat von *Zuschreibungshandlungen*, entweder, wenn Handelnde selbst Verantwortung übernehmen oder wenn sie ihnen durch andere aufgebürdet wird (Lenk 1992). Die Zuschreibungsregeln grenzen den Kreis der Verantwortungsfähigen Individuen ab, regeln den Stellenwert der kausalen Verursachung und geben Kriterien an, welche Voraussetzungen auch prinzipiell verantwortungsfähige Menschen erfüllen müssen, um zur Verantwortung gezogen werden zu können, bis hin zu justiziablen Konsequenzen (ebd.).

Die Konzipierung von Verantwortung als Ergebnis von Zuschreibungen erlaubt, das handlungstheoretische Zweck/Mittel-Schema anzuwenden: zu welchem Zweck sollen Verantwortungszuschreibungen in bestimmten Situationen ein geeignetes Mittel sein? Schlüssel für die Rechtfertigung derartiger Zuschreibungen ist also ihr *Zweck*: wozu wird Verantwortung zugeschrieben und ihre tätige Wahrnehmung erwartet? Solange gesellschaftliche oder zwischenmenschliche Praktiken einwandfrei funktionieren, besteht kein Anlass, Verantwortung zu thematisieren. Sobald jedoch beispielsweise ein Lebensmittelskandal, ein schwerer Unfall, ein Verdacht auf Machtmissbrauch, eine Migrationswelle, Hetze in Massenmedien, eine Pandemie oder Attentate den gesellschaftlichen Normalbetrieb „stören“ oder erschüttern, aber auch in neuen Situationen mit Unsicherheiten und in Abwesenheit eingeübter Routinen, wird nach Verantwortung gefragt. Sie zeigt sich in doppelter Weise: (1) als Verantwortung für das Vergangene, z.B. warum unerwünschte Dinge nicht verhindert worden seien und wer sie hätte verhindern können, und (2) als Verantwortung für die *zukünftige* Ausgestaltung des betreffenden Handlungsfeldes durch Neuregelung von Verantwortlichkeiten, damit sich Probleme nicht wieder ereignen oder gar nicht erst auftreten (Grunwald 2021). Verantwortungsdebatten über zukünftige Entwicklungen – und darum geht es in der Konsumentenverantwortung für den Klimawandel – dienen dem Zweck, Verantwortungszuschreibungen und -verteilungen so zu organisieren, dass mit guten Gründen das Eintreten erwünschter Entwicklungen in der Zukunft erwartet werden kann (Apel 1988; Ropohl 1993). Für den Klimawandel bedeutet das, Verantwortlichkeiten auf eine Weise zuzurechnen, dass sich klimaverträglichere Praktiken einstellen.

Verantwortung für zukünftige, noch nicht eingetretene Handlungs- und Entscheidungsfolgen muss als zumindest dreistelliger Begriff rekonstruiert werden (folgend Lenk 1992; Grunwald 2014, 2021): *Jemand* (ein Verantwortungssubjekt) verantwortet *etwas* (z.B. Handlungsresultate als Objekt der Verantwortung) vor einer *Instanz* (z. B. einer Person, einer Institution oder einer Religionsgemeinschaft). Diese Konstellation von Subjekt, Objekt und Gegenüber der Verantwortung stellt die *empirische Dimension* der Verantwortung dar, indem sie ihre Konfiguration beschreibt (Grunwald 2014, S. 253). Ihre *ethische Dimension* erschließt sich mit Hinzunahme einer vierten Stelle, wenn nämlich gefragt wird, *relativ zu welchen Regelsystemen, Werten oder Normen* Verantwortung übernommen werden soll, also nach welchen Kriterien Handlungen als verantwortbar bzw. mehr oder weniger verantwortbar gelten sollen (z.B. Jonas 1979). Für Verantwortungszuschreibungen ist darüber hinaus der Bezug auf eine fünfte Stelle, die *epistemologische Dimension*, unverzichtbar. Denn Handlungsfolgen in vielen Bereichen, vor allem wenn es um Nachhaltigkeit geht, können oft nur unter hoher Unsicherheit exploriert und beurteilt werden. Je geringer und unzuverlässiger das Wissen über Folgen ist, umso schwerer wird es, klare Schlussfolgerungen über Zuschreibung, Ausmaß und Ausprägung der Verantwortung zu ziehen. Dies betrifft vor allem Vorsorgefragen und Transformationen gesellschaftlicher Reichweite wie etwa in der Energiewende, aber auch Folgen ganz neuer Technologien. Das sich auf diese Weise ergebende fünfstellige *EEE-Modell* der Verantwortung (Grunwald 2014) erscheint zweckmäßig zur Operationalisierung des Verantwortungsbegriffs für zukunftsorientierte Kontexte wie die Klimaverantwortung.

2.2 Verantwortung und Verursacherprinzip

Für die Zuschreibung von Verantwortung lassen sich Gründe unterschiedlicher Art anführen. Handlungstheoretisch am nächsten liegt die Verknüpfung von Verantwortung mit der kausalen Bewirkung einer Handlungsfolge durch Handelnde. Wenn Menschen durch einen Handlungsakt Folgen erzeugt haben, sind sie Verursacher für die Folgen und sollten dafür einstehen. Diese *Kausalhandlungsverantwortung* (Lenk 1992) führt zum Verursacherprinzip, was, wie oben bereits angedeutet, das Hauptargument für ambitionierte Formulierungen der Konsumentenverantwortung ist. Denn es sind nun einmal die konsumierenden Menschen, die einkaufen, Auto fahren, Strom verbrauchen, Urlaubsreisen buchen und damit erheblich zum Klimawandel beitragen.

Der Anteil des Konsums am Bruttoinlandsprodukt liegt in den industrialisierten Ländern meist bei ungefähr 70 Prozent, der Anteil des privaten Konsums in Deutschland nach Zahlen des Statistischen Bundesamts zwischen 50 und 60 Prozent der Wirtschaftsleistung. Auch wachstumskritische Debatten (z.B. Jackson 2009; Demaria et al. 2013) ändern bislang nichts an der verbreiteten Attraktivität des Konsums in Politik und Gesellschaft, wovon nicht zuletzt das quantitative Wachstum der Konsumausgaben zeugt. Erhebliche Schattenseiten des Konsums durch Energie- und Ressourcenverbrauch, Emissionen und Abfälle sind Umweltzerstörung, Klimawandel und andere Nachhaltigkeitsprobleme (Dauvergne 2008). Die Verursachungskette wesentlicher Anteile des Klimawandels wird so auf die Konsumenten zurückgeführt.

Um diese Kette entlang aller individuellen Glieder zu adressieren, statt nur Symptome zu kurieren, sollen die Konsumenten, so die starke These zur Konsumentenverantwortung, ihr Handeln auf nachhaltigere Alternativen umstellen (Heidbrink und Schmidt 2011). Dann werde die Verursachungskette in ihrem Beginn gestoppt und das Problem des Klimawandels erfolgreich bewältigt. Diese Argumentation lässt sich wie folgt in zwei Gruppen von Schritten rekonstruieren:

1. Kausalverantwortung und Verursacherprinzip
   a) Konsumierende konsumieren nach ihren individuellen Präferenzen und Möglichkeiten.
   b) Damit verursachen sie Nachhaltigkeitsprobleme, z.B. für den Klimawandel.
   c) Als Verursacher der Probleme kommt ihnen die Kausalverantwortung für die Folgen zu.
   d) Sie seien damit für die Beseitigung der Probleme zuständig.
   e) Also stünden sie in der Pflicht, ihr Konsumverhalten zu ändern, um die Klimakrise zu bewältigen.

2. Gelingenszuversicht hinsichtlich der Problemlösung
   a) Die Konsumenten seien in der Lage, ihr individuelles Handeln auf Nachhaltigkeit umzustellen.
   b) Es bestehe eine gute Aussicht, dass die Konsumierenen dies zunehmend tun, entweder aus Einsicht oder durch allmähliche Anpassung an dieses dominante Narrativ (vgl. z.B. Magical Thinking, Maniates 2019).

c) Damit gebe es auf diesem Wege gute Aussichten, Nachhaltigkeitsprobleme und insbesondere das Klimaproblem zu bewältigen.

Diese Argumentation zerfällt also in einen ersten Teil, der sich auf die Verantwortungsstruktur bezieht, und in einen zweiten, der Annahmen über das Konsumhandeln und seine Veränderbarkeit enthält. Nur in dieser Kombination funktioniert, wie es der Anspruch ihrer Vertreter ist, der Schluss der ‚starken These zur Konsumentenverantwortung'.

Freilich ist diese Argumentationskette nicht so zwingend, wie sie erscheinen mag und in der Öffentlichkeit häufig dargestellt wird. Sie enthält Voraussetzungen, von deren Erfüllung nicht einfach ausgegangen werden darf. Während die Schritte 1a und 1b wohl unstrittig sind, ist in 1c und 1d eine starke Annahme über die Freiheit der Konsumenten in ihren Konsumhandlungen enthalten, die zu relativieren ist (Teil 4). Schritt 2a enthält eine substantielle Annahme über empirische Verhältnisse im Konsumbereich und 2b über die Bereitschaft der Konsumiereden, diesen Weg mitzugehen. Auch diese Annahmen sind zu hinterfragen (Teil 3; folgend Grunwald 2012).

3. *Kritik der Gelingenszuversicht*

Es ist zu prüfen, ob und unter welchen Bedingungen die Gelingenszuversicht, mit nachhaltigem Konsum das Klimaproblem zu lösen, berechtigt ist. Dies erfolgt durch Rückblick auf bisherige Erfahrungen mit der Umsetzung der ‚starken These zur Konsumentenverantwortung' (3.1) und durch Betrachtung struktureller Hindernisse eines klimafreundlichen Konsums (3.2). Diese Stränge führen zu sehr unterschiedlicher Kritik an der ‚starken These'.

3.1 *Bisherige Erfahrungen*

Umweltethik, Umweltsensibilisierung und Umweltbildung werden bereits seit einigen Jahrzehnten ausgebaut. In vielen westlichen Ländern hat der nachhaltige Konsum in den letzten Jahren deutlich zugenommen. Beispielsweise haben Lebensmittel mit Öko-Siegeln und aus regionaler Produktion einen größeren Konsumentenkreis gefunden. Die Sensibilität gegenüber dem eigenen Konsumverhalten ist gewachsen, vor allem in gut gebildeten Bevölkerungskreisen, die freilich auch über bessere ökonomische Möglichkeiten verfügen. Dennoch erfolgt je nach Bereich nur etwa

10 bis 20 Prozent des Konsums maßgeblich unter Beachtung von Klimaüberlegungen (Umweltbundesamt 2021). Auch wenn dies verglichen mit der Situation vor zwanzig Jahren einen beachtlichen Erfolg darstellt, so werden die „verbleibenden" rund 80 bis 90 Prozent des Konsums offenbar nach traditionellen Präferenzen, wie den persönlichen Vorlieben, dem Preis und dem Preis/Leistungsverhältnis durchgeführt. „'Grüne' Produkte haben sich in vielen Konsumbereichen etabliert. Ihr Absatz entwickelt sich fast durchweg positiv und teilweise sehr dynamisch. Dennoch sind 'grüne' Produkte noch immer weitgehend Nischenprodukte (Umweltbundesamt 2022).

Die erheblichen Bemühungen in Umweltbildung und Umweltkommunikation der letzten Jahrzehnte haben bislang also zwar Effekte, aber keinen Durchbruch gebracht. Auch wenn viele Menschen heute umwelt- und klimasensibel sind, auch wenn sie besorgt über den Klimawandel sind, auch wenn sie wissen, wie sie nachhaltiger konsumieren könnten, folgt nicht unbedingt eine Änderung im Verhalten. Die viel beklagte Lücke zwischen Wissen und Handeln bleibt bestehen (z.B. Reisch und Hagen 2011).

Auf der globalen Ebene sieht es noch schlechter aus. Die rasche Industrialisierung in Schwellenländern wie China, Indien, Brasilien und Südafrika führt zur Entstehung von wohlhabenden Mittelschichten und damit zu anwachsendem Konsum, der häufig ohne viel Rücksicht auf Klima und Umwelt genossen wird. Dies ist kein Grund zum Moralisieren aus westlicher Sicht. Es ist diesen Ländern nicht zu verdenken, dass sie die neuen Möglichkeiten nutzen, größere Bevölkerungskreise in Wohlstand bringen und sich in Bezug auf Konsum am westlichen Vorbild orientieren. In der Summe ist klimafreundlicher Konsum bislang auf einen nur sehr kleinen Anteil der Weltbevölkerung beschränkt. Da das Klima eine globale Größe ist, bedürfte es jedoch eines mehrheitlich klimabewussten Konsums weltweit, um einen Durchbruch zur Überwindung des Klimawandels aus der Konsumentenmacht heraus zu erzwingen. Hierfür gibt es aber keinerlei Anzeichen.

Die empirischen Erfahrungen stimmen also eher skeptisch in Bezug auf die Gelingenszuversicht in der ‚starken These zur Konsumentenverantwortung'. Daraus folgt nicht, dass die These falsch ist, denn Schlussfolgerungen aus dem empirischen Befund können in unterschiedliche Richtungen gezogen werden:

1) Da sich die ‚starke These' bislang kaum bewahrheitet hat und die Aussichten auf einen grundlegenden weltweiten Wandel im Rahmen

dieser These unrealistisch sind, müssen andere oder weitere Wege zur Lösung des Klimaproblems beschritten werden.
2) Die bisherigen Maßnahmen zur Sensibilisierung und Bildung der Konsumenten sind gut, waren aber einfach nicht hinreichend. Die Anstrengungen in Richtung auf Bildung, Kundeninformation, Aufbau moralischen Drucks bis hin zu mehr oder weniger sanften Anstößen (*nudging*) müssen erhöht werden, um die ‚starke These' doch noch umzusetzen. Damit kann die starke These im Extremfall gegen empirische Entwicklungen ihrer Nichterreichung immunisiert werden.

Im nächsten Abschnitt werde ich Argumente gegen die Erwartung vorbringen, dass die Schlussfolgerung (2) vielversprechend sei.

3.2 Strukturelle Hindernisse für klimafreundlichen Konsum

In der ‚starken These zur Konsumentenverantwortung' werden – genau dies macht die Weiterverfolgung der Schlussfolgerung (2) unplausibel – strukturelle Hemmnisse auf dem Weg zur Umstellung des Konsumhandelns ignoriert. Wenn trotzdem auf diesen Weg gesetzt wird, werden damit die Konsumenten systematisch überfordert (Grunwald 2012). Im Folgenden werden einige Überforderungsmomente für einen an Nachhaltigkeit und Klimafreundlichkeit orientierten Konsum kursorisch erläutert, ohne Anspruch auf Vollständigkeit. Um Missverständnisse zu vermeiden, sei gesagt, dass es weder darum geht, die Konsumenten von Verantwortung für ihr Handeln freizusprechen noch die Lücke zwischen Wissen und Handeln schönzureden, sondern darum, einen realistischen Blick auf die Gelingenszuversicht in der ‚starken These' zu werfen.

Eine *erste* Überforderung der Konsumierenden liegt in der bekannten Komplexität von Nachhaltigkeitsbewertungen (Grunwald und Kopfmüller 2021). Eine Vielzahl von teils inkommensurablen Kriterien ist zu berücksichtigen, der ganze Lebenszyklus von Produkten oder Dienstleistungen muss betrachtet werden, und oft müssen widersprüchliche Kriterien und Ziele gegeneinander abgewogen werden. Dies ist schon für Nachhaltigkeitsexperten eine Herausforderung und immer wieder Gegenstand von Projekten zur Methodik solcher Bewertungen. Teilweise wird versucht, die Komplexität von Nachhaltigkeitsbewertungen auf Indizes oder andere Formen der Produktkennzeichnung zu reduzieren (Revermann et al. 2014). Für einige Bereiche ist dies ein guter Ansatz, vor allem, wenn Konsumenten bereit sind, sich näher mit den Produkteigenschaften zu befassen, wie zum Beispiel beim Kauf größerer Haushaltsgeräte. Andere Bereiche des

Konsums, wie etwa der tägliche Einkauf im Supermarkt oder der Erwerb von Textilien, lassen sich erheblich schlechter erreichen. Beipackzettel und andere Formen der Produktkennzeichnung werden nur von einem sehr kleinen Kundenkreis ernsthaft wahrgenommen, empirische Beobachtungen gehen von wenigen Prozenten aus (Revermann et al. 2014). Gewohnheiten, individuelle Präferenzen, aber auch simple Randbedingungen des Alltags wie Wunsch oder Notwendigkeit, den Einkauf möglichst schnell zu bewerkstelligen, oder dass auf kleine Kinder zu achten ist, prägen die Normalität des Konsums zu einem nicht gerade geringen Teil. Hier Aufmerksamkeit für die Beachtung von komplexen Nachhaltigkeitsüberlegungen zu erwarten, geht an der Realität vorbei. Neben der kognitiven Überforderung steht also vielfach eine praktische. Auch wenn beide zusammenhängen, ist ihre Rolle in der Argumentation gegen die Berechtigung der ‚starken These' unterschiedlich.

Eine *zweite* Überforderung betrifft Verhaltensweisen, die unmittelbar eine Entlastung des Klimas versprechen wie die direkte Einsparung von Strom, Gas oder Treibstoffen. Jede eingesparte Kilowattstunde bedeutet einen entsprechend geringeren Einsatz von Primärressourcen wie zum Beispiel Braunkohle und damit entsprechend geringere Klimabelastung (Teil 5.1). Hier scheint die Sache einfach zu sein: Sparen ist klimafreundlich. Die Schwierigkeit erwächst hier jedoch aus der Situation, dass systemische Zwischenebenen zwischen dem individuellen Handeln und seinen Folgen für das Klima dazu führen können, dass Systemeffekte, die zum Klimawandel beitragen, für Konsumenten kaum sichtbar sind. Die negative Klimabeeinflussung durch hohen Fleischkonsum und die dadurch verursachten Methanemissionen gehört dazu. Immerhin hat dieser Pfad der Klimaverantwortung der Konsumenten in den letzten Jahren mehr Aufmerksamkeit gefunden, wenngleich beim Thema Fleisch meist tierethische Fragen im Vordergrund stehen. Vor allem aber ist der *indirekte* Konsum von Energie und die damit verbundene Verursachung von Treibhausgasen zu nennen. Damit ist gemeint, dass für die Erzeugung von Produkten des Konsums wie Textilien, Möbel oder Automobilen im Produktionsprozess Energie benötigt wird. Das gilt auch für Lebensmittel, so etwa in großflächiger Bewässerung landwirtschaftlicher Nutzflächen, in der Erzeugung von Kunstdünger und Pflanzenschutzmitteln oder im Transport über große Distanzen, teils interkontinental. Diese ‚virtuelle' Energie ist in den Konsumgütern enthalten, jedoch für Endverbraucher nicht mehr sichtbar. Sie umfasst die Energiemenge, die während der Produktion pro Produkt im gesamten Lebenszyklus, letztlich also angefangen beim Bergbau zum Abbau notwendiger Rohstoffe über alle Transport-, Konversions- und Bearbeitungsvorgänge bis zum Regal im Supermarkt oder in bestimmten Vorgängen bei Dienstleistungen verbraucht wird. Denn für Dienstleistungen gilt dies selbstverständlich ebenso, wenn auch freilich schwerer bestimmbar. Ein großes, noch wenig beachtetes Thema ist der Energieverbrauch von digitalen Apps im Internet, etwa durch social media, Bestellvorgänge oder, was den Energieverbrauch betrifft besonders relevant, das große Datenmengen benötigende *Streamen* von Filmen im Netz (The Shift Project 2021). Die Überforderung der Konsumierenden zeigt sich hier darin, dass das Wissen über die systemischen Zusammenhänge hinter dem individuellen Handeln oft nicht vorhanden ist und auch nicht vorausgesetzt werden kann.

Ein *drittes* und weiteres *systemisches* Problem stellen die bekannten *Rebound-Effekte* dar (Sorrell 2007). Viele Konsumartikel werben mittlerweile mit verbesserter Effizienz, geringerem Energieverbrauch bei gleicher oder höherer Leistung, Autos mit geringerem Benzin- oder Dieselverbrauch, Spül- und Waschmaschinen mit weniger Energie- und Wasserbedarf. Technisch ermöglichte Effizienzgewinne werden jedoch häufig durch Veränderungen der Konsumgewohnheiten und der Kundenansprüche kompensiert oder sogar überkompensiert. Statt Ressourcenverbrauch und Klimabelastung zu senken, führen Effizienzgewinne, häufig gestützt durch Werbekampagnen, zur weiteren Steigerung des Konsums. Der Bereich der Automobilität ist hier ein viel genanntes Beispiel. Die Effizienzfortschritte der letzten Jahrzehnte vor allem in der Antriebstechnik sind in technischer Hinsicht atemberaubend. Dennoch sinken die Emissionen aus dem Verkehrsbereich nicht, weil mehr gefahren wird, weil die Autos durch immer weiteren Komfort schwerer geworden sind, weil auch hocheffiziente SUV nicht klimafreundlich sind etc. Während Autofahrer häufig ein gutes Gewissen wegen der hohen Umwelt- und Klimaeffizienz ihrer Fahrzeuge haben, ist die Gesamtbilanz ernüchternd. Auch ein vermeintlich klimafreundlicher, sich in Quotienten wie der Ressourcenproduktivität ausdrückender Konsum ist nicht klimafreundlich, wenn er quantitativ wächst. Klimawirksam sind nicht Quotienten, sondern Gesamtbilanzen. Die Rebound-Thematik wird üblicherweise als Argument gegen einen zu starken Optimismus in Bezug auf Effizienzstrategien ins Feld geführt (Sorrell 2007; Grunwald und Kopfmüller 2021). Jedoch ist es gerade der Konsum, der die technischen Effizienzgewinne zunichtemacht.

Hinter den empirischen Annahmen über das Konsumhandeln und seine Veränderbarkeit in der Schlussfolgerung (2) vom Beginn dieses Teils stehen also im Ausmaß überzogene und allzu optimistische Erwartungen an die Möglichkeiten der Konsumenten, ihr Verhalten umzustellen und dadurch das Klimaproblem zu entschärfen. In der ‚starken These zur Konsumentenverantwortung' wird die Rolle strukturell bedingter Hemmnisse auf diesem Weg deutlich unterschätzt, obwohl diese Hemmnisse die mageren Erfahrungen der letzten Jahrzehnte (Teil 3.1) erklären. Diese Hemmnisse zu ignorieren kann zu Illusion und Selbstbetrug führen, ja sogar zu einem Vernachlässigen anderer Pfade auf dem Weg zur Bewältigung des Klimawandels (Grunwald 2012).

Insgesamt, so könnte man provokativ zuspitzen, braucht die ‚starke These zur Konsumentenverantwortung' angesichts der genannten Hemmnisse ein „moralisches Heldentum" der Konsumierenden, um funktionieren zu können. Weltweit müssten große Teile der Konsumenten bereit sein, sich diesem anzuschließen. Davon ist aber selbst bei gutem Willen und bester Bildung nicht auszugehen. Als Ergebnis dieses Teils ist also festzuhalten: die starke These zur Konsumentenverantwortung – in Kürze: wenn ‚die Konsumenten' ihr Verhalten auf Klimafreundlichkeit umstellen, dann wird das Klimaproblem substantiell entschärft – bleibt zwar formal als Wenn/Dann-Aussage richtig. Die angeführten Punkte lassen jedoch massive Zweifel an der Erreichbarkeit der Wenn-Prämisse als berechtigt erscheinen. Wenn diese jedoch nicht eintritt, wird auch die Dann-Konsequenz verfehlt. Damit ist zwar keine *zwingende* Widerlegung der ‚starken These' erfolgt, jedoch die Infragestellung ihrer Erfolgsaussichten.

4. Kritik an der Engführung des Verursacherprinzips

Die zweite Hinterfragung der ‚starken These zur Konsumentenverantwortung' setzt an der normativen Struktur der damit implizierten Verantwortungszuschreibung an (Teil 2.2). Im Folgenden wird gezeigt, dass diese Struktur einen wesentlichen Aspekt des Konsumhandelns ausblendet: die Rahmenbedingungen, unter denen Menschen konsumieren. Ihre Berücksichtigung wird dazu führen, dass die Verantwortung der konsumierenden Individuen wichtig bleibt, aber um einen anderen Typ individueller Verantwortung ergänzt werden muss.

Verantwortungszuschreibungen hängen nicht nur von kausalen Zurechnungen ab, wie es in der engführenden Deutung des Verursacherprinzips (Teil 2.2) üblicherweise – und in vielen Handlungsfeldern auch völlig zu Recht – angenommen wird. Vielmehr müssen auch die Möglichkeiten und Strukturen berücksichtigt werden, in denen das betreffende Handeln stattfindet und die über die Handlungsspielräume und Freiheiten, aber auch ihre Grenzen entscheiden. Die Annahme, dass die kausale Verursachung zu einer *vollständigen* Verantwortungszuschreibung an den Verursacher führe, trifft nur zu, wenn dieser Verursacher frei handeln konnte

(Pauen 2009), also in einem liberalistischen Bild von Individuen, die sich in völliger Freiheit zwischen Optionen entscheiden können.

Dies ist nun jedoch in vielen Handlungskontexten nicht der Fall. Stattdessen bevorzugen oder benachteiligen Rahmenbedingungen das Handeln. Anreizsysteme, Ge- und Verbote, Üblichkeiten und Regeln schränken die Freiheiten ein. Diese Rahmenbedingungen können sogar dazu führen, das individuelle Handeln trotz kausaler Verursachung der Folgen von Verantwortung teilweise freizustellen wie etwa in stark regulierten Systemen wie Behörden, Unternehmen oder im Militär. Dort wird Verantwortung für kausal erzeugte Folgen oft nicht allein ihren Verursachern zugeschrieben, sondern denen, die für Regeln und deren Durchsetzung Verantwortung tragen, so etwa Vorgesetzten. Derartige freiheitseinschränkende Regularien machen individuelle Verantwortung nicht obsolet, relativieren sie aber.

Nun ist der Konsum keine Behörde, die Konsumenten haben in ihrer Rolle keine Vorgesetzten und das Wort von der Konsumentensouveränität könnte die liberalistisch idealisierte Situation einer völligen oder weitgehenden Handlungsfreiheit nahelegen. Genau hier jedoch liegt der Fehler der in Teil 2.2 differenzierten Verantwortungsstruktur gemäß Verursacherprinzip. Denn der Konsum findet nicht in einem abstrakten Raum absoluter Handlungsfreiheit statt, sondern inmitten einer realen Gesellschaft mit ganz realen Rahmenbedingungen. Diese lassen sich nach zwei Typen unterscheiden.

Zum einen sind sie eher naturwüchsiger Art. Lebensstile, Gewohnheiten, Wertmuster und Anerkennungsstrukturen, soziale Verhaltensmuster und ungeschriebene Regeln, letztlich soziale und kulturelle „Befindlichkeiten“ haben Einfluss darauf, wie die konsumierenden Individuen ihren Konsum ausgestalten. Denn sie entscheiden mit darüber, welche Bedürfnisse welchen gesellschaftlichen Stellenwert haben, und welche Arten der Bedürfnisbefriedigung, zum Beispiel in den Bereichen Tourismus oder Mobilität, welche gesellschaftliche Anerkennung genießen und wie sie daraufhin priorisiert werden. Da hinter diesem Typ von äußeren Einflussfaktoren allerdings kein intentional handelnder Akteur steht, ergeben sich hier keine direkten Argumente, die Verantwortungszuschreibung im Sinne des Klimaschutzes neu zu gestalten. Allerdings sind Lebensstile und gesellschaftliche Anerkennungsstrukturen als Aggregation sehr vieler einzelner Handlungen und Dispositionen keineswegs komplett vom individuellen Handeln abgekoppelt. Daher resultiert hier ein eher indirekter Appell an die Verantwortung aller, eben auch aller in ihrem Konsum, über individuelles Verhalten und Haltung zur Veränderung der Konsumkultur in Richtung auf Klimafreundlichkeit beizutragen. Freilich verbleibt das tendenziell diffus und entzieht sich der konkreten Verantwortungszuschreibung nach dem in Teil 2 eingeführten Modus. Anders sieht dies jedoch bei allgemein verbindlichen, politisch festlegbaren und damit öffentlich zu diskutierenden *Rahmenbedingungen* aus, innerhalb derer der Konsum stattfindet. Politische Bedingungen, Steuern, die Rechtslage, Wirtschaftsstrukturen, Anreizsysteme, Ge- und Verbote und weitere nationale und internationale Faktoren beeinflussen die Art und Weise, in der individuell gehandelt und konsumiert wird. In diesen Strukturen leben, handeln, arbeiten und konsumieren Menschen. Diese Rahmenbedingungen sind so etwas wie der öffentlich sichtbare und öffentlich gestaltbare Anteil an der Art und Weise, wie Konsum ausgeprägt wird. Sie tragen einen freilich nur schwer messbaren Anteil daran, warum letzterer sich bislang als nicht nachhaltig und klimafreundlich erwiesen hat. In der Änderung dieser Rahmenbedingungen liegt damit eine Chance, um in Konsum und Lebensweisen klimafreundlichere Ausprägungen nahezulegen, und damit auch eine Verantwortung, dies zu tun (Teil 5; vgl. Grunwald 2012; Petersen und Schiller 2011). Unter im Klimasinne idealen Rahmenbedingungen wäre kein ‚moralisches Heldentum' (s.o.) der Konsumenten mehr erforderlich.

Das bedeutet, das Verursacherprinzip zwar ernst zu nehmen, aber seine Engführung auf die Konsumenten ohne Ansehung der politisch gestaltbaren Rahmenbedingungen des Konsums zu überwinden. Da in diesen ebenfalls Verantwortung für den Konsum liegt, müssen daher auch diese kritisch angeschaut und ggf. verändert werden, z.B. über eine emissionsabhängige Steuerpolitik, wodurch klimafreundlicher Konsum durch niedrigere Preise bevorzugt wird. Hierfür sind weder die Konsumenten *als Konsumenten* verantwortlich noch die Politiker als Akteure eines politischen Systems. In einem demokratischen System sind letztlich die Bürger der Souverän. Politisch gestaltbare und klimafreundliche Rahmenbedingungen für den Konsum gehören in die Verantwortung einer öffentlichen Debatte und Meinungsbildung, die mittels transparenter und demokratisch legitimierter Verfahren für alle politisch verbindlich gemacht werden können (Teil 5).

Überzogenen Erwartungen an das individuelle Konsumhandeln steht auch ein damit verbundenes demokratietheoretisches Argument entgegen. Nachhaltigkeitsziele wie die Begrenzung des Klimawandels sind *öffentlich gesetzt und politisch legitimiert*, so etwa in der Strategie der deutschen Bundesregierung zur Energiewende oder der deutschen Nachhaltigkeitsstrategie. Ihre Umsetzung durch Appelle an private Verbraucher zu erwarten, würde die Umsetzung einer politischen Zielvorgabe dem privaten Handeln zuordnen. Diese ‚Privatisierung' der Nachhaltigkeit (Grunwald 2010, 2011) geht jedoch an der gesellschaftlichen Arbeitsteilung zwischen öffentlichen Aufgaben und privaten Freiheitsräumen vorbei. Die moralisierende Begrenzung von Konsumentensouveränität, gar das Einfordern des erwähnten täglichen ‚Heldentums', um Staatsziele zu erreichen, verfehlt den Modus funktional differenzierter Gesellschaften (Petersen und Schiller 2011). Zentrales Mittel zu ihrer Realisierung ist gerade die erwähnte Einrichtung förderlicher Rahmenbedingungen und Anreize, nicht der Appell an das individuelle Konsumhandeln.

5. Schlussfolgerungen: Individuelle Verantwortung

Damit wird die Verantwortungsstruktur für den Konsum transparent. Individuen tragen sie gleichsam auf zwei Schultern: mit der einen als Konsumenten in den Dingen des Alltags im Bereich des privaten Handelns, mit der anderen als Bürger eines Gemeinwesens mit Mitverantwortung für die Regelung der gemeinsamen Angelegenheiten (ebd.). Zweifellos kommt also den individuellen Konsumenten (1) Konsumverantwortung als Teil der Klimaverantwortung zu, an deren Umsetzung weiter zu arbeiten ist, die Klimaverantwortung geht jedoch (2) darin nicht auf.

(1) *Konsumentenverantwortung für das Klima*: Die Konsumentenrolle ist in den wirtschaftlichen Statistiken klar benannt: Konsum ist der Verbrauch und/oder die Nutzung materieller und immaterieller Güter durch Letztverwender. In diesem Sinne sind Autofahrer Letztverwender von Diesel und Benzin, die selbst in einer langen Bereitstellungskette von den Ölquellen über Transportwege und Raffinerien zur Tankstelle gelangt sind. Zur Verantwortung im Konsum gehören zunächst die bekannten Dinge, die hier nicht näher ausgeführt werden sollen: sparsamer Umgang mit Ressourcen, vor allem mit Energie, sparsamer Fleischkonsum, Umstieg auf Energieträger aus nichtfossilen Quellen, wo dies möglich ist, treibhausgasarme Mobilität, eventuelle Kompensationsleistungen für ökologische Maßnahmen etc. Bei allem sind, wo dies möglich ist, auch indirekte Wirkungen des Konsums zu beachten, so etwa durch den oben erwähnten virtuellen Energieverbrauch. Vielfach dürfe es hier nicht darum gehen, in jedem Alltagsdetail Öko- und Klimabilanzen zu wälzen, sondern eine *Haltung* der Klimafreundlichkeit im Konsum anzunehmen.

(2) *Bürgerverantwortung für das Klima*: Die Sichtbarmachung der politischen Randbedingungen für den Konsum führt dazu, die Rolle von Individuen in einer Annäherung an eine klimafreundliche Wirtschaftsweise nicht auf ihr Konsumhandeln zu beschränken, sondern auch

ihre Rolle als verantwortliche Bürger in den Blick zu nehmen. Denn auf dem Weg dorthin ist die Gestaltung klimafreundlicher Rahmenbedingungen und Anreizstrukturen für Alltag und Konsum ein wichtiger Anteil. Umsteuerungen auf dieser Ebene müssen demokratisch legitimiert, allgemeinverbindlich und perspektivisch auch übernational sein; entsprechende Verhaltensänderungen würden im Rahmen der Konsumentensouveränität unter diesen neuen Rahmenbedingungen erfolgen, ohne dass ein moralischer Druck aufgebaut werden müsste. Dies rückt die Bedeutung der Rolle der Bürger in den Mittelpunkt. Durch individuelles Handeln kann Druck auf Institutionen aufgebaut bzw. vergrößert werden, relevante gesellschaftliche Bereiche klimafreundlich umzubauen (Grunwald 2012). Bürger können etablierte gesellschaftliche Strukturen, die allzu oft nicht nachhaltig sind, in Frage stellen und Alternativen vorschlagen. Dies kann im Rahmen der traditionellen politischen Institutionen und Verfahren erfolgen, wie zum Beispiel im Bereich der politischen Parteien. Aber auch durch Engagement auf öffentlichen Plattformen, in Dialogen, den (Massen-)Medien, oder auch im Rahmen zivilgesellschaftlicher Organisationen, die andere Wege und Möglichkeiten haben, sich Gehör zu verschaffen. Klimapolitisch motiviertes und organisiertes Handeln der Einzelnen kann zwar nicht unmittelbar und direkt zu Veränderungen führen, dürfte aber vielfach eine *conditio sine qua non – also eine Bedingung, ohne die es nicht geht* – sein, Gesellschaft und das politische System in eine entsprechende Richtung zu bewegen. Die ‚Fridays for Future'-Bewegung ist ein aktuelles und globales Beispiel für derartiges Engagement.

Die „zwei Schultern", auf denen Verantwortung für mehr Nachhaltigkeit ruht, sind also in ihren Möglichkeiten und Grenzen sicher sehr verschieden. Engagement im politschen Bereich und die Beachtung von Kriterien der Klimafreundlichkeit z.B. beim Einkaufen im Supermarkt sind sehr unterschiedliche Weisen, dieser Verantwortung zu entsprechen. Auf längere Sicht muss es darum gehen, eine Kultur der Nachhaltigkeit in einem umfassenderen Sinn auszuprägen und kollektiv einzuüben, die Elemente von entsprechenden Verhaltens- und Konsummustern, entsprechender industrieller Produktion, nachhaltigkeitsförderlichen politischen Rahmenbedingungen und wohl auch neuen Formen von Wachstum umfasst (Banse et al. 2010). Es geht darum, gesellschaftlich wie auch individuell dahin zu kommen, dass Nachhaltigkeit und Klimafreundlichkeit als Leitbild und Prüfkriterium das Handeln der Menschen auf den unterschiedlichen Ebenen wie selbstverständlich begleitet und damit integraler Bestandteil von

Denk- und Verhaltensweisen sowie von politischen und wirtschaftlichen Entscheidungen wird.

6. *Literatur*

Apel, Karl-Otto 1988. *Diskurs und Verantwortung. Das Problem des Übergangs zur postkonventionellen Moral.* Frankfurt a. M.

Banse, Gerhard; Parodi, Oliver und Axel Schaffer (Hrsg.) 2010. *Wechselspiele: Kultur und Nachhaltigkeit: Annäherungen an ein Spannungsfeld.* Berlin

Beck, Ulrich. 1988. *Die organisierte Unverantwortlichkeit.* Frankfurt: Suhrkamp.

Busse, Tanja. 2006. *Die Einkaufsrevolution. Konsumenten entdecken ihre Macht.* München

Dauvergne, Peter. 2008. *The Shadows of Consumption. Consequences for the Global*

Environment. Cambridge, Mass. [u.a.]: MIT Press.

Demaria, Federico; Schneider, Francois; Sekulova, Filka, und Joan Martinez-Alier. 2013. "What is degrowth? From an activist slogan to a social movement". *Environmental Values* 22(2): 191–215.

Gethmann, Carl Friedrich. 1989. „Kontemplation und Profession. Die Verantwortung des Philosophen". In Oelmüller, Willi (Hrsg.). *Philosophie und Weisheit.* Paderborn, 109–121.

Gianni, Robert. 2016. *Responsibility and Freedom.* London

Grunwald, Armin. 2010. „Wider die Privatisierung der Nachhaltigkeit. Warum ökologisch korrekter Konsum die Umwelt nicht retten kann." *GAIA* 19 (3): 178–182.

Grunwald, Armin. 2011. „Statt Privatisierung: Politisierung der Nachhaltigkeit." *GAIA* 20(1): 17–19.

Grunwald, Armin. 2012. *Ende einer Illusion. Warum ökologisch korrekter Konsum die Umwelt nicht retten kann.* München

Grunwald, Armin. 2014. „Synthetic biology as technoscience and the EEE concept of responsibility". In Giese, B.; Pade, C.; Wigger, H. und A. von Gleich (Hrsg.). *Synthetic Biology: Character and Impact.* 249–265.

Grunwald, Armin. 2021. „Der homo responsibilis. Nachdenklicher Gang durch den Garten aktueller Erzählungen". In Grunwald, Armin (Hrsg.). *Wer bist du, Mensch? Transformationen menschlicher Selbstverständnisse im wissenschaftlich-technischen Wandel.* Freiburg: Herder (im Erscheinen).

Grunwald, Armin und Jürgen Kopfmüller. 2021. *Nachhaltigkeit.* Frankfurt/New York, 3. Auflage. Heidbrink, Ludger, Langbehn, Claus und Janina Loh (Hrsg.). 2017. *Handbuch Verantwortung.* Wiesbaden

Heidbrink, Ludger und Imke Schmidt. 2011. „Das Prinzip der Konsumentenverantwortung – Grundlagen, Bedingungen und Umsetzungen verantwortlichen Konsums". In Heidbrink, Heidbrink, Ludger, Schmidt, Imke und Björn Ahaus (Hrsg.). *Die Verantwortung des Konsumenten. Über das Verhältnis von Markt, Moral und Konsum*. Frankfurt am Main: Campus, 25–56.

Heidbrink, Ludger; Schmidt, Imke, und Björn Ahaus (Hrsg.). 2011. *Die Verantwortung des Konsumenten. Über das Verhältnis von Markt, Moral und Konsum*. Frankfurt am Main: Campus.

Jackson, Tim. 2009. *Prosperity without growth? The transition to a sustainable economy*. London: Sustainable Development Commission.

Jonas, Hans. 1979. *Das Prinzip Verantwortung. Versuch einer Ethik für die technologische Zivilisation*. Frankfurt am Main: suhrkamp.

Leggewie, Claus und Harald Welzer. 2009. *Das Ende der Welt, wie wir sie kannten*. Frankfurt am Main: S. Fischer Verlag.

Lenk, Hans. 1992. *Zwischen Wissenschaft und Ethik*. Frankfurt am Main: suhrkamp.

Luhmann, Niklas. 1986. *Ökologische Kommunikation. Kann die moderne Gesellschaft sich auf ökologische Gefährdungen einstellen?* Opladen: Westdeutscher Verlag.

Maniates, Michael. 2019. „Beyond magical thinking". In Kalfagianni, Agni; Fuchs, Doris und Anders Hayden (Hrsg.). *Routledge Handbook of Global Sustainability Governance*. London/New York: Routledge, 269–281.

Pauen, Michael. 2009. „Freiheit, Schuld, Verantwortung. Philosophische Überlegungen und empirische Befunde". In Duttge, Gunnar (Hrsg.). *Das Ich und sein Gehirn*. Göttingen: 78–96.

Petersen, Thomas und Johannes Schiller. 2011. „Politische Verantwortung für Nachhaltigkeit und Konsumentensouveränität". *Gaia* 20(3): 157–161.

Reisch, Lucia und Kornelia Hagen. 2011. „Kann der Konsumwandel gelingen? Chancen und Grenzen einer verhaltensökonomisch basierten sozialen Regulierung". In Ludger, Heidbrink; Schmidt und Björn Ahaus (Hrsg.). *Die Verantwortung des Konsumenten. Über das Verhältnis von Markt, Moral und Konsum*. Frankfurt am Main: Campus, 221-243

Revermann, Christoph; Petermann, Thomas und Maik Poetzsch. 2014. *Chancen und Kriterien eines allgemeinen Nachhaltigkeitssiegels*. Arbeitsbericht 163, Büro für Technikfolgenabschätzung beim Deutschen Bundestag. Online unter: https://www.tab-beim-bundestag.de/de/pdf/publikationen/berichte/TAB-Arbeitsbericht-ab163.pdf. Letzter Zugriff: 25.4.2021.

Ropohl, Günter. 1993. „Neue Wege, die Technik zu verantworten". In Lenk, Hans; und Günter Ropohl (Hrsg.). *Technik und Ethik*. 2. Auflage. Stuttgart, 157.

Scherhorn, Gerhard und Christoph Weber (Hrsg.). 2002. *Nachhaltiger Konsum. Auf dem Weg zur gesellschaftlichen Verankerung*. München

Sorrell, Steven. 2007. *The Rebound Effect: An assessment of the evidence for economy-wide energy savings from improved energy efficiency*. London: UK Energy Research Centre.

The Shift Project. 2021. Climate crisis: the unsustainable use of online video. Our new report on the environmental impact of ICT. Online unter: https://theshiftproject.org/en/article/unsustainable-use-online-video. Letzter Zugriff: 31.3.2021.

Umweltbundesamt 2022. „Grüne" Produkte: Marktzahlen. Online unter: https://www.umweltbundesamt.de/daten/private-haushalte-konsum/konsum-produkte/gruene-produkte-marktzahlen#umsatz-mit-grunen-produkten. Letzter Zugriff: 31.1.2022.

Nachhaltigkeitstransformationen in Zeiten des Populismus: Ansatzpunkte einer integrierten Betrachtung

Basil Bornemann

1 Einleitung

Der vorliegende Beitrag bringt zwei Konzepte bzw. die mit ihnen bezeichneten Phänomene in Beziehung, die in den letzten Jahren in Wissenschaft und Gesellschaft intensiv diskutiert werden. Beide Konzepte stehen im Zusammenhang mit gegenwärtigen Krisendiagnosen. So verweist der Begriff „Nachhaltigkeitstransformationen"[1] auf einen grundlegenden sozial-ökologischen Umbau der Gesellschaft (in Bereichen wie Energieversorgung, Ernährung und Mobilität), der sich in Ansätzen bereits heute vollzieht, angesichts einer immer sichtbarer werdenden „Klimakrise" oder einer „multiplen Krise des Anthropozäns" in Zukunft aber sehr viel schneller vollziehen muss (Brand 2016; Görg et al. 2017; Hamilton et al. 2015). Der in den letzten Jahren aufkommende „Populismus", der sich vor allem im Erstarken rechts-autoritärer populistischer Bewegungen und Parteien zeigt, wird als Krise der Demokratie, wenn nicht sogar als Ausdruck einer „großen Regression", eines Zurückfallens spätkapitalistischer Gesellschaften hinter ihr einstmals erreichtes und für unhintergehbar gehaltenes Niveau der Zivilisiertheit schlechthin interpretiert (Blühdorn 2020; Geiselberger 2017; Schäfer und Zürn 2021).

In der gesellschaftlichen und wissenschaftlichen Debatte werden diese beiden Konzepte und die mit ihnen bezeichneten Krisenphänomene zunehmend miteinander in Verbindung gebracht und hinsichtlich ihrer Beziehungen reflektiert (Fraune und Knodt 2018; Lockwood 2018; McCarthy 2019). Dabei lassen sich stark schematisiert mindestens vier Arten von (möglichen oder tatsächlichen) Wirkungsbeziehungen zwischen Nachhaltigkeitstransformation und Populismus ausmachen (s. Abbildung 1).

---

1 Im Rahmen dieses Beitrags werden unter diesen Begriff verwandte Semantiken wie „nachhaltige", „nachhaltigkeits-orientierte" oder „sozial-ökologische Transformation" subsumiert.

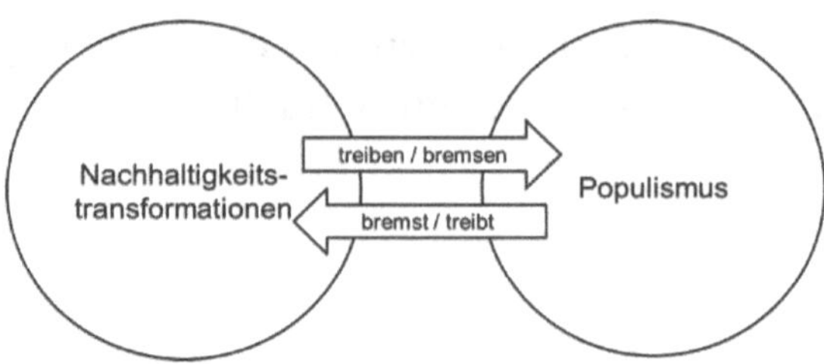

Abbildung 1: Wirkungsbeziehungen zwischen Nachhaltigkeitstransformationen und Populismus

Zunächst werden Nachhaltigkeitstransformationen als Treiber von Populismus diskutiert: Populismus ist in dieser Perspektive gleichsam ein Produkt bzw. ein Ergebnis nachhaltigkeits-orientierter Transformationen. Ein entsprechender Zusammenhang wird etwa im Erstarken populistischer Bewegungen wie der AfD in vom nachhaltigen Umbau des Energiesystems (Stichwort „Kohleausstieg") besonders betroffenen Regionen gesehen (Haas 2020). Ähnliche Beobachtungen gibt es für andere Themenfelder und Kontexte (Mamonova und Franquesa 2020) und ganz generell (Fraune und Knodt 2018). Gleichzeitig gibt es auch Hinweise darauf, dass sich nachhaltigkeitsorientierter Politikwandel bremsend auf den Populismus auswirken könnte. So identifizieren Kroll und Zipperer (2020) im Rahmen einer ländervergleichenden Studie einen Zusammenhang zwischen einer hohen Politikperformanz in Bezug auf die Erreichung der Sustainable Development Goals (SDGs) und einer Abnahme der Unterstützung populistischer Parteien. Die erfolgreiche Umsetzung der SDGs und der mit ihnen jeweils verbundenen Transformationen wirkt sich demnach dämpfend auf die Dynamik des Populismus aus.

In umgekehrter Wirkungsrichtung wird Populismus seinerseits als Treiber von nachhaltigen Transformationen in Betracht gezogen. So skizziert Mark Beeson in Anschluss an Chantal Mouffe etwa die Konturen eines ökologischen Populismus als Ausweg aus der globalen Klimakrise und sieht erste Anzeichen dafür in den Klimastreiks der jungen Generation (Beeson 2019; Mouffe 2018). Schließlich gilt Populismus als Bremse für ambitionierte Nachhaltigkeitspolitiken. Einerseits in direkter Form, indem Populisten an der Macht offen und unverhohlen umweltpolitische Handlungskapazitäten angreifen und gezielt zurückbauen – Trump und Bolsonaro sind hier nur die prominentesten Beispiele (für differenzierende Befunde jenseits dieser Beispiele s. Ćetković und Hagemann 2020; Huber et al. 2021). Andererseits schwächt der Populismus das nachhaltigkeitspolitische Ambitionsniveau indirekt, indem populistische Parteien die Legitimation von Klimapolitik durch Mobilisierung von Klimaskepsis untergraben (Radtke und Schreurs 2019) und indem nicht-populistische Parteien in Antizipation nachhaltigkeitsfeindlicher populistischer Mobilisierung ihre eigenen Transformationsambitionen zurückschrauben (Fraune und Knodt 2018; Lockwood 2018). Dieser Effekt könnte sich in Zukunft noch weiter ausspielen, wenn man daran denkt, dass bekannte AfD-Politikerinnen das Klima – nach Euro und Geflüchteten – zu einem neuen inhaltlichen Schwerpunkt der Partei machen möchten (Jacob et al. 2020).

Angesichts dieser vielfältigen potenziellen Verstrickungen möchte ich im vorliegenden Beitrag eine systematischere Bestimmung des Verhältnisses von Populismus und Nachhaltigkeitstransformation vornehmen. Hierfür schlage ich einen einfachen heuristischen Bezugsrahmen vor, der eine Grundlage für eine Zusammenschau und eine theoretische wie empirische Bestimmung der Beziehungen zwischen Nachhaltigkeitstransformation und Populismus ermöglicht. Indem er die beiden Konzepte systematisch zusammenführt, ermöglicht der Bezugsrahmen eine integrierte Analyse der mit ihnen bezeichneten (Krisen-)Phänomene – und öffnet den Blick für Ansatzpunkte einer reflektierten Gestaltung von Nachhaltigkeitstransformationen in Zeiten des Populismus.

Dabei impliziert die Formulierung Nachhaltigkeitstransformationen *in Zeiten* des Populismus ein bestimmtes Grundverhältnis der beiden Konzepte und eine spezifische Untersuchungsanlage. So stellen Nachhaltigkeitstransformationen gleichsam den gegenständlichen Fluchtpunkt meiner Analyse dar, während Populismus den Kontext bildet. Ich begreife Nachhaltigkeitstransformationen als prinzipiell form- und gestaltbare räumlich, zeitlich, sachlich und sozial begrenzte, das heißt projekthafte Konfigurationen, die in umfassendere gesellschaftliche Strukturen und Entwicklungen – hier: Populismus – eingebettet sind, welche ihre spezifischen Formen und Umsetzungschancen wesentlich prägen (Brand 2018).

Mit dem vorliegenden Beitrag verfolge ich auch ein handlungspraktisches Interesse.

Ausgehend von einer im Kontext liberaler Demokratien Populismus-kritischen Position, die ich noch erläutern werde, treibt mich etwa die Frage um, wie nachhaltige Transformationen so gestaltet werden können, dass sie nicht ihrerseits zu Treibern von Populismus werden, sondern bestenfalls einen Beitrag zur Abschwächung oder Bewältigung populistischer Dynamiken leisten. Wie lassen sich also etwa nachhaltigkeitsorientierte Energie- oder Ernährungswendeprojekte so gestalten, dass sie sich in populistischen Zeiten bewähren können, ohne selbst zu Triebkräften des Populismus zu werden? Grundlage für die Bestimmung handlungspraktischer Ansatzpunkte für eine Populismus-responsive Gestaltung nachhaltigkeitsorientierter Transformationen ist allerdings eine Klärung der *analytischen* Implikationen populistischer Zeiten für das (theoretische und empirische) *Verstehen* entsprechender Transformationen.

Um diese Implikationen auszuloten, bringe ich ein zeitdiagnostisches Verständnis von Populismus für eine kritische Reflexion dreier ideal-typischer Ansätze nachhaltigkeits-orientierter Transformation in Anschlag. Dabei entwickele ich die These, dass die drei Transformationsansätze insofern unterschiedlich gut auf populistische Zeiten eingestellt sind, als sie unterschiedlich gut dazu in der Lage erscheinen, zentrale Triebkräfte bzw. Faktoren des Populismus abzubilden, zu reflektieren und – letztlich – im Rahmen einer praktischen Gestaltung zu berücksichtigen. Insofern macht die Analyse auf spezifische „Stärken", aber auch „Konflikte" und „blinde Flecken" nachhaltigkeitsorientierter Transformationen in Zeiten des Populismus aufmerksam. Gerade Letztere bergen die Gefahr einer Reproduktion oder sogar Verstärkung der Triebkräfte des Populismus durch sozial-ökologische Transformationen *in der Praxis* – und bedürfen insofern einer erhöhten analytischen Aufmerksamkeit.

Ich beginne mit einer Klärung unterschiedlicher Ansätze von Nachhaltigkeitstransformation (2.) und umreiße dann zentrale gesellschaftliche Entwicklungen, die erklärungskräftig für die gegenwärtigen Zeiten des Populismus sind (3.). Auf dieser Grundlage analysiere ich, inwiefern unterschiedliche Ansätze der Analyse und Gestaltung von Nachhaltigkeitstransformationen responsiv gegenüber den Zeiten des Populismus sind (4.). Ich schließe mit Überlegungen zu Perspektiven einer Populismus-sensitiveren Nachhaltigkeitstransformationsforschung und -praxis (5.).

2 *Nachhaltigkeitstransformation*

Noch vor zehn Jahren war der Begriff „Nachhaltigkeitstransformation" bzw. seine englische Entsprechung „sustainability transformation" oder „sustainability transition" ein Novum; mittlerweile gehört er zum Standardrepertoire der umwelt- bzw. nachhaltigkeitswissenschaftlichen und -politischen Diskussion (Brand 2017, 2018; Luks 2019). Sein und das Aufkommen weiterer, im Rahmen des vorliegenden Beitrags unter den Begriff der Nachhaltigkeitstransformation subsumierter Konzepte wie „nachhaltige Transformation", „nachhaltigkeitsorientierte Transformation" oder auch „sozial-ökologische Transformation" reflektiert eine zunehmende Enttäuschung mit klassischen Ansätzen der Umweltgovernance. Durch ihre Fokussierung auf die Lösung spezifischer räumlich, zeitlich, sachlich und sozial begrenzter Umweltprobleme hat die Umweltpolitik zwar durchaus Erfolge wie die Verbesserung einzelner Umweltindikatoren und der Umweltqualität einzelner Länder bzw. Gesellschaften hervorgebracht. Allerdings konnten langfristige und globale Problemdynamiken wie der fortschreitende Klimawandel und der Verlust von Biodiversität bislang kaum gestoppt werden. Im Gegenteil, durch ihre bestenfalls räumlich und sachlich begrenzte Problemlösungsfähigkeit hätte die Umweltpolitik die Nicht-Nachhaltigkeit gesellschaftlicher Entwicklung nicht nur nicht beenden können, sondern diese sogar (mit-)stabilisiert (Brand et al. 2020). Demgegenüber markiert die Rede von Nachhaltigkeitstransformation einen Bruch mit den Ideen und Praktiken bisheriger umweltpolitischer Governance – und zwar mindestens in zweierlei Hinsicht.

Zum einen bezeichnet der Begriff *Transformation* einen bestimmten Typus „sozialen Wandels", der im Unterschied zu bloß oberflächlichem, inkrementellem und begrenztem (reformorientiertem) Wandel einzelner Elemente innerhalb eines Gefüges bzw. Systems auf grundlegendere (meist über einen längeren Zeitraum sich erstreckende) Veränderungen der Form und Funktionsweise dieses Gefüges bzw. Systems verweist (Feola 2015). Anknüpfend an die klassischen historischen Transformationsanalysen von Polanyi verbinden sich im Konzept der Transformation eigendynamische, emergente Prozesse mit gezielten und intentionalen Gestaltungsversuchen, die auf tatsächliche oder absehbare Probleme gesellschaftlicher Entwicklungen reagieren (Brand 2018). Transformation verweist insofern auf einen tiefgreifenden und grundlegenden, wohl aber nur begrenzt steuer- und gestaltbaren Wandel, auf den sich umweltpolitische Steuerung zu beziehen habe.

Zum anderen deutet sich in der Rede von *Nachhaltigkeits*transformation eine Erweiterung des klassischerweise auf Umweltprobleme ausgerichteten Gegenstandsbereichs der Umweltgovernance hin zu einer integrierten Betrachtung des Zusammenwirkens von ökologischen, sozialen und ökonomischen Problem- und Zieldimensionen an – eine Erweiterung, die letztlich mit einer Überwindung des enggeführten umweltpolitischen Bezugsrahmens in Richtung einer „Politik der Nachhaltigkeit" einhergeht (Bornemann 2014; Brand 2002). Nachhaltige Entwicklung steht für eine umfassende politische Leitidee gesellschaftlicher Entwicklung, welche die Globalität, die Intertemporalität und die sachlich-sektorale Verflechtung der Krisenphänomene der Moderne betont (Brand 1997). Sie stellt die moderne Basisannahme einer Unvereinbarkeit und wechselseitigen Ausschließlichkeit von Erhaltung und Entwicklung, von Ökonomie, Ökologie und Sozialem in Frage und konstruiert die Möglichkeit und das Erfordernis eines integrierten Aufeinanderbezogenseins von Stabilität und Wandel, von Wachstum und Bewahrung, von Ökonomie, Ökologie und Sozialem, von Gegenwart und Zukunft, von Lokalem und Globalen (Christen und Schmidt 2012; Bornemann 2014).

Zusammengenommen bezeichnet der Begriff „Nachhaltigkeitstransformation“ besonders grundlegende bzw. tiefgreifende, aber nur begrenzt gestaltbare Veränderungen von gesellschaftlichen Naturverhältnissen. Er reflektiert den Umstand, dass das Streben nach Nachhaltigkeit die Einbeziehung sozialer, symbolischer, physischer und materieller Veränderungen erfordert, das heißt grundlegender Veränderungen der Sinngebung, der Weltanschauungen, der politischen Machtbeziehungen, der sozialen Netzwerke, der physischen Infrastruktur und der Technologie (Feola, 2015).

Um diesen allgemein geteilten Kernbegriff hat sich ein hybrider Diskurs ausgebildet. So wird der Begriff der Nachhaltigkeitstransformation sowohl in wissenschaftlichen wie auch in politischen Kontexten verwendet – und zwar einerseits in einem eher deskriptiv-analytischen (zur Erfassung tatsächlich sich vollziehender Transformationen) und andererseits in einem normativ-präskriptiven Sinne (zur Orientierung bzw. Gestaltung von transformativen Handlungskursen). Häufig beziehen sich deskriptive und normative Verwendungsweisen in unterschiedlichen – politischen oder wissenschaftlichen – Kontexten aufeinander, werden ineinander übersetzt und mischen sich (Blythe et al. 2018; Feola 2015).

In diesem hybriden Diskursfeld lassen sich drei idealtypische Ansätze von Nachhaltigkeitstransformationen unterscheiden (Scoones et al. 2020). Jeder dieser Ansätze bündelt jeweils spezifischere Transformationsmodelle (mit unterschiedlichen normativen wie deskriptiven Anteilen), die auf ähnlichen Annahmen in Bezug auf Herausforderungen, Zielen und Mechanismen von nachhaltigkeits-orientierten Transformationen beruhen.

Der *strukturelle Ansatz* konzeptionalisiert Nachhaltigkeitstranformationen als grundlegende Veränderungen der Normen, Werte, Strukturen und Funktionsweise des gegenwärtigen kapitalistischen Wirtschaftens bzw. kapitalistischer Gesellschaften schlechthin. Problembezogener Ausgangspunkt ist eine hegemoniale Konfiguration neoliberaler Strukturen und Praktiken des Produzierens und Konsumierens, die nicht nur erhebliche Ungleichheiten und Unterdrückung, sondern auch eine fortgesetzte Ausbeutung ökologischer Ressourcen mit sich bringt (Brand et al. 2020). Die entsprechenden Zielperspektiven nachhaltigkeitsorientierter Transformation – zentral sind hier etwa Null- oder Post-Wachstum bzw. Degrowth – stehen für sozial gerechte und ökologisch tragfähige (resiliente) Alternativen des Wirtschaftens. Sie beruhen auf einer (staatlich regulierten) Begrenzung des ökonomischen Wachstums bzw. einer Ausrichtung von Wachstumspfaden an ökologischen Tragfähigkeitsgrenzen und sozialer Gerechtigkeit (Brand 2016a). Hinsichtlich des Transformationsmechanismus, des Mechanismus also, mit dem der Übergang vom bestehenden Wachstumsmodell hin zu einer Post-Wachstums-Ökonomie gelingen soll, bleiben die entsprechenden (stark ökonomisch geprägten Modelle) häufig unbestimmt. Verschiedentlich finden sich indes Hinweise, dass Transformationen durch die Konstituierung einer Gegenhegemonie in Gang gesetzt werden, die sich in der Praxis in Form von Koalitionen von zivilgesellschaftlichen Bewegungen mit unterschiedlichen ökologischen, sozialen und identitätspolitischen Anliegen manifestiert, die im Zusammenwirken die gegenwärtige neoliberale Hegemonie herausfordern (Fraser 2017).

Der *systemische Ansatz* bündelt eine Reihe spezifischer Modelle, die in unterschiedlicher Weise dem Wiederaufleben des Systemdenkens in den 1980er Jahren folgen. Sie konzipieren Nachhaltigkeitstransformationen ausgehend von dynamischen Modellen, die Wechselwirkungen zwischen unterschiedlichen Sphären und Ebenen sozio-technischer oder sozial-ökologischer (Sub-)Systeme unterstellen. Demnach vollziehen sich Transformationen im Sinne der Herausbildung neuer Systemeigenschaften als Veränderungen in kritischen Systemrückkopplungen und als Neuordnungen von sozial-ökologischen Beziehungen. Beispiele sind das sogenannte Transition Management (Kemp et al. 2007), das sich auf sozio-technische Systeme wie etwa das Energiesystem bezieht; oder Ansätze des adaptiven Managements der Resilienz lokaler bzw. regionaler sozial-ökologischer Systeme (Berkes et al. 2006). Das hier thematisierte Ausgangsproblem sind bestehende „verfestigte" Systemkonstellationen, die als problematisch erachtet werden, weil sie bestimmte technologische Innovationspfade oder die Ausbildung systemischer Resilienz blockieren. So steht einer nachhaltigkeitsorientierten Energiewende etwa ein historisch gewachsenes soziotechnisches Regime der fossilen Energieversorgung entgegen: eine relativ stabile Konstellation von Akteuren, die aufgrund ihrer bisherigen ökonomischen Tätigkeiten und Investitionen ein Interesse an der Aufrechterhaltung dieses Regimes haben und es entsprechend zu schützen versuchen. Voraussetzung für transformativen Wandel ist, dass es gelingt, bestehende verfestigte Regime durch Nischeninnovationen und „Landscape"-Dynamiken aufzubrechen und in Bewegung zu setzen (Geels 2011). Gerade Nischeninnovationen können durch Interventionen gezielt gestaltet und gefördert werden, indem sie in geschützten Räumen von innovativ denkenden und wissenschaftlich informierten Akteuren entwickelt, auf der Basis von experimentellem Learning-by-Doing verbessert und schließlich in die Welt ausgebracht werden (Kemp et al. 2007).

Der *Ermöglichungsansatz* rückt die Handlungsfähigkeit individueller und kollektiver Akteure ins Zentrum der Analyse und Gestaltung von Nachhaltigkeitstransformationen. Beispiele sind lokale Suffizienzgemeinschaften oder Food-Sharing-Initiativen, deren gemeinsamer Nenner in der Annahme liegt, dass nachhaltigkeitsorientierter gesellschaftlicher Wandel durch die Mobilisierung und Verbindung individueller Handlungskurse gelingen kann (Scoones et al. 2015). Problembezogener Ausgangspunkt des Ermöglichungsansatzes sind in spezifischen lokalen Kontexten individuell erfahrene Veränderungen gesellschaftlicher Naturverhältnisse, die im Lichte globaler Nachhaltigkeitsethiken als kollektiv zu bearbeitende Nachhaltigkeitsprobleme interpretiert werden. Auf der Zielebene orientiert sich der Ermöglichungsansatz im Unterschied zu strukturellen und systemischen Ansätzen nicht an bestimmten vorab festgelegten Vorstellungen einer nachhaltigen Entwicklung noch geht er von einer Steuerbarkeit gesellschaftlicher Entwicklungen aus. Stattdessen setzt er auf Möglichkeiten der Transformation in Form individueller wie kollektiver Anpassungsprozesse „im Kleinen“: auf kollektives Handeln in Gemeinschaften, die sich „bottom-up“ in spezifischen lokalen Kontexten um neue nachhaltigkeitsorientierte Lebens- und Konsumideen herum formieren. Diese führen, so die Annahme, langfristig zu grundlegenden Veränderungen, welche sich vielleicht unerwartet entwickeln, aber in den Werten der Akteure und einer Ethik der Nachhaltigkeit verankert sind. Dementsprechend richten sich (politische) Mechanismen einer ermöglichenden Nachhaltigkeitstransformation auf die Bereitstellung von Ressourcen. Neben materiellen Ressourcen und sozialem Kapital spielt die Aktivierung subjektiver Handlungsmotivationen von Akteuren eine Rolle, um Probleme zu identifizieren und kollektives Transformationshandeln auf den Weg zu bringen (Scoones et al. 2020). In politisch-praktischer Gestaltungsabsicht konzentriert sich der Ermöglichungsansatz daher auch auf die Unterstützung von Basisbewegungen und Allianzen, die von einer neuen Ethik der Nachhaltigkeit angetrieben werden.

Insgesamt hat die Diskussion zu Nachhaltigkeitstransformationen drei hybride Ansätze hervorgebracht, die für unterschiedliche analytische Bezugspunkte stehen und unterschiedliche Gestaltungsoptionen eröffnen. Mit Karl-Werner Brand kann davon ausgegangen werden, dass diese Ansätze auf unterschiedliche Weise mit ihren jeweiligen gesellschaftlichen Kontexten in Wechselwirkungen treten, wodurch ihr jeweiliges analytisches und gestalterisches Potential beeinträchtigt wird (Brand 2018). Um die Implikationen des Populismus für die Analyse und Gestaltung von Nachhaltigkeitstransformationen zu klären, wird im Folgenden in aller Kürze umrissen, was unter populistischen Zeiten verstanden wird.

3 Zeiten des Populismus

Populismus ist gegenwärtig ein allgegenwärtiger Begriff, der in unterschiedlichen Kontexten mit unterschiedlichen Absichten bzw. Interessen verwendet wird. Im politischen Raum figuriert er als unterschiedlich besetzter politischer Kampfbegriff. Mal dient „populistisch“ in einem affirmativ-emphatischen Sinne der Selbstbeschreibung politischer Bewegungen bzw. von Akteuren, die damit eine besonders enge und direkte, unmittelbare Verbindung zwischen sich selbst und dem „Volk“ zum Ausdruck bringen möchten. Demgegenüber steht seine pejorative Verwendungsweise zur Abwertung und Delegitimierung des politischen Gegners als undemokratisch und aufrührerisch oder gar umstürzlerisch (Lara 2018).

Im wissenschaftlichen Diskurs lassen sich in bewertender Perspektive drei Grundorientierungen ausmachen, die jeweils das Verhältnis zur Demokratie in den Fokus rücken (Abromeit 2017; Moffitt 2016). Erstens findet sich eine ausdrücklich positiv-emphatische Lesart, die den Populismus als Ausdruck starker Demokratie bzw. einer sich vertiefenden Demokratie erachtet (Canovan 1999; Mouffe 2018). Demnach sei der Populismus – zumal in seiner links-progressiven Variante – mit seiner emphatischen Anrufung des Volks ein demokratisches Moment, das verfestigte gesellschaftliche Machtverhältnisse herausfordere. Demgegenüber steht, zweitens, ein kritisch-problematisierendes Verständnis, wonach das Aufkommen von Populismus Ausdruck von Verfallserscheinungen der Demokratie und einer multiplen Regression spätkapitalistischer Gesellschaften überhaupt sei (Müller 2016; Rummens 2017). Eine dritte Gruppe interpretiert das Verhältnis zwischen Populismus und Demokratie als ambivalent und plädiert für eine kontextbezogene Beurteilung (Mudde und Rovira Kaltwasser 2012, 2017).

In Kontexten, in denen ein liberal-demokratisches Regime noch nicht existiert, könne der Populismus durchaus die Art von revolutionärer Politik bieten, die notwendig ist, um ein solches zu installieren. Für den Kontext liberaler Demokratien gebe es aber gute Gründe für eine skeptische Position gegenüber dem Populismus. Zwar ließe sich dessen Aufkommen als Hinweis auf eine Dysfunktionalität, etwa im Verhältnis von Demokratie und Liberalismus interpretieren. Allerdings sei der Populismus selbst keine angemessene, weil seinerseits undemokratische, Antwort auf diese Dysfunktionalität: So sei der zeitgenössische Populismus eine “illiberal democratic response to an undemocratic liberalism” (Mudde 2021). Diese Einschätzung wird durch empirische Studien gestützt, die deutliche Hinweise auf ein demokratieschädliches Wirken populistischer Kräfte in Regierungen geben (Albertazzi und Mueller 2013).

Im Kontext des vorliegenden Texts folge ich dieser dritten, in demokratischen Kontexten kritischen Lesart. Dementsprechend verstehe ich Populismus zunächst als Symptom bzw. Indikator bestimmter politischer und – ganz grundlegend – gesellschaftlicher Verhältnisse in fortgeschrittenen liberalen (Post-)Demokratien (Jörke und Selk 2017; Rummens 2017).

Gemäß Adam Rummens stellt der Populismus keine umfassende politische Ideologie dar, sondern konzentriert sich nur auf die Art und Weise, wie die Macht in einer demokratischen Gesellschaft organisiert und legitimiert werden sollte (Rummens, 2017). In einer vielzitierten Formel beschreiben Mudde und Rovira Kaltwasser diese Eigenschaft als „dünne Ideologie", d.h. eine von konkreten inhaltlichen Bestimmungen weitgehend befreite Form, die anschlussfähig an unterschiedliche substantielle politische Ideen – im rechten oder linken politischen Spektrum – ist (Mudde und Rovira Kaltwasser 2017). Für sich genommen liefert der Populismus also keine Antwort in Bezug auf die Frage, wie die Welt ist und sein soll; aber er definiert ein bestimmtes Schema, wie Antworten auf diese Fragen generiert werden sollen. In Verbindung mit diesen inhaltlich „gehaltvollen" Ideen – Konservatismus, Faschismus, Sozialismus – wird der Populismus zu „dicken" Ideologien: zum autoritären Rechtspopulismus oder zum progressiven Linkspopulismus. Andere Populismus-Theoretiker*innen weisen in eine ähnliche Richtung, wenn sie Populismus als „Diskurs", „politische Strategie" oder „Stil" beschreiben (Hawkins 2009; Lockwood 2018; Moffitt 2016).

Das für den Populismus konstituierende Kernnarrativ – „Wir gegen die da oben" – besteht in einer Konfrontation bzw. Gegenüberstellung eines (vermeintlich einfachen) Volks mit (vermeintlich korrupten und von den eigentlichen Interessen des Volks abgehobenen bzw. abgekoppelten) Eliten. Die darin zum Ausdruck kommende Anrufung der „Herrschaft des Volkes" und die „agonistische" Bewegung verweisen zunächst auf Wesensmerkmale von Demokratie; und in der Tat gerieren bzw. inszenieren sich populistische Akteure immer wieder als „Retter*innen" oder auch nur „Verfechter*innen" der wahren – direkten – Demokratie (Jörke und Selk 2017; Müller 2019).

Real-existierende populistische Akteure interpretieren und praktizieren diese demokratische Norm der Volkssouveränität jedoch in aller Regel in einem Sinne, der andere (liberal-)demokratische Normen verletzt (Mudde 2021; Mudde und Rovira Kaltwasser 2017; Rummens 2017; Schäfer und Zürn 2021; Urbinati 2019). Erstens beruht das populistische Kernnarrativ auf einer anti-pluralistischen, homogen-monistischen Vorstellung des Demos. Indem sie sich auf den Willen des Volks beziehen, bestreiten Populisten, dass sich der Demos aus vielen unterschiedlichen Gleichen zusammensetzt. Zweitens ist der Populismus anti-liberal, weil er der Mehrheit einen unbedingten Vorrang gegenüber Minderheiten einräumt (von wertkonservativ, anti-liberalen Orientierungen rechtsautoritärer Populisten ganz zu schweigen). Drittens verkörpert der Populismus eine „entprozeduralisierte Form der Volkssouveränität“: Der Volkswille gilt als (durch gemeinsame kulturelle Wurzeln und historisch gewachsene Normen einer Volksgemeinschaft) immer schon gegeben. Aufwändige demokratische Verfahren der kollektiven Willensbildung und Interessenaggregation sind nicht nur unnötig, sondern verzerren den wahren Willen des Volks. Schließlich ist der Populismus anti-internationalistisch, weil er das Prinzip der Volkssouveränität absolut setzt und die Legitimation internationaler Normen und Institutionen anzweifelt (von ethno-nationalistischen Tendenzen rechtspopulistischer Parteien ganz abgesehen).

Populismus ist ein wichtiges Merkmal, aber freilich keine singuläre Erscheinung unserer gegenwärtigen Zeit. Populistische Bewegungen hat es in unterschiedlichen gesellschaftlichen Kontexten und zu unterschiedlichen Zeiten gegeben (Jörke und Selk 2017; Rosanvallon 2020). Dabei weisen verschiedene Autor*innen darauf hin, dass Populismus zu unterschiedlichen Zeiten spezifischen Angebots-Nachfrage-Konstellationen entspringt (Beeson 2019; Mudde und Rovira Kaltwasser 2017). Populismus wird nur dann zu einem politisch bedeutenden Phänomen, wenn politische Kräfte (populistische Führer*innen oder Parteien) mit einem populistischen Grundnarrativ erfolgreich (d.h. breitenwirksam) an die wahrgenommenen gesellschaftlichen Realitäten potenzieller Unterstützer*innen anknüpfen können, wenn das „Angebot“ eines populistischen Narrativs auf eine entsprechende „Nachfrage“ nach einem solchen Narrativ trifft. In der Literatur dominieren drei Erklärungsansätze, die sich auf komplementäre Aspekte der populistischen Nachfrage-Angebots-Konstellation beziehen (Jörke und Selk 2017).

Ein erster Ansatz rückt *sozio-ökonomische* Faktoren in den Mittelpunkt. Ursache für eine erhöhte Nachfrage und Resonanzfähigkeit populistischer Narrative ist demnach die Zunahme gesellschaftlicher Ungleichheit, wie sie unter anderem in der Rede von sogenannten „Modernisierungsverlierern“ oder „Abgehängten“ zum Ausdruck kommt (Inglehart und Norris 2016). Der Erfolg populistischer Positionen, die gegen das „Establishment“ gerichtet sind, gründet demnach auf Verschiebungen im sozialen Klassengefüge in Folge von Modernisierungs- und Globalisierungsgetriebenen Auf- und Abwertungsprozessen (Reckwitz 2020). In historischer Perspektive wird die jüngere Welle des Populismus dabei als Folge einer ausgedehnten Phase der Neoliberalisierung gesehen, wohingegen frühere Phasen einer keynesianisch geprägten Politik und einem starken Wohlfahrtsstaat durch eine bemerkenswerte Abwesenheit populistischer Strömungen gekennzeichnet seien (Mudde und Rovira Kaltwasser 2017). Neben Veränderungen individueller Ressourcenausstattung bringen diese Modernisierungsprozesse auch eine Erosion sozialer Gemeinschaften und der mit ihnen verbundenen Sicherheiten mit sich (Nachtwey 2018). Zum Teil betonen entsprechende Analysen weniger tatsächliche (materielle) Ungleichheitserfahrungen, sondern heben auf das Aufkommen von wahrgenommenen Abstiegsbefürchtungen der unteren Mittelschicht in post-industriell globalisierten Gesellschaften ab (Manow 2018). Populismus kann gemäß dieser Erklärung dann gedeihen, wenn Verteilungsprobleme, die durch konsumistische Anspruchsinflation verschärft werden, nicht mehr ohne weiteres durch mehr wirtschaftliches Wachstum gelöst werden können, etwa weil das Wachstum an ökologische Grenzen stößt. Abstiegsbefürchtungen als Grundlage für eine Resonanzfähigkeit von Populismus sind demnach auch wenn Maßnahmen der ökologischen Integration („Internalisierung externer Kosten“) als Umverteilung wahrgenommen werden und sozial-desintegrativ wirken.

Ein zweiter Erklärungsansatz, der ebenfalls die Nachfrageseite betont, hebt auf *kulturelle Entwicklungen* ab, die zum Teil eng mit ökonomischen Entwicklungen verzahnt sind. So beruht die Resonanzfähigkeit populistischer Narrative auf der Herausbildung einer auch gesellschaftlich als relevant wahrgenommenen neuen Frontstellung zwischen zwei übergreifenden Gruppenidentitäten, die sich durch unterschiedliche Einstellungen und Wertorientierungen gegenüber der Globalisierung und ihren Folgen auszeichnen: auf der einen Seite ein Lager des „liberalen Kosmopolitismus“ und auf der anderen ein Lager, das sich in kultureller Hinsicht als „nationale Heimat“ bezeichnen lässt (Bornschier et al. 2021; Kriesi et al. 2006). Dabei aktivieren und stabilisieren Populisten diesen Identitätsdualismus, indem sie die kosmopolitischen Ideale wie Toleranz, Chancengleichheit, Mobilität und Kreativität zur hegemonialen Moral einer etablierten Elite erklären, gegen die es anzugehen gilt. Hintergrund dieser sich neu formierenden kulturellen Frontstellung ist die Auflösung von kollektiv geteilten und weitgehend stabilen normativen Sinnhorizonten („Nationalstaat“) im Zuge von Globalisierungs- und Ökonomisierungsprozessen (Selk et al. 2019), aber auch die sich infolge von kulturellem Wertewandel und Emanzipationsprozessen vollziehende Vervielfältigung von Gruppenidentitäten (Inglehart und Welzel 2005); sowie damit einhergehende Prozesse der permanenten Politisierung und Dekonstruktion gesellschaftlicher Normalitäten (Greven 2013). Zusammengenommen erzeugen diese Prozesse der kulturellen Vervielfältigung eine Unübersichtlichkeit und einen zunehmenden Bedarf an populistischer Vereinfachung, Stabilisierung und Depolitisierung: Wir sind das Volk und dürfen bestimmen, was sein soll!

Erklärungskräftig sind schließlich *politisch-institutionelle Entwicklungen*, die sich unter dem Begriff der Post-Demokratisierung zusammenfassen lassen. Damit ist im Kern eine multiple Repräsentations- und Responsivitätskrise der Demokratie gemeint, die ihrerseits auf vielfältige Weise mit sozio-ökonomischen und kulturellen Entwicklungen verwoben ist (Schäfer und Zürn 2021). Zentral sind zunächst Veränderungen in der Parteienlandschaft, also im parteipolitischen Angebot. So ist vielerorts eine programmatische Bewegung von Parteien hin zur politischen Mitte zu beobachten. Dabei handelt es sich einerseits um strategische Reaktionen auf die Auflösung von klassischen Mustern der Parteibindung, die ihrerseits Folge einer emanzipativen Individualisierung ist. Andererseits wird in der Mitte jene Wähler*innenschaft angesprochen, die überhaupt noch am demokratischen Prozess teilnimmt (Schäfer 2015). Die Folge davon ist wiederum eine politische Heimatlosigkeit von Wähler*innen, die gegenüber direkten und zuspitzenden Formen der Ansprache durch populistische Narrative empfänglich sind.

In institutioneller Hinsicht manifestiert sich Post-Demokratisierung als Auswanderung von Entscheidungen in nicht-majoritäre internationale Institutionen (EU) und Governance-Arrangements, die vom demokratischen Prozess entkoppelt erscheinen. Im Zuge der Supra- und Internationalisierung von Politik einerseits, aber auch einer zunehmenden Diversifizierung der Problemlösungsansprüche an Politik kommt es zu einer wahrgenommenen Fragmentierung und Auflösung von ehemals stabilen und transparenten institutionalisierten Entscheidungsstrukturen. Immer mehr Entscheidungen werden im Rahmen von gruppen- bzw. problembezogenen Governance-Arrangements vorbereitet oder gar getroffen, deren Funktionsweise im Unterschied zur ehemals geordneten demokratischen Legitimationskette nicht mehr transparent erscheinen (auch, weil sich einschlägig bemühte Normen „demokratischer Legitimation“ zunehmend ausdifferenzieren) (Bornemann und Haus 2019). Im Kontext dieser Ausdifferenzierung und Komplexifizierung ist das populistische Narrativ potenziell wirkmächtig, nicht nur, weil es die Entkopplung von Entscheidungseliten vom Volk thematisiert, sondern auch weil es ein „vereinfachendes“ und direktes legitimatorisches Alternativkonzept aufbietet.

Eng mit der Auswanderung aus majoritären Entscheidungsarrangements verbunden sind schließlich Tendenzen der Verrechtlichung, Bürokratisierung und Expertokratisierung von Politik (Urbinati 2014). Gemeint sind hier das Einwandern einer technokratischen Logik des Sachzwangs in immer mehr politische Entscheidungs-, Umsetzungs- und Kommunikationssituationen. Politik vollzieht sich, so der durch Populist*innen kapitalisierbare Eindruck, immer mehr entkoppelt von den Interessen des Volkes und folgt immer mehr einem gesetzten und unverhandelbaren wissenschaftlich-politischen „Richtungskonsens“, der den Eliten und gerade nicht dem Volk diene. Ausdruck des populistischen Angriffs auf diesen vermeintlich elitären Konsens sind Skepsis, grundlegende Ablehnung und Verächtlichmachung wissenschaftlicher Expertise, wie sich etwa im Fall der elitenkritisch motivierten Klimaskepsis von populistischen Parteien zeigt (Lockwood 2018).

Zeiten des Populismus sind dadurch gekennzeichnet, dass eine Nachfrage nach einer populistischen Form mit einem Angebot an populistischer Kommunikation zusammentrifft und eine erfolgreiche – im Sinne von: in populistischen Bewegungen und der Verbreitung populistischer Narrative sich manifestierende – Verbindung eingeht. Mögen diese Angebots-Nachfrage-Konstellationen zu unterschiedlichen Zeiten unterschiedlich sein, ist der gegenwärtige Populismus in fortgeschrittenen (post-)liberalen Demokratien eine Folge des Zusammenwirkens von sozio-ökonomischen, kulturellen und politisch-institutionellen Entwicklungen. Es sind diese Triebkräfte bzw. Faktoren, die im Rahmen einer Populismus-sensitiven Analyse und Gestaltung sozial-ökologischer Transformationen zu berücksichtigen sind.

4 Nachhaltigkeitstransformationen in Zeiten des Populismus

Im Folgenden möchte ich in zugespitzter und typisierender Weise einige Beobachtungen zur Responsivität nachhaltigkeitsorientierter Transformationen gegenüber jenen gesellschaftlichen Bedingungen und Dynamiken machen, die für die Entstehung des Populismus bzw. die Formierung populistischer Zeiten maßgeblich sind. Grundlage dafür ist ein heuristischer Bezugsrahmen, der die drei im zweiten Abschnitt präsentierten Ansätze zur Analyse und Gestaltung von Nachhaltigkeitstransformation mit den drei im vorhergehenden Abschnitt beschriebenen Triebkräften populistischer Zeiten konfrontiert (Abbildung 2). Davon ausgehend argumentiere ich, dass die drei Transformationsansätze unterschiedlich gut dazu in der Lage sind, die für populistische Zeiten charakteristischen Entwicklungen zu reflektieren und zu adressieren. Sie bieten jeweils spezifische konzeptionelle Ressourcen auf, um bestimmte Faktoren populistischer Zeiten zu berücksichtigen; sie lassen aber auch jeweils spezifische blinde Flecken erkennen.

	Struktureller Transformationsansatz	Systemischer Transformationsansatz	Ermöglichender Transformationsansatz
Sozio-ökonomische Faktoren	+	?/+	+/?
Kulturelle Faktoren	?	?/-	-/+
Politisch-institutionelle Faktoren	?/+	-	+/?

Abbildung 2: Verhältnis von Nachhaltigkeitstransformationen und Populismus.

Dargestellt sind drei Arten von Beziehungen (+ = Korrespondenz, – = Konflikt, ? = blinder Fleck) zwischen Ansätzen der Nachhaltigkeitstransformation (X-Achse) und Faktoren bzw. Triebkräften des Populismus (Y-Achse).

4.1 Strukturelle Nachhaltigkeitstransformationen und Populismus

Befragt man den strukturellen Transformationsansatz nach Bezügen zu Triebkräften bzw. Faktoren des Populismus lässt sich mit einiger Vereinfachung das folgende gemischte Bild zeichnen. In sozio-ökonomischer Hinsicht erscheinen strukturelle Transformationsmodelle zunächst relativ umfassend angelegt. Sie weisen ein differenziertes analytisches Repertoire zur Erfassung der ökonomischen Voraussetzungen und Folgen nachhaltigkeitsorientierter Transformationen auf. Wenngleich sich strukturelle Transformationsansätze tendenziell eher auf Fragen der (ökonomischen) Produktion von Wohlfahrt und weniger auf deren (soziale) Verteilung beziehen, spielen Aspekte sozialer Ungleichheit und Deprivation, wie sie für die Erklärung von Populismus herangezogen werden, durchaus eine zentrale Rolle.

Dabei bleibt der strukturelle Ansatz tendenziell in der Polanyischen Doppelbewegung von ökonomischer Kommodifizierung und sozialer Sicherung verhaftet. Kulturelle bzw. identitätsbezogene Faktoren – Rassismus, Gender, Post-Kolonialismus – und deren ambivalente Funktion für gesellschaftliche Transformationen (Fraser 2017) spielen in gegenwärtigen strukturellen Modellen sozial-ökologischer Transformation kaum eine

Rolle. Insofern bleibt der Ansatz in Bezug auf die kulturellen Triebkräfte von Populismus tendenziell blind.

Auch in politischer Hinsicht erscheint der strukturelle Ansatz vielfach unbestimmt oder bestenfalls offen. Zwar betonen strukturelle Transformationsansätze die Notwendigkeit einer Demokratisierung gesellschaftlicher Naturverhältnisse (Gottschlich und Hackfort 2016) und es finden sich Bezüge zu radikaldemokratischen Ideen, die vielfach Anklänge an das linkspopulistische Motiv der Entwicklung einer Gegenhegemonie nehmen. Allerdings bleibt analytisch wie praktisch unklar, wie unterschiedliche identitätspolitische Bezugspunkte und ökonomische Interessen der zahlreichen Bewegungsakteure miteinander vermittelt und zu einem schlagkräftigen hegemonialen Gegenprogramm zusammengebracht werden sollen. Auch bleibt die Ausgestaltung radikaldemokratischer Prozesse und ihre Verknüpfung mit Institutionen der liberalen Demokratie unklar. Jedenfalls finden sich keine ausgearbeiteten Vorstellungen dazu, auf der Basis welcher Verfahren nach der Konstituierung einer Gegenhegemonie kollektiv verbindlich regiert werden kann. Insofern erscheinen strukturelle Ansätze in politischer Hinsicht hypertroph – sie überschätzen die Kraft des Politischen im Hinblick auf die Herstellung kollektiv verbindlicher Entscheidungen.

Insgesamt fokussieren strukturelle Ansätze auf die Einbettung sozial-ökologischer Transformationen in sozio-ökonomische Regulationsregime und werfen Licht auf die sozialen Verstrickungen von Nachhaltigkeitstransformationen und Populismus. Allerdings erscheinen sie im Hinblick auf die Berücksichtigung kultureller und politisch-institutioneller Faktoren unterkomplex.

4.2 Systemische Nachhaltigkeitstransformationen und Populismus

Wie ist es um die analytische und handlungspraktische Responsivität systemischer Modelle der Nachhaltigkeitstransformation gegenüber populistischen Dynamiken bestellt? Zunächst einmal sind sozio-ökonomische Analysen und Überlegungen integrale Bestandteile systemischer Transformationsansätze. Gerade im Transition Management, bei dem es um die Entwicklung von durchsetzungsfähigen Nischeninnovationen geht, spielen sozio-ökonomische Faktoren eine bedeutende Rolle. Allerdings deutet sich hier wie in systemischen Ansätzen insgesamt eine Verengung an. So richtet sich das Hauptaugenmerk auf die Produktionsdimension, also die Realisierung von (ökologisch verträglichen) Wohlfahrtsgewinnen durch neue Technologien bzw. die Realisierung von gesamtsystemischer

Resilienz durch die Einhaltung ökologischer Tragfähigkeitsgrenzen. Verteilungsfragen bleiben indes unterbelichtet und werden kaum erschlossen. Sie spielen allenfalls instrumentell zur Herstellung von Akzeptanz von Systemtransformationen eine Rolle. Allerdings gibt es zunehmend kritische Beiträge, die auf eine stärkere Berücksichtigung der sozialen Implikationen von systemischen Transformationen abzielen (Brown 2014).

Bezüge zu einer kulturellen Dimension sind in systemischen Ansätzen allenfalls am Rande von Bedeutung. Sofern überhaupt relevant, wird „Kultur" im Sinne eines systemstabilisierenden Moments oder als Anpassungsressource reflektiert, etwa in Form eines gemeinschaftlichen Gedächtnisses von Anpassungserfahrungen, das im Zuge von kollektiven Anpassungsprozessen aktiviert werden und Orientierung bieten kann (Olsson et al. 2014). Das relative Schweigen über die Kultur darf freilich nicht über die spezifische Kulturalität der normativen wie epistemischen Grundlagen von Systemansätzen hinwegtäuschen. So beruhen diese ganz maßgeblich auf natur- und ingenieurwissenschaftlichen Werten und Wissensformen. Gerade im Kontext von Transition Management nehmen „innovative Vordenker*innen" eine zentrale gestaltende Rolle ein – und in methodologischer Hinsicht wird auf Formen des wissenschaftsbasierten Experimentierens gesetzt. Die daraus erwachsenden Konflikte mit lokal eingebetteten Werten und Identitäten, wie sie auch für den Populismus von Bedeutung sind, werden erst in jüngeren Analysen reflektiert (Guerrero Lara et al. 2019).

Im Unterschied zum strukturellen Ansatz beruhen systemische Modelle auf ausdifferenzierten politischen Vorstellungen in Bezug auf die kollektive Gestaltung und Steuerung von Systemtransformationen. Beispielhaft sind hier die Überlegungen zum Design von Transitionsarenen und zur Gestaltung von Leitbildern und Transitionspfaden. Diese beruhen allerdings häufig auf einer unterkomplexen Analyse ihrer politischen Bedingungen und Implikationen. Charakteristisch ist etwa die Vorstellung, dass systemische Transformationen von „unpolitischen", allein an wissenschaftlicher Evidenz orientierten Akteuren in eigens geschaffenen Governance-Arenen, die abgeschirmt von (durch Irrationalität gekennzeichneten) politischen Prozessen operieren, auf den Weg gebracht werden (Voss und Bornemann 2011). Hier zeichnet sich ein elitistisch-technokratisches Muster ab, das die im Kontext einer Populismus-Analyse sichtbar werdenden Repräsentationsdefizite und die damit verbundenen Tendenzen der Depolitisierung zum Programm macht und verstärkt.

Insgesamt sind systemische Transformationsansätze nur begrenzt dazu in der Lage, die Einbettung sozial-ökologischer Transformationen in populistischen Zeiten zu reflektieren und analytisch wie praktisch zu adressieren. Neben Reflexionslücken in kultureller Hinsicht zeichnen sich insbesondere in politischer Hinsicht expertokratische Verengungen ab, die in der Praxis populistische Tendenzen eher verstärken dürften.

4.3 *Ermöglichende Nachhaltigkeitstransformationen und Populismus*

Fragt man nach den Bezügen des Ermöglichungsansatzes zu Triebkräften des Populismus offenbart sich einmal mehr ein gemischtes Bild. Zunächst scheint der Ermöglichungsansatz stärker als der systemische Ansatz auf die Analyse der sozialen Bedingungen von Transformation gerichtet zu sein. Gemeinschaften werden als zentrale Orte der Aneignung von Fähigkeiten und Wissen zur individuellen wie kollektiven Veränderung von Lebensstilen und -formen in Richtung Nachhaltigkeit gesehen. Dabei sind wahrgenommene Ungleichheiten wichtige Referenzpunkte der Analyse. Aufgrund der Fokussierung auf Formen der lokalen Vergemeinschaftung gerät die Einbettung in übergeordnete sozio-ökonomische Strukturen und Gesamtdynamiken allerdings tendenziell aus dem Blick. So bleibt etwa unklar, wie „befähigte“ Gemeinschaften notwendige Veränderungen herbeiführen können, um struktureller Armut oder Unterdrückung zu entkommen (Scoones et al. 2020). Das liegt auch daran, dass der Fokus der Ansätze tendenziell auf der Reproduktionssphäre liegt, während die Ermöglichungsbedingungen der Produktionssphäre unterbelichtet bleiben.

Kulturelle Aspekte wie Werte und Identität spielen im Ermöglichungsansatz eine zentrale Rolle. Kommunitaristische Orientierungen werden etwa als wichtige Gelingensbedingungen für Transformationen thematisiert. So beruht der insinuierte Mechanismus der Transformation zentral auf der normativen Motivation und Identifikation von Akteuren mit „ihren“ Transformationsprojekten „vor Ort“. Außerdem setzen sie darauf, dass aus spezifischen gemeinschaftlichen Projekten heraus neue („innovative“) kognitive und normative Orientierungen und Praktiken emergieren, die Verbindlichkeit „vor Ort“ erhalten. Allerdings rekurrieren Ermöglichungsansätze analytisch wie praktisch häufig auf globale Nachhaltigkeitsnormen und -diskurse, die in Spannung zu lokalen Werten treten können und darüber hinaus im Rahmen populistischer Narrative als „elitär“ gerahmt werden können.

In politischer Hinsicht thematisieren Ermöglichungsmodelle Formen der Partizipation, die zum Teil durch deliberative Ansätze ergänzt werden. Aktive Beteiligung ist nicht nur in Bezug auf das tägliche Zusammenleben von Transformationsgemeinschaften, sondern auch für die Bearbeitung von Konflikten und das Setzen kollektiv verbindlicher Regeln zentral. In der Fokussierung auf zum Teil ausdifferenzierte Arrangements der Ermächtigung zur selbstwirksamen Gestaltung von Transformationsprozessen „vor Ort“ liegt sicherlich eine dezidierte Antwort auf die politische Responsivitäts- und Repräsentationskrise, die dem Populismus Auftrieb gibt (Scoones et al. 2018). Allerdings ist aus zahlreichen Studien bekannt, dass gerade solche Formen starker Demokratie zu einer Überrepräsentation jener Milieus führt, die über entsprechende Ressourcen verfügen (Dalton 2017).

Insgesamt ist also auch der Ermöglichungsansatz nur ansatzweise für populistische Zeiten gewappnet. Seinem sozio-ökonomischen Potential steht vor allem eine ambivalente Stellung in Bezug auf kulturelle und politisch-institutionelle Faktoren gegenüber.

5 Zusammenfassung und Perspektiven

Wie lassen sich Nachhaltigkeitstransformationen in Zeit des Populismus analysieren und gestalten? Ausgehend von dieser Frage habe ich im vorliegenden Beitrag eine zeitdiagnostische Interpretation des Populismus-Konzepts als Kritikfolie für die Reflexion dreier Ansätze nachhaltigkeitsorientierter Transformation in Anschlag gebracht. Aus der Warte eines zeitdiagnostischen Populismuskonzepts betrachtet, haben die drei Ansätze spezifische „Stärken“, weisen aber auch spezifische „blinde Flecken“ und „Verengungen“ auf. Diese blinden Flecken und Verengungen gehen mit der Gefahr einher, dass Analysen von Transformationsprojekten hinsichtlich ihrer Implikationen für Populismus unterkomplex bleiben. Wenn die entsprechenden Transformationsmodelle bzw. das auf ihrer Grundlage generierte Transformationswissen performativ wird, könnten jene gesellschaftlichen Entwicklungen reproduziert oder verstärkt werden, die Angebot und Nachfrage nach Populismus hervorbringen. Sozial-ökologische Transformationsprojekte würden dann gleichsam selbst zu Treibern, zumindest aber zu Komplizen populistischer Dynamiken.

Für Populismus-sensitive Analysen und Gestaltungen nachhaltigkeitsorientierter Transformationen sollten bestehende Ansätze erweitert bzw. miteinander verbunden werden. Insbesondere könnten durch eine Integration von strukturellen und Ermöglichungsansätzen die jeweiligen blinden Flecken und Verengungen in Bezug auf sozio-ökonomische und kulturelle Faktoren komplementär geschlossen werden. Im Bereich der politisch-institutionellen Triebkräfte des Populismus deutet sich indes eine systematische Lücke an. Keiner der drei Ansätze adressiert in ausreichendem Maße die demokratischen Funktionsdefizite in politischen Systemen, die den Populismus mit hervorbringen. Hier besteht Erweiterungsbedarf in Richtung demokratietheoretischer Reflexionen von Ansätzen der Nachhaltigkeitstransformation. Sehr viel intensiver als bisher wären die demokratischen Implikationen von Nachhaltigkeitstransformationen zu analysieren und bei der Gestaltung von Transformationen zu berücksichtigen. Wie lassen sich Nachhaltigkeitstransformationen im Kontext fortgeschrittener liberaler Demokratien so gestalten, dass sie die durch den Populismus markierte politisch-institutionelle Demokratiekrise nicht noch weiter verschärfen? Solche integrierten und demokratisch erweiterten Transformationsansätze könnten Wege aus der „Klimakrise“ *und* der „großen Regression“ weisen.

6 *Referenzen*

Abromeit, John. 2017. „A Critical Review of Recent Literature on Populism”. *Politics and Governance* 5 (4): 177–186.

Albertazzi, Daniele, und Sean Mueller. 2013. „Populism and Liberal Democracy: Populists in Government in Austria, Italy, Poland and Switzerland“. *Government and Opposition* 48 (3): 343–371.

Beeson, Mark. 2019. *Environmental populism: the politics of survival in the anthropocene*. Singapore: Palgrave Macmillan.

Berkes, Fikret, Johan Colding, und Carl Folke. 2006. *Navigating Social-Ecological Systems. Building Resilience for Complexity and Change.* Reprinted. Cambridge: Cambridge University Press.

Blühdorn, Ingolfur. 2020. „The dialectic of democracy: modernization, emancipation and the great regression“. *Democratization* 27 (3): 389–407.

Blythe, Jessica; Silver, Jennifer; Evans, Louisa; Armitage, Derek; Bennett, Nathan J.; Moore, Michele-Lee; Morrison, Tiffany H., und Katrina Brown. 2018. „The Dark Side of Transformation: Latent Risks in Contemporary Sustainability Discourse“. *Antipode* 50 (5): 1206–1223.

Bornemann, Basil. 2014. *Policy-Integration und Nachhaltigkeit: Integrative Politik in der Nachhaltigkeitsstrategie der deutschen Bundesregierung.* Wiesbaden: Springer VS.

Bornemann, Basil, und Michael Haus. 2019.“ Politische Beteiligung im Kontext post-liberaler Demokratie. Konzept und Kriterien governancialisierter Partizipationspraxis“. In Kluth, Winfried, und Ulrich Smeddinck (Hrsg.). *Bürgerpartizipation – neu gedacht.* Halle (Saale): Universitätsverlag Halle-Wittenberg, 25–57.

Bornschier, Simon; Häusermann, Silja; Zollinger, Delia, und Céline Colombo. 2021. „How ‚Us‘ and ‚Them‘ Relates to Voting Behavior—Social Structure, Social Identities, and Electoral Choice“. *Comparative Political Studies* 54 (12): 2087–2122.

Brand, Karl-Werner. 1997. „Probleme und Potentiale einer Neubestimmung des Projekts der Moderne unter dem Leitbild ‚nachhaltige Entwicklung'. Zur Einführung". In Brand, Karl-Werner (Hrsg.). *Nachhaltige Entwicklung. Eine Herausforderung an die Soziologie*. Opladen: Leske + Budrich, 9–32.

Brand, Karl-Werner. 2002. *Politik der Nachhaltigkeit: Voraussetzungen, Probleme, Chancen – eine kritische Diskussion*. Berlin: Edition Sigma.

Brand, Karl-Werner. 2017. *Die sozial-ökologische Transformation der Welt: Ein Handbuch*. Frankfurt: Campus Frankfurt / New York.

Brand, Karl-Werner. 2018. „Disruptive transformations. Social upheavals and socio-ecological transformation dynamics of modern capitalist societies – a cyclical-structural approach". *Berliner Journal für Soziologie* 28 (3–4): 479–509.

Brand, Ulrich. 2016a. „Beyond Green Capitalism: Social–Ecological Transformation and Perspectives of a Global Green-Left". *Fudan Journal of the Humanities and Social Sciences* 9 (1): 91–105.

Brand, Ulrich. 2016b. „How to get out of the multiple crisis? Contours of a critical theory of social-ecological transformation". *Environmental Values* 25 (5): 503–525.

Brand, Ulrich; Görg, Christoph, und Markus Wissen. 2020. „Overcoming neoliberal globalization: social-ecological transformation from a Polanyian perspective and beyond". *Globalizations* 17 (1): 161–176.

Brown, Katrina. 2014. „Global environmental change I: A social turn for resilience?" *Progress in Human Geography* 38 (1): 107–117.

Canovan, Margaret. 1999. „Trust the People! Populism and the Two Faces of Democracy". *Political Studies* 47 (1): 2–16.

Ćetković, Stefan, und Christian Hagemann. 2020. „Changing climate for populists? Examining the influence of radical-right political parties on low-carbon energy transitions in Western Europe". *Energy Research & Social Science* 66: 101571.

Christen, Marius, und Stephan Schmidt. 2012. „A Formal Framework for Conceptions of Sustainability – a Theoretical Contribution to the Discourse in Sustainable Development". *Sustainable Development* 20 (6): 400–410.

Dalton, Russell. 2017. *The participation gap: Social status and political inequality*. Oxford: Oxford University Press.

Feola, Giuseppe. 2015. „Societal transformation in response to global environmental change: A review of emerging concepts". *Ambio* 44 (5): 376–390.

Fraser, Nancy. 2017. „A Triple Movement? Parsing the Politics of Crisis after Polanyi". In Burchardt, Marian; und Kirn, Gal. *Beyond Neoliberalism: Social Analysis after 1989*. Cham: Springer International Publishing, 29–42.

Fraune, Cornelia, und Michèle Knodt. 2018. „Sustainable energy transformations in an age of populism, post-truth politics, and local resistance". *Energy Research & Social Science* 43: 1–7.

Geels, Frank. 2011. „The multi-level perspective on sustainability transitions: Responses to seven criticisms". *Environmental Innovation and Societal Transitions* 1 (1): 24–40.

Geiselberger, Heinrich. 2017. *Die grosse Regression: eine internationale Debatte über die geistige Situation der Zeit*. Berlin: Suhrkamp.

Görg, Christoph; Brand, Ulrich; Haberl, Helmut; Hummel, Diana; Jahn, Thomas, und Stefan Liehr. 2017. „Challenges for social-ecological transformations: Contributions from social and political ecology". *Sustainability* 9 (7).

Gottschlich, Daniela, und Sarah Hackfort. 2016. „Democratization of societal relations with nature. the relevance of political ecology's perspective". *Politische Vierteljahresschrift* 57 (2): 300–322.

Greven, Michael. 2013. *Die Politische Gesellschaft. Kontingenz und Dezision als Probleme des Regierens und der Demokratie*. Nashville: Abingdon.

Guerrero Lara, Leonie; Pereira, Laura; Ravera, Federica, und Amanda Jiménez-Aceituno. 2019. „Flipping the Tortilla: Social-Ecological Innovations and Traditional Ecological Knowledge for More Sustainable Agri-Food Systems in Spain". *Sustainability* 11 (5).

Haas, Tobias. 2020. „Die Lausitz im Strukturwandel: Coal phase-out in the area of conflict between authoritarian populism and progressive renewal". *PROKLA. Zeitschrift für kritische Sozialwissenschaft* 50 (198): 151–169.

Hamilton, Clive; Bonneuil, Christophe, und François Gemenne. 2015. *The anthropocene and the global environmental crisis: Rethinking modernity in a new epoch*. London: Routledge.

Hawkins, Kirk A. 2009. „Is Chávez Populist?: Measuring Populist Discourse in Comparative Perspective". *Comparative Political Studies* 42 (8): 1040–1067.

Huber, Robert; Maltby, Tomas; Szulecki, Kacper, und Stefan Ćetkovic. 2021. „Is populism a challenge to European energy and climate policy? Empirical evidence across varieties of populism". *Journal of European Public Policy* 28 (7), 998–1017.

Inglehart, Ronald, und Pippa Norris. 2016. *Trump, Brexit, and the Rise of Populism: Economic Have-Nots and Cultural Backlash*. Rochester: Social Science Research Network.

Inglehart, Ronald, und Christian Welzel. 2005. *Modernization, cultural change, and democracy: the human development sequence*. Cambridge: Cambridge University Press.

Jacob, Klaus; Schaller, Stella, und Alexander Carius. 2020. „Populismus und Klimapolitik in Europa". In Kaeding, Michael; Müller, Manuel, und Julia Schmälter (Hrsg.). *Die Europawahl 2019: Ringen um die Zukunft Europas*. Wiesbaden: Springer Fachmedien, 301–311.

Jörke, Dirk, und Veith Selk. 2017. *Theorien des Populismus zur Einführung*. Hamburg: Junius.

Kemp, René; Loorbach, Derk, und Jan Rotmans. 2007. „Transition management as a model for managing processes of co-evolution towards sustainable development". *The International Journal of Sustainable Development and World Ecology* 14 (1): 78–91.

Kriesi, Hanspeter; Grande, Edgar; Lachat, Romain; Dolezal, Martin; Bornschier, Simon, und Timotheos Frey. 2006. „Globalization and the transformation of the national political space: Six European countries compared". *European Journal of Political Research* 45 (6): 921–956.

Kroll, Christian, und Vera Zipperer. 2020. „Sustainable Development and Populism". *Ecological Economics* 176.

Lara, María. 2018. „A conceptual analysis of the term 'populism'". *Thesis Eleven* 149 (1): 31–47.

Lockwood, Matthew. 2018. „Right-wing populism and the climate change agenda: exploring the linkages". *Environmental Politics* 27 (4): 712–732.

Luks, Fred. 2019. „(Große) Transformation – die neue große Nachhaltigkeitserzählung?". In Luks, Fred (Hrsg.). *Chancen und Grenzen der Nachhaltigkeitstransformation: Ökonomische und soziologische Perspektiven*. Wiesbaden: Springer Fachmedien, 3–18.

Mamonova, Natalia, und Jaume Franquesa. 2020. „Populism, Neoliberalism and Agrarian Movements in Europe. Understanding Rural Support for Right-Wing Politics and Looking for Progressive Solutions". *Sociologia Ruralis* 60 (4): 710–731.

Manow, Philip. 2018. *Die Politische Ökonomie des Populismus*. Berlin: Suhrkamp Verlag.

McCarthy, James. 2019. „Authoritarianism, Populism, and the Environment: Comparative Experiences, Insights, and Perspectives". *Annals of the American Association of Geographers* 109 (2): 301–313.

Moffitt, Benjamin. 2016. *The global rise of populism: performance, political style, and representation*. Stanford: Stanford University Press.

Mouffe, Chantal. 2018. *For a left populism*. London: Verso.

Mudde, Cas. 2021. „Populism in Europe: An Illiberal Democratic Response to Undemocratic Liberalism (The Government and Opposition/Leonard Schapiro Lecture 2019)". *Government and Opposition* 56 (4): 577–597.

Mudde, Cas, und Cristóbal Rovira Kaltwasser. 2012. *Populism in Europe and the Americas: Threat Or Corrective for Democracy?* Cambridge: Cambridge University Press.

Mudde, Cas, und Cristóbal Rovira Kaltwasser. 2017. *Populism: a very short introduction*. New York: Oxford University Press.

Müller, Jan-Werner. 2016. *What is populism?* Philadelphia: University of Pennsylvania Press.

Müller, Michael. 2019. „Narrative, Erzählungen und Geschichten des Populismus. Versuch einer begrifflichen Differenzierung". In Müller, Michael, und Jørn Precht. *Narrative des Populismus: Erzählmuster und -strukturen populistischer Politik*. Wiesbaden: Springer Fachmedien, 1–10.

Nachtwey, Oliver. 2018. *Germany's hidden crisis: social decline in the heart of Europe*. London: Verso.

Olsson, Per; Galaz, Victor, und Wiebren Boonstra. 2014. „Sustainability transformations: a resilience perspective". *Ecology and Society* 19 (4).

Radtke, Jörg, und Miranda A. Schreurs. 2019. „Klimaskeptizismus und populistische Bewegungen in Europa und den USA". In Radtke, Jörg; Canzler, Weert; Schreuers, Miranda, und Stefan Wurster. *Energiewende in Zeiten des Populismus.* Wiesbaden: Springer Fachmedien, 145–179.

Reckwitz, Andreas. 2020. *Die Gesellschaft der Singularitäten. Zum Strukturwandel der Moderne*. Erscheinungsort nicht ermittelbar: Berlin: Suhrkamp.

Rosanvallon, Pierre. 2020. *Das Jahrhundert des Populismus: Geschichte, Theorie, Kritik*. Hamburg: Hamburger Edition.

Rummens, Stefan. 2017. „Populism as a threat to liberal democracy". In Rovira Kaltwasser, Cristóbal; Taggart, Paul; Ochoa Espejo, Paulina, und Pierre Ostiguy (Hrsg.). *The Oxford handbook of populism*. Oxford: Oxford University Press.

Schäfer, Armin. 2015. *Der Verlust politischer Gleichheit: Warum die sinkende Wahlbeteiligung der Demokratie schadet*. Frankfurt a.M.: Campus Verlag.

Schäfer, Armin, und Michael Zürn. 2021. *Die demokratische Regression: die politischen Ursachen des autoritären Populismus*. Berlin: Suhrkamp.

Scoones, Ian; Edelman, Marc; Borras Jr, Saturnino; Hall, Ruth; Wolford, Wendy und Ben White. 2018. „Emancipatory rural politics: confronting authoritarian populism". *The Journal of Peasant Studies* 45 (1): 1–20.

Scoones, Ian; Leach, Melissa, und Peter Newell. 2015. *The politics of green transformations*. London: Routledge.

Scoones, Ian; Stirling, Andrew; Abrol, Dinesh; Atela, Joanes; Charli-Joseph, Lakshmi; Eakin, Hallie; Ely, Adrian; Olsson, Per; Pereira, Laura; Priya, Ritu; van Zwanenberg, Patrick, und Lichao Yang. 2020. „Transformations to sustainability: combining structural, systemic and enabling approaches". *Current Opinion in Environmental Sustainability* 42: 65–75.

Selk, Veith; Kemmerzell, Jörg, und Jörg Radtke. 2019. „In der Demokratiefalle? Probleme der Energiewende zwischen Expertokratie, partizipativer Governance und populistischer Reaktion". In Radtke, Jörg; Canzler, Weert; Schreurs, Miranda, und Stefan Wurster (Hrsg.). *Energiewende in Zeiten des Populismus.* Wiesbaden: Springer Fachmedien, 31–66.

Urbinati, Nadia. 2014. *Democracy disfigured: opinion, truth, and the people*. Cambridge: Harvard University Press.

Urbinati, Nadia. 2019. *Me the people: how populism transforms democracy*. Cambridge: Harvard University Press.

Voss, Jan-Peter, und Basil Bornemann. 2011. „The politics of reflexive governance: challenges for designing adaptive management and transition management". *Ecology and Society* 16 (2).

Praktische Herausforderungen

Die Ungleichverteilung von Engagement und Beteiligung in Deutschland – Herausforderung für eine gelingende Nachhaltigkeitstransformation

Lena Siepker

1 Einleitung

Die Möglichkeiten von Bürger*innen, politische Prozesse im demokratischen System Deutschlands zu beeinflussen, wurden in den letzten Jahren sowohl vielfältiger als auch immer häufiger in Anspruch genommen. Dennoch ist unter Politikwissenschaftler*innen eine Debatte um die Frage nach einer „Krise der Demokratie" entbrannt. Während einige eine solche Krise auf die traditionellen Institutionen der repräsentativen Demokratie beschränkt sehen (Merkel und Krause 2015; Pogrebinschi 2015; Lietzmann 2016), diagnostizieren andere einen darüberhinausgehenden Qualitätsverlust des demokratischen Systems (vgl. v.a. Schäfer 2015). Ein weitgehender Konsens scheint allerdings in der Feststellung eines Zusammenhangs zu einer zunehmenden Ungleichverteilung bürgerschaftlichen Engagements und politischer Beteiligung zu bestehen, die Roth (2016) als zentrale demokratiepolitische Herausforderung unserer Zeit beschreibt.

Weitaus weniger Beachtung als in der Demokratietheorie, der empirischen Partizipationsforschung und demokratiepolitischen Diskursen findet das Problem der zunehmenden sozialen Stratifizierung politischer Einflussmöglichkeiten in den Bereichen von Nachhaltigkeitspolitik und Nachhaltigkeitsforschung. Dabei bleibt die zunehmende Ungleichverteilung von Engagement und Beteiligung aus Sicht dieses Beitrags nicht folgenlos für das Ziel einer Nachhaltigkeitstransformation – eine der komplexesten und drängendsten politischen Aufgaben unserer Zeit.

Der vorliegende Beitrag versucht deshalb, die negativen Folgen der Ungleichverteilung von Engagement und Beteiligung für die Nachhaltigkeitstransformation näher zu entfalten und zentrale Lösungsansätze zu skizzieren. Dazu muss zunächst ein näheres Verständnis der Trendentwicklungen bürgerschaftlichen Engagements und politischer Beteiligung in Deutschland sowie der Ursachen der angesprochenen Ungleichverteilung entwickelt werden (vgl. Kap. 2).[1] Hierbei zeigt sich, dass die Wahrscheinlichkeit, sich zu engagieren oder zu beteiligen, eng mit sozioökonomischen Faktoren zusammenhängt, weshalb wir von einer strukturellen Benachteiligung bestimmter gesellschaftlicher Gruppen ausgehen können.

Es besteht also praktisch nicht für alle Bürger*innen gleichermaßen die Möglichkeit der Einflussnahme auf politische Prozesse und damit der Mitgestaltung der individuellen und sozialen Lebensbedingungen innerhalb des gesellschaftlichen Systems. Werden Bedürfnisse und Interessen unterrepräsentierter Gruppen nicht angemessen berücksichtigt, kann das zu einer verringerten oder fehlgeleiteten Wirkung politischer Maßnahmen und der Verschärfung sozialer Konfliktlinien bzw. einer sinkenden Kooperationsbereitschaft und Akzeptanz politischer Entscheidungen führen (vgl. Kap. 3). Nachhaltigkeits-Policies erzielen dann möglicherweise unintendiert nicht-nachhaltige Wirkungen und können Benachteiligungssituationen weiter verschärfen, wie sich mit Brocchi (2019) u.a. am Beispiel fehlgeleiteter Monetarisierung schädlicher Umweltfolgen zeigen lässt. Darüber hinaus betont der vorliegende Beitrag die Notwendigkeit umfassender gesellschaftlicher Kooperation und breiter Akzeptanz für eine Nachhaltigkeitstransformation, die nicht nur systemimmanente Anpassungen vorsieht und warnt davor, dass Benachteiligungssituationen gegeneinander ausgespielt werden (vgl. Kap. 4).

In Reaktion auf die beschriebenen Herausforderungen werden abschließend vier Lösungsansätze skizziert, die bei der Förderung substanzieller politischer Gleichheit, der Frage der Erweiterung und Inklusivität zivilgesellschaftlicher Einflussmöglichkeiten, der Stärkung der Responsivität politischer Entscheidungsträger*innen gegenüber benachteiligten gesellschaftlichen Gruppen und der Integration von Nachhaltigkeit in das Gemeinwohlverständnis ansetzen (Kap. 5). Diese Ansatzpunkte zur Überwindung der identifizierten Herausforderungen können als Grundlagenarbeit und Inspiration für weitergehende Handlungsempfehlungen verstanden werden.

---

1 S. Kap. 2 auch für die Klärung des zugrundeliegenden Begriffsverständnisses von ‚bürgerschaftlichem Engagement' und ‚politischer Beteiligung'.

2 *Trendentwicklungen bürgerschaftlichen Engagements und politischer Beteiligung in Deutschland*

Das demokratische System Deutschlands umfasst eine große Bandbreite verschiedenster Möglichkeiten zur zivilgesellschaftlichen Einflussnahme auf politische Prozesse. Ein Ansatz dafür diese zu systematisieren beruht auf der Unterscheidung zwischen bürgerschaftlichem Engagement und politischer Beteiligung – auch wenn eine trennscharfe Abgrenzung in der politischen Praxis nicht in allen Fällen möglich ist und sich Mischformen zeigen (vgl. auch ENGAGE 2020). Während ‚bürgerschaftliches Engagement' freiwillige Aktivitäten wie das Engagement in Vereinen, Verbänden, Parteien oder weniger formalisierten, selbstorganisierten Initiativen umfasst, die auf der Eigeninitiative von Bürger*innen beruhen, beschreibt ‚politische Beteiligung' die verschiedenen, durch staatliche Akteure bzw. (politische) Entscheidungsträger*innen initiierten und teilweise auch gesetzlich vorgeschriebenen Formen der politischen Mitbestimmung, z.B. Wahlen, Bürger- und Volksentscheide oder informelle, dialogorientierte Beteiligung (wie etwa Bürgerräte, Kinder- und Jugendparlamente, Bürgerhaushalte oder Bürgerdialoge).

Im Verlauf des letzten Jahrzehnts haben zivilgesellschaftliches Engagement und politische Beteiligung insgesamt zugenommen, d.h. deutschlandweit engagieren und beteiligen sich immer mehr Bürger*innen (ENGAGE 2021[2]). Gleichzeitig unterliegt die Struktur der Engagement- und Beteiligungslandschaft einem dynamischen Wandel: Neue Engagement- und Beteiligungsformen kommen auf, die von bestimmten sozialen Gruppen stärker genutzt werden als von anderen; die quantitative Bedeutung und auch die Integrationskraft einzelner Engagement- und Beteiligungsformen verändern sich. Dieser Wandel beeinflusst damit auch, wer in welcher Form im demokratischen System repräsentiert ist. Schaut man sich

---

2 Die Referenz bezieht sich auf eine umfassende Trendanalyse zur Engagement- und Beteiligungslandschaft in Deutschland, die im Rahmen des BMBF-geförderten Projekts „ENGAGE – Engagement für nachhaltiges Gemeinwohl" (Förderkennzeichen 01UG1911) vorgelegt wurde. Die Analyse von Trends im Bereich freiwilligen Engagements basiert dabei auf Daten des Deutschen Freiwilligensurveys (Simonson et al. 2017), der Umweltbewusstseinsstudien des Umweltbundesamtes (Wippermann et al. 2008; Borgstedt et al. 2010; Scholl et al. 2014) und sekundären Forschungsergebnissen. Zur Untersuchung formeller Beteiligung wurden ebenfalls sekundäre Forschungsergebnisse herangezogen und zur Untersuchung informeller Beteiligung wurden (mithilfe von Telefoninterviews, eines eigens entwickelten teilautomatisierten und digitalen Erhebungsinstruments sowie Online-Recherchen) eigene Daten erhoben bzw. zusammengetragen.

entsprechende Trendentwicklungen genauer an, fällt in der Gesamtschau eine zunehmende Ungleichverteilung bürgerschaftlichen Engagements und politischer Beteiligung in der Bevölkerung auf. Diese weckt Zweifel an der Verwirklichung des demokratischen Ideals politischer Gleichheit und spielt eine wesentliche Rolle bei der Diagnose eines Qualitätsverlusts des demokratischen Systems (Schäfer 2015) bzw. der bereits in der Einleitung angesprochenen Debatte um eine mögliche Krise der Demokratie.

Im Einzelnen lassen sich die zu beobachtenden Trendentwicklungen wie folgt beschreiben: Während traditionelle, stärker formalisierte Formen des Engagements und der Beteiligung wie das Engagement in Verbänden oder die Beteiligung durch Wahlen an Bedeutung verloren haben, verzeichnen flexibles und selbstorganisiertes Engagement (z.B. selbstorganisierte Initiativen) und informelle Beteiligungsformen wie dialogorientierte Beteiligung, aber auch direktdemokratische Verfahren (z.B. Bürger- oder Volksbegehren) einen signifikanten Zuwachs (ENGAGE 2021). Lietzmann spricht in diesem Kontext auch von einer Krise des „Standard-Modells der repräsentativen Demokratie" (Lietzmann 2016, S. 53).

Seit den 1980er Jahren ist die Wahlbeteiligung auf kommunaler, Landes- und Bundesebene kontinuierlich zurückgegangen und Verbände weisen zwar immer noch hohe Mitgliedszahlen auf, nur 2,12% der Engagierten aber üben ihre zeitintensivste freiwillige Tätigkeit noch in Verbänden aus (Schäfer 2016; ENGAGE 2021). Dabei gelten Wahlen als demokratisches Instrument, mit dessen Hilfe die Repräsentation verschiedener sozialer Schichten und Milieus bisher noch am besten gelungen ist und Verbände waren bisher im Vergleich zu anderen Formen des Engagements in besonderer Weise in der Lage auch Gruppen mit niedrigerem sozioökonomischem Status, genauer Personen mit niedrigeren Bildungsabschlüssen und Erwerbslose, zu integrieren (Simonson et al. 2017). Mit ihrem Bedeutungsverlust büßen insbesondere Wahlen zugleich an Inklusionspotenzial ein: (Erst) mit dem Rückgang der Wahlbeteiligung haben Schäfer (2016) zufolge auch die Beteiligungsunterschiede zwischen den sozialen Gruppen zugenommen. Die Wahlbeteiligung sinke zwar in allen sozialen Schichten, der stärkste Rückgang zeige sich aber unter Bürger*innen mit geringer Bildung, niedriger Schichtzugehörigkeit und geringem Einkommen (ebd.).

Weniger formalisierte Engagementformen wie selbstorganisierte Initiativen, die einen großen Zuwachs verzeichnen, werden zwar vergleichsweise häufig von in formalisierten Engagementformen eher unterrepräsentierten Gruppen wie jungen Menschen, Frauen und Erwerbslosen genutzt, scheinen aber ebenso attraktiv für prinzipiell überdurchschnittlich Engagierte, insbesondere Personen mit hohen Bildungsabschlüssen, zu sein

(Simonson et al. 2017). Im Bereich informeller Beteiligung bestätigen sich weitgehend die Muster ungleicher Beteiligung wie sie auch in formellen Beteiligungsformen zu finden sind. Sozioökonomisch benachteiligte Gruppen, Frauen und junge Menschen sind demnach auch dort tendenziell unterdurchschnittlich oft beteiligt (ENGAGE 2021).

Um den empirischen Befund zur Verteilung von Engagement und Beteiligung in der Bevölkerung im Licht des Wandels der Engagement- und Beteiligungslandschaft noch einmal zusammenzufassen, ist schließlich festzuhalten, dass

1. ein Bedeutungsverlust traditioneller Formen politischer Beteiligung und bürgerschaftlichen Engagements vorliegt, der mit einem Verlust ihres Inklusionspotenzials verbunden ist, während
2. neue, eher informelle Engagement- und Beteiligungsformen, die an Bedeutung gewinnen, tendenziell unterrepräsentierte Gruppen nur teilweise besser integrieren und in vielen Fällen bestehende Muster ungleichen Engagements und ungleicher Beteiligung reproduzieren.

Zwar sprechen außerdem verschiedene Engagement- und Beteiligungsformen durchaus unterschiedliche soziale Gruppen an, sozioökonomisch schwächere Bürger*innen stellen aber eine prinzipiell in allen Formen bürgerschaftlichen Engagements und politischer Beteiligung unterrepräsentierte Gruppe dar (ENGAGE 2021). Die Wahrscheinlichkeit sich zu engagieren oder politisch zu beteiligen sinkt mit abnehmendem sozioökonomischem Status (ebd.). Engagement und Beteiligung sind damit nicht gleichverteilt, sondern (zunehmend) sozial stratifiziert.

3 Strukturelle Ursachen der zunehmenden Ungleichverteilung von Engagement und Beteiligung

Der enge Zusammenhang zwischen Engagement- bzw. Beteiligungswahrscheinlichkeit und sozioökonomischem Status gibt Grund zur Annahme, dass die beschriebenen, weniger engagierten und beteiligten Gruppen nicht einfach selbstgewählt, sondern aufgrund struktureller Benachteiligung unterrepräsentiert sind. Schäfer (2016) führt diese Benachteiligung u.a. auf das Fehlen von erforderlichen Ressourcen (neben materiellen Ressourcen auch erlernte Fähigkeiten und Kompetenzen) sowie zeitlichen Kapazitäten für Engagement und Beteiligung zurück. Dabei wirke sich nicht nur deren absoluter Mangel negativ aus, sondern bereits eine relative Schlechterstellung im Vergleich zu sozioökonomisch bessergestellten Gruppen (ebd.). Dieser Effekt verstärke sich außerdem, je anspruchsvoller die Beteiligungsform sei (Schäfer 2015). Das wirft im Besonderen die Frage nach der Inklusivität informeller, dialogintensiver Beteiligungsformen auf, die aktuell einen enormen Aufschwung erleben und vergleichsweise voraussetzungsreich sind hinsichtlich der Ressourcen und Kapazitäten, die den Beteiligten abverlangt werden.[3] Auch für flexibles, selbstorganisiertes Engagement haben sich Zuwächse v.a. unter Personen mit hohen Bildungsabschlüssen gezeigt. Dies könnte ebenfalls dafürsprechen, dass hohe Anforderungen, hier an die für das Engagement nötigen Ressourcen bzw. Fähigkeiten, eine Teilnahmehürde darstellen. Insofern selbstorganisiertes Engagement nicht schon einen formalen Rahmen für die Ausübung des Engagements vorgibt, sondern ein solcher Rahmen vielmehr erst geschaffen werden muss, bedarf es zumindest eines gewissen Maßes an Gestaltungskompetenz.

Schäfer zufolge betrifft jedoch nicht nur die ressourcenabhängige Möglichkeit bzw. Fähigkeit sich zu engagieren und zu beteiligen die Bereitschaft dazu, sondern auch das Problem struktureller Benachteiligung: Auch Einstellungen, welche die Beteiligungswahrscheinlichkeit senken wie z.B. politisches Desinteresse oder ein geringes Vertrauen in die eigene Selbstwirksamkeit seien eng an den sozioökonomischen Status gebunden (ebd.). Sozioökonomisch benachteiligte Gruppen hätten oft den Glauben daran verloren, politisch etwas verändern (und sich gegen Bessergestellte durchsetzen) zu können (ebd.). Elsässer et al. (2021) zeigen, dass dieser Vertrauens- und Glaubensverlust empirisch tatsächlich nicht rückhaltlos ist: Sozioökonomisch benachteiligte Gruppen engagieren und beteiligen sich nicht nur weniger häufig als andere soziale Gruppen, auch die Responsivität politischer Akteure ihnen gegenüber sei geringer als die Responsivität gegenüber Gruppen mit höherem sozioökonomischem Status – und zwar unabhängig von der parteipolitischen Prägung der jeweiligen Entscheidungsträger*innen. Beispielsweise setze der Deutsche Bundestag Politikänderungen eher um, wenn diese von Berufsgruppen mit höherem sozialem Status (etwa Beamt*innen und Selbständigen) und höheren Bildungs- und Einkommensgruppen befürwortet würden (ebd.). Schäfer (2015) sieht dadurch eine ungünstige, sich selbst verstärkende Wir-

3 Zu berücksichtigen ist dabei natürlich, dass dialogorientierte Beteiligung sehr vielgestaltig ist und allein der Zeitaufwand je nach Format von einer einmaligen Abendveranstaltung über eine mehrtägige Veranstaltung bis hin zu regelmäßigen Sitzungen variieren kann. Teilweise wird zudem durch Maßnahmen wie Aufwandsentschädigungen, Betreuungsangebote für Kinder oder pflegebedürftige Angehörige, Informationsangebote oder eine angepasste methodische Gestaltung des jeweiligen Beteiligungsverfahrens versucht Teilnahmehürden zu senken.

kungskette aus wachsender sozialer Ungleichheit, ungleicher politischer Beteiligung und schließlich Entscheidungen zugunsten der politisch Aktiven in Gang gesetzt, in deren Folge Nichtbeteiligte (erneut) benachteiligt würden. Die gleiche Chance auf Berücksichtigung ist damit nicht für alle vorliegenden Interessen innerhalb des demokratischen Systems gewährleistet.

4 Auswirkungen der zunehmenden Ungleichverteilung von Engagement und Beteiligung auf das Ziel der Nachhaltigkeitstransformation

Die negativen Auswirkungen der strukturellen Benachteiligung weniger politisch aktiver Gruppen reichen noch viel weiter als die mit Rekurs auf Schäfer (2015) beschriebene ungünstige Wirkungskette aus sozialer Benachteiligung, politischer Nicht-Beteiligung, mangelnder Responsivität seitens politischer Entscheidungsträger*innen und erneuter Benachteiligung sozialer Gruppen mit niedrigem sozioökonomischem Status. Negativ beeinflusst werden auch die Qualität und Legitimität der im demokratischen System stattfindenden politischen Prozesse und ihrer Ergebnisse selbst – mit wiederum negativen Folgen für die Funktionsweise des demokratischen Systems.

Aus Perspektive eines neorepublikanistischen Demokratieverständnisses, dem dieser Beitrag folgt, behindert sozial stratifizierte Beteiligung das zentrale Anliegen der demokratischen Ordnung, nämlich Bürger*innen (gleichermaßen) zu ermöglichen, das gesellschaftliche System und damit ihre individuellen und sozialen Lebensbedingungen selbst mitzugestalten (Cannavò 2016). Der demokratische Grundsatz politischer Gleichheit wird verfehlt, wenn *und* weil gleiche Teilhabechancen nicht gewährleistet sind und die Freiheit der (benachteiligten) Bürger*innen (im neorepublikanistischen Sinn als Freiheit von willkürlicher Beherrschung gedacht) gefährdet wird (ebd.). Benachteiligte Gruppen haben infolge der hier beschriebenen Ungleichheit aktuell also geringere Einflussmöglichkeiten auf die Gestaltung des gesellschaftlichen Systems. Die Wahrscheinlichkeit, dass ihre Interessen, Bedürfnisse und Lebensumstände im Rahmen politischer Prozesse adäquat berücksichtigt werden, sinkt daher. Das birgt nicht nur die Gefahr der mangelnden Wirksamkeit politischer Lösungen für gesellschaftliche Problemlagen, insofern nicht alle Lebensrealitäten angemessen im Blick sind; wenn das soziale Ungleichheitsgefüge und ungleiche Möglichkeiten der politischen Einflussnahme als ungerecht wahrgenommen werden, können zudem soziale Konflikte entstehen und der gesellschaftliche Zusammenhalt bzw. die Kooperationsbereitschaft innerhalb der Bürgerschaft schwinden. Eine Verschärfung gesellschaftlicher Konfliktlinien und sinkende Dialogbereitschaft erschweren die konstruktive demokratische Debatte und mindern die Akzeptanz politischer Entscheidungen. Die von Schäfer (2015) diagnostizierte Krise des demokratischen Systems, die als Repräsentationskrise verstanden werden kann, hat Schäfer und Zürn (2021) zufolge schließlich auch zu einer Entfremdung von der Demokratie geführt und den Aufstieg autoritär-populistischer Parteien ermöglicht.[4]

Besonders problematisch sind diese weitreichenden Folgen der zunehmenden Ungleichverteilung von Engagement und Beteiligung für das politische Ziel einer Nachhaltigkeitstransformation als eine der komplexesten und drängendsten politischen Aufgaben unserer Zeit, die alle Bereiche des gesellschaftlichen Lebens berührt. Mit der Nachhaltigkeitstransformation angesprochen ist das Anliegen einer nachhaltigen Umgestaltung[5] der Gesellschaft in Reaktion auf die sich zuspitzende(n) sozial-ökologische(n) Krise(n). Im Zentrum steht dabei das Ziel ein „gutes Leben“ für alle zu ermöglichen – unter der Berücksichtigung intra- und intergenerationaler Gerechtigkeitsansprüche (d.h. auch der Bedürfnisse andernorts und künftig lebender Menschen) sowie der biophysischen Grenzen unserer Erde (vgl. u.a. UN 1987; Rockström et al. 2009; Fuchs et al. 2021). Dazu bedarf es nicht nur systemimmanenter Anpassungen im Sinne der Effizienzsteigerung, sondern auch struktureller Umgestaltung vor dem Hintergrund der Notwendigkeit suffizienter Lebens- und Wirtschaftsweisen, die die begrenzten Ressourcen unserer Erde nicht überfordern. Darüber hinaus erfordert eine nachhaltige (Um-)Gestaltung der Gesellschaft neben der Reaktion auf die Benachteiligung andernorts und künftig lebender Gruppen auch die Bekämpfung ungerechter Strukturen innerhalb der eigenen Gesellschaft.

Eine erste zentrale Herausforderung, die sich aus den beschriebenen Folgen der zunehmenden Ungleichverteilung von Engagement und Beteiligung für die Förderung einer so verstandenen Nachhaltigkeitstransfor-

---

4 Neben dem hier entfalteten Problem der Ungleichverteilung von Engagement und Beteiligung und der ungleichen Responsivität politischer Akteure verweisen Schäfer und Zürn (2021) auf eine zweite Entwicklung, der eine zentrale Rolle bei der Diagnose der Krise des demokratischen Systems und der Entfremdung von der Demokratie zugeschrieben wird: die Entmachtung von Parlamenten, d.h. die Verschiebung politischer Macht zu nicht majoritären Institutionen wie Zentralbanken, Verfassungsgerichten und internationalen Institutionen.

5 Der Begriff „nachhaltige Umgestaltung“ meint im Rahmen dieses Beitrags nicht einfach eine nachhaltige im Sinne von „auf Dauer gestellte“ Umgestaltung, sondern eine an sozial-ökologischen Nachhaltigkeitsprinzipien ausgerichtete Umgestaltung.

mation ergibt, schließt an die oben genannte Gefahr der mangelnden Wirksamkeit politischer Lösungen an, wenn diese die Lebensrealitäten unterrepräsentierter Gruppen nur unzureichend berücksichtigen. Politische Maßnahmen zur nachhaltigen (Um-)Gestaltung der Gesellschaft, welche die Bedürfnisse und Interessen benachteiligter und im politischen System unterrepräsentierter Bürger*innen nicht ausreichend einbeziehen, laufen Gefahr, weniger effektiv zu sein und im schlimmsten Fall soziale Ungleichheiten, die bisweilen auch das Streben nach sozialer Distinktion über Konsummöglichkeiten befeuern, weiter zu verschärfen (Brocchi 2019).

Brocchi (2019) erläutert dieses Problem fehlgeleiteter politischer Steuerung am Beispiel des Versuchs, negative Folgen nicht-nachhaltiger Konsum- und Produktionsmuster für die Umwelt mithilfe ihrer Monetarisierung (z.B. die Bepreisung von CO_2-Emissionen) zu internalisieren. Es geht dabei nicht darum, das Instrument der Einpreisung negativer Effekte auf die Umwelt als solches infrage zu stellen. Es geht vielmehr darum, darauf aufmerksam zu machen, dass die Kontextbedingungen der Einführung eines solchen Instruments, genauer das Problem sozialer Ungleichheit, angemessen berücksichtigt werden müssen, wenn das genannte Instrument die intendierte Wirkung auch tatsächlich erzielen soll. Ist keine Differenzierung vorgesehen, die verschiedene Lebensumstände berücksichtigt, werden weniger finanzstarke, im politischen Entscheidungsprozess unterrepräsentierte Gruppen durch das Instrument der Monetarisierung relativ benachteiligt. Brocchi (2019) verweist auf die drohende Konsequenz, dass sich soziale Ungleichheit weiter verschärfe und der Statussymbolcharakter und damit die gesellschaftliche Bedeutung von Konsummöglichkeiten verstärkt werde. Das genannte Beispiel deutet darauf hin, dass ungerechte Machtstrukturen einflussreicheren Gruppen die Möglichkeit bieten, Verantwortung (in diesem Fall für negative ökologische Effekte) an sozial benachteiligte und weniger einflussreiche Gruppen zu delegieren. Diese Machtdivergenzen erleichtern es einflussreichen Gruppen mit hohem sozioökonomischem Status damit auch, nicht nachhaltige Lebens- und Wirtschaftsweisen fortzuführen. Kann Verantwortung delegiert werden, steigt nach Brocchi (2019) möglicherweise ebenfalls die Risikobereitschaft bessergestellter Gruppen, während die Akzeptanz nachhaltigkeitspolitischer Maßnahmen durch benachteiligte Gruppen zu sinken droht – womit schon die folgende Herausforderung angesprochen ist.

Diese zweite zentrale Herausforderung, die sich aus der „Repräsentationskrise“ für die Förderung der Nachhaltigkeitstransformation ergibt, knüpft an das ebenfalls bereits angesprochene Problem sich verschärfender gesellschaftlicher Konfliktlinien und eines sinkenden Kooperationswillens auf Seiten benachteiligter Gruppen an. Beides wirkt sich destruktiv auf den politischen Prozess der nachhaltigen (Um-)Gestaltung der Gesellschaft aus, insofern gesellschaftlicher Zusammenhalt, Kooperation und breite Akzeptanz wichtige Voraussetzungen für einen umfassenden und tiefgreifenden Wandel sind wie ihn eine wirksame Nachhaltigkeitstransformation erfordert, d.h. einen Wandel, der sämtliche gesellschaftlichen und politischen Sachbereiche umfasst und über systemimmanente Anpassungen hinausgeht. Wird die Ungleichverteilung politischer Einflussmöglichkeiten als ungerecht empfunden und sinkt in der Folge das Vertrauen in politische Eliten, beeinflusst das möglicherweise auch die Akzeptanz gegenüber der von ihnen gestalteten Nachhaltigkeitspolitik negativ, die dann nicht als demokratisch legitimiert, sondern als von außen aufgezwungen empfunden wird. Diese Gefahr besteht unabhängig davon, ob die Nachhaltigkeitspolitik auch tatsächlich so angelegt ist, dass Nachteile für sozioökonomisch schwächere bzw. weniger engagierte und beteiligte Gruppen entstehen. Brocchi (2019) schlussfolgert deshalb, dass Nachhaltigkeitspolitik als zusätzliche Form der *äußeren* Regulierung von Lebensbereichen schwierig umzusetzen sei.

Die strukturelle Benachteiligung sozioökonomisch schwächerer Gruppen kann schließlich auch zum Hindernis dafür werden, die Benachteiligung anderer Gruppen, konkret andernorts und zukünftig lebender Menschen wahrzunehmen und ein politisches Verantwortungsbewusstsein diesen gegenüber zu entwickeln. Diese Tendenz zeigt sich insbesondere mit Blick auf populistische Strömungen und manifestiert sich u.a. in erfolgreichen populistischen Parolen wie „America First", die einen Nerv getroffen zu haben scheinen. Ungeachtet jeglicher Verantwortungsrelationen priorisieren derartige Parolen die Bedürfnisse derer, die diese für sich beanspruchen. Der primäre Fokus auf die eigene Benachteiligungssituation deutet sich auch in einer Entwicklung an, wie sie Marschall und Klingbeil (2019) in einem Papier des Deutschen Instituts für Entwicklungspolitik beschreiben, nämlich dass sich dem Populismus zugeneigte Bürger*innen von der „politischen Elite" abzugrenzen suchten, insofern diese als globalisierungsfreundlich und primär an Interaktionen jenseits des Nationalstaats interessiert wahrgenommen werde. Die Charakterisierung „politischer Eliten" als globalisierungsfreundlich selbst ist dabei nicht empirisch haltlos, wie Schäfer und Zürn (2021) zeigen:

> „Mit der selektiven Responsivität politischer Entscheidungen geht ein zweifacher Liberalismus einher: Menschen mit höheren Bildungsabschlüssen und Einkommen haben oft nicht nur kulturell, sondern auch ökonomisch liberale Präferenzen. Werden ihre Interessen stärker

berücksichtigt, verschiebt dies die Politik in der Tendenz zum liberal-kosmopolitischen Pol" (Schäfer/Zürn 2021, S. 101).

Mit der Abgrenzung populistischer Strömungen von dieser liberal-kosmopolitischen Tendenz sehen Marschall und Klingbeil (2019) Gefährdungen für die global nachhaltige Entwicklung verbunden. Sie betonen den Rückzug populistischer Strömungen auf nationale Interessen, denen auch entwicklungspolitische Zielsetzungen untergeordnet würden. Die Bedürfnisse und Benachteiligungssituationen andernorts lebender Gruppen und künftiger Generationen drohen demnach aus dem Blick zu geraten. Dabei sind andernorts und zukünftig lebende Menschen besonders vulnerabel, insofern sie selbst keinerlei Einflussmöglichkeiten und -rechte mit Blick auf politische Prozesse in unserem demokratischen System haben und ganz auf die Stellvertretung ihrer Interessen angewiesen sind. Die von Marschall und Klingbeil (2019) aufgezeigten Gefährdungen sind deshalb sehr ernst zu nehmen (ohne dass damit auch schon eine Bewertung liberal-kosmopolitischer Konzepte verbunden ist). Sie machen deutlich, wie wichtig es ist, dass Benachteiligungssituationen, genauer die Benachteiligung sozialer Gruppen innerhalb des politischen Systems und die Benachteiligung andernorts und zukünftig lebender Menschen nicht gegeneinander ausgespielt werden. Geschieht dies, bleiben Macht- und Verantwortungsrelationen weiter verschleiert.

5 Ansatzpunkte zur Überwindung der Herausforderungen

Wie können die herausgearbeiteten Problemlagen nun in der gesellschaftlichen und politischen Praxis beantwortet werden? Welche Lösungsansätze sind denkbar? – Zur Beantwortung dieser Fragen werden im Folgenden vier Ansatzpunkte skizziert, die als Grundlage für die Entwicklung weiterführender, praktischer Handlungsempfehlungen herangezogen werden können.

5.1 Förderung substanzieller politischer Gleichheit

In Reaktion auf das Problem der strukturell bedingten Ungleichverteilung von Engagement und Beteiligung – mit negativen Auswirkungen für das Ziel einer Nachhaltigkeitstransformation – folgt dieser Beitrag auch aus einer Nachhaltigkeits-Perspektive der ursprünglich demokratietheoretisch begründeten, neorepublikanistischen Forderung, nicht nur formale politische Gleichheit abzusichern, sondern darüber hinaus substanzielle politische Gleichheit zu fördern (vgl. u.a. Schäfer 2015). Eine rein formale Verfahrensgerechtigkeit (wie sie in liberalen Konzepten vorgebracht wird) erscheint zu kurz gegriffen, um das Problem ungleichen Engagements bzw. ungleicher Beteiligung zu lösen, weil sie durch die Gleichbehandlung unterschiedlicher Gruppen den besonderen Bedürfnissen nicht gerecht wird, die aus früherer oder aktueller Benachteiligung entstehen (Schäfer 2015). Beder (2006) bringt die Abgrenzung substanzieller von formeller Gleichheit mit ihrer Unterscheidung zwischen "equity“ und „equality“ auf den Punkt und verankert „equity“ schließlich als ein zentrales Gerechtigkeits- und Nachhaltigkeitsprinzip:

> „Equity implies a need for fairness in the distribution of gains and losses, and the entitlement of everyone to an acceptable quality and standard of living. Equity is not the same as equality, for there may be good reasons for people to have different rewards and burdens or to be treated differently. Equity requires however, that these reasons be morally relevant, that is, that they be just, fair and impartial“ (ebd., S. 70).

Damit es gelingen kann, substanzielle politische Gleichheit in unserem demokratischen System zu fördern, muss zunächst in der demokratischen Öffentlichkeit ein Bewusstsein für die *strukturelle* Benachteiligung weniger engagierter und beteiligter Gruppen geschaffen werden. Es muss deutlich werden, dass u.a. sozioökonomisch schwächere Gruppen nicht selbstgewählt, sondern aufgrund ungerechter Gesellschaftsstrukturen unterrepräsentiert sind. Andernfalls würde das Problem struktureller Benachteiligung entpolitisiert und die Verantwortung für die ungleiche Repräsentation verschiedener gesellschaftlicher Gruppen individualisiert. Die Bürde der Überwindung der Benachteiligungssituation läge damit bei den Benachteiligten selbst. Ein entsprechender Aufklärungsbedarf ist allerdings nicht nur an die empirische Partizipationsforschung zu adressieren. Wendt und Görgen beschreiben die Analyse von Dynamiken, Ursachen und Konsequenzen sozialer Ungleichheit und gesellschaftlicher Machtverhältnisse als „gravierende Forschungslücke“ der Nachhaltigkeitsforschung, die aus Sicht dieses Beitrags unbedingt zu schließen ist (Wendt/Görgen 2018, S. 61).

Weiterhin gilt es, politische Steuerungsmechanismen zu identifizieren, um Benachteiligungssituationen entgegenzuwirken. Der bereits in Kap. 2 angesprochene empirische Befund, dass schon eine relative (und nicht erst eine absolute) sozioökonomische Schlechterstellung die Ungleichverteilung von Engagement und Beteiligung verstärkt, zeigt einen grundlegenden Handlungsbedarf hin zu einer sozial inklusiveren und gerechteren Gestaltung unseres gesellschaftlichen Systems, um tendenziell zunehmende Bildungs- und Einkommensunterschiede einzuhegen (Schäfer 2015; Roth 2016).

5.2 Erweiterung der Möglichkeiten politischer Einflussnahme: Neue Formen bürgerschaftlichen Engagements und politischer Beteiligung

Neben der Förderung substanzieller politischer Gleichheit wird vielfach auch die Erweiterung zivilgesellschaftlicher Einflussmöglichkeiten, d.h. die Diversifizierung von Engagement und Beteiligung (die sich in den Entwicklungen der letzten Jahre ja schon deutlich zeigt) als Lösung der „Repräsentationskrise" in Anschlag gebracht (vgl. u.a. Pogrebinschi 2015; Lietzmann 2016; Roth 2016). So argumentiert Roth (2016), dass sich die wachsende soziale und politische Ungleichheit erst mithilfe der etablierten Formen repräsentativer Demokratie habe durchsetzen können und es nun einer Korrektur dieser Fehlentwicklungen mithilfe neuer politischer Formen bedürfe. Lietzmann (2016) und Pogrebinschi (2015) betonen außerdem, dass die Schaffung neuer Ausdrucksformen der repräsentativen Demokratie auch dem Wunsch einer Mehrheit der Bürger*innen selbst entspreche.

Die Trendanalyse zu Engagement und Beteiligung hat verdeutlicht, dass einige neue, weniger formalisierte Engagement- und Beteiligungsformen bestimmte soziale Gruppen tatsächlich etwas besser zu integrieren scheinen als traditionelle Formen (vgl. Kap. 2). Insbesondere dialogintensivere Formen der Beteiligung können außerdem wichtige Diskursräume eröffnen, innerhalb derer Perspektivwechsel stattfinden und soziale Segregation überwunden werden könnten. Roth (2016) sieht damit ein besonderes Potenzial für die Gemeinwohlförderung verbunden. Die allgemeine Zunahme der Ungleichverteilung von Engagement und Beteiligung konnte allerdings auch durch die Diversifizierung der Engagement- und Beteiligungslandschaft bisweilen nicht gestoppt werden. In vielen Fällen werden Ungleichheiten sogar im Rahmen neuer Engagement- und Beteiligungsformen reproduziert. Schäfer (2015) warnt davor, dass insbesondere die Ausweitung anspruchsvollerer Engagement- und Beteiligungsmöglichkeiten zulasten der politischen Gleichheit gehen könnte. Die Erweiterung bestehender Engagement- und Beteiligungsformen stellt also nur eine Lösungsperspektive dar, wenn sie tatsächlich die Inklusivität von Engagement und Beteiligung erhöht. Diese hängt zwar, wie Roth (2016) betont, auch von der jeweiligen Gestaltung des Engagements bzw. der Beteiligung ab und es ist anzuerkennen, dass keine Form demokratischer Einflussnahme ohne Defizite auskommt (Hüller 2012). Gleichzeitig sind diese Gestaltungsmöglichkeiten in der Praxis oftmals begrenzt (z.B. durch knappe finanzielle Budgets oder personelle Kapazitäten) und auch der Verweis auf die Kontingenz aller Engagement- und Beteiligungsformen erübrigt nicht die Frage, welche Engagement- und Beteiligungsformen sich im Besonderen eignen, um prinzipiell unterrepräsentierte Gruppen zu integrieren.

*5.3 Stärkung der Responsivität politischer Entscheidungsträger*innen gegenüber unterrepräsentierten Bevölkerungsgruppen*

Ein weiterer Ansatzpunkt zur Beantwortung der Frage nach Lösungen liegt im Bereich der repräsentativen Demokratie, d.h. im Bereich der Stellvertretung beteiligungsberechtigter Bürger*innen und ihrer Interessen durch gewählte Vertreter*innen – einem Bereich, der trotz relativem Bedeutungsverlust und der Diversifizierung der Engagement- und Beteiligungsmöglichkeiten eine nach wie vor zentrale Rolle im demokratischen System Deutschlands spielt. Um das Vertrauen unterrepräsentierter Gruppen in politische Prozesse zurückzugewinnen, ist hier eine Stärkung der Responsivität politischer Entscheidungsträger*innen gegenüber den Interessen und Bedürfnissen benachteiligter Gruppen anzustreben. Beispiele für solche Versuche zeigen sich in bestimmten Kontexten, z.B. der Parteiarbeit, schon durch Instrumente wie die „Frauenquote". Die Stärkung der Responsivität könnte unterrepräsentierte Bürger*innen dazu ermutigen, sich stärker zu engagieren und zu beteiligen. Eine solche potenzielle Wirkung betont auch die „Aarhus-Konvention über den Zugang zu Information, die Öffentlichkeitsbeteiligung an Entscheidungsverfahren und den Zugang zu Gerichten in Umweltangelegenheiten" (UNECE 1998), die inzwischen über 40 Staaten (darunter auch Deutschland) unterzeichnet haben:

> „The Convention recognises that people will only be interested in participating if they can feel confident that their views will be seriously considered and taken into account in the decision […]" (Beder 2006, S. 119f).

Der Ansatzpunkt der Stärkung der Responsivität bietet außerdem die Möglichkeit, nicht nur die Interessen und Bedürfnisse formell beteiligungsberechtigter, aber unterrepräsentierter Gruppen stärker in politische Prozesse einzubeziehen, sondern auch die Interessen und Bedürfnisse andernorts und zukünftig lebender Menschen, die von den Auswirkungen unserer Lebens- und Wirtschaftsweisen betroffen sind, aber keinerlei Stimme im politischen Prozess haben. So argumentiert etwa Lawrence (2020) für die institutionelle Verankerung der Stellvertretung künftiger Generationen, deren grundlegende Bedürfnisse unseren ähneln dürften und spricht sich für die Erweiterung des Demos aus: „The massive bias against future generations in contemporary rule-making and institutions justifies international institutions with a mandate to represent future generations as a means for redressing this imbalance" (Lawrence 2020, S. 96). Lawrences auf die internationale Ebene und die Stellvertretung künftiger Generationen ausgerichteter Ansatz lässt sich auch auf andere Ebenen des politischen Systems und die Stellvertretung globaler Bevölkerungsgruppen übertragen.

5.4 Integration des Anliegens einer nachhaltigen Entwicklung in das Ziel der Gemeinwohlförderung

Abschließend skizziert werden soll ein Lösungsansatz, der darauf beruht, die Gemeinwohlrelevanz einer nachhaltigen Entwicklung sichtbar zu machen. Das Gemeinwohl ist eine zentrale Kategorie in der politischen Praxis, die neben bestimmten, unverhandelbaren Werten und Minimalanforderungen an den Interessen und Bedürfnissen des Demos ausgerichtet ist (Blum 2020). Gelingt es zu verdeutlichen, dass die Nachhaltigkeitstransformation wesentlich der Förderung des Gemeinwohls dient (im Sinne der Bekämpfung ungerechter Strukturen und der Schaffung guter Lebensbedingungen für *alle*), verlieren beschriebene Versuche Nachhaltigkeitsverantwortung (an weniger einflussreiche Gruppen) zu delegieren und Benachteiligungssituationen gegeneinander in Anschlag zu bringen an Nährboden (vgl. Kap. 4). Es würde deutlich, dass der riskierte Misserfolg einer wirksamen Nachhaltigkeitstransformation nicht nur Einzelnen, sondern letztlich der ganzen Gemeinschaft schadet. Mit Ellis (2016) ergibt sich dadurch ein Perspektivwechsel: Es gilt zu verstehen, dass das Interesse an einer nachhaltigen Entwicklung als solche (d.h. an gerechten Gesellschaftsstrukturen und dem Erhalt unserer natürlichen Lebensgrundlagen), kein Partikular-, sondern ein Mehrheitsinteresse darstellt (bzw. darstellen muss).

Werden Nachhaltigkeit und Gemeinwohl zusammen gedacht, bedeutet das außerdem eine (notwendige) Korrektur des traditionell stark nationalistisch gefassten Gemeinwohlverständnisses, insofern mit der Nachhaltigkeitsperspektive auch komplexere Handlungszusammenhänge, in denen wir stehen, d.h. die Auswirkungen unseres Handelns auf andernorts und künftig lebende Menschen, in das Gemeinwohlverständnis einbezogen werden müssen. Die Verbindung von Nachhaltigkeit und Gemeinwohl kann deshalb ein hilfreiches Instrument sein, um die Berücksichtigung *aller* vom Outcome eines politischen Prozesses Betroffenen anzustreben – und zwar ohne in eine kosmopolitische Entkopplung politischer Prozesse von der lokalen Ebene zu führen. Denn die Integration von Nachhaltigkeit in das Gemeinwohlverständnis ermöglicht weiterhin die Differenzierung von Verantwortungsebenen und die Konkretisierung des Gemeinwohls auf der lokalen Ebene. Es geht darum, auf den verschiedenen Ebenen des politischen Systems im Blick zu haben, wessen Wohl betroffen ist und damit auch darum, Benachteiligungssituationen und ihre Ursachen sichtbar zu machen und zu differenzieren, anstatt sie gegeneinander auszuspielen.

6 Literatur

Beder, Sharon. 2006. *Environmental Principles and Policies. An Interdisciplinary Introduction*. London: Earthscan.

Blum, Christian. 2020. „Hybride Gemeinwohlkonzeptionen“. In Hiebaum, Christian (Hrsg.). *Handbuch Gemeinwohl*. Wiesbaden: Springer VS.

Borgstedt, Silke; Christ, Tamina, und Fritz Reusswig. 2010. *Umweltbewusstsein in Deutschland 2010. Ergebnisse einer repräsentativen Bevölkerungsumfrage*. Berlin: BMU – Bundesministerium für Umwelt, Naturschutz und Reaktorsicherheit.

Brocchi, Davide. 2019. *Nachhaltigkeit und soziale Ungleichheit. Warum es keine Nachhaltigkeit ohne soziale Gerechtigkeit geben kann*. Wiesbaden: Springer VS.

Cannavò, Peter. 2016. „Environmental Political Theory and Republicanism“. In Gabrielson, Teena; Hall, Cheryl; Meyer, John, und David Schlosberg (Hrsg.). *The Oxford Handbook of Environmental Political Theory*. Oxford: Oxford University Press, 72–88.

Ellis, Elisabeth. 2016. „Democracy as Constraint and Possibility for Environmental Action“. In Gabrielson, Teena; Hall, Cheryl; Meyer, John, und David Schlosberg (Hrsg.). *The Oxford Handbook of Environmental Political Theory*. Oxford: Oxford University Press, 505–519.

Elsässer, Lea; Hense, Svenja, und Armin Schäfer. 2021. „Not just money: unequal responsiveness in egalitarian democracies“. *Journal of European Public Policy* 28 (12): 1890–1908.

ENGAGE – Engagement für Nachhaltiges Gemeinwohl (Hrsg.). 2020. „Engagement für Nachhaltiges Gemeinwohl – Begriffstheoretische Einordnung und Grundlagen einer Operationalisierung. Arbeitspapier 1 des Forschungsprojektes ENGAGE – Engagement für nachhaltiges Gemeinwohl“. Online unter: https://www.uni-muenster.de/imperia/md/content/nachhaltigkeit/website_engage_01ug1911_ap1_arbeitspapier.pdf. Letzter Zugriff: 17.08.2021.

ENGAGE – Engagement für Nachhaltiges Gemeinwohl (Hrsg.). 2021. „Trendanalyse – Engagement und Beteiligung in Deutschland. Arbeitspapier 2 des Forschungsprojekts ENGAGE – Engagement für nachhaltiges Gemeinwohl". Online unter: https://www.uni-muenster.de/imperia/md/content/nachhaltigkeit/2021-0401_engage_ap2_trendanalyse _arbeitspapier_mit_executive_summary_02.pdf. Letzter Zugriff: 17.08.2021.

Fuchs, Doris; Sahakian, Marlyne; Gumbert, Tobias; Di Giulio, Antonietta; Maniates, Michael; Lorek, Sylvia, und Antonia Graf. 2021. *Consumption Corridors. Living a Good Life within Sustianable Limits*. New York: Routledge.

Hüller, Thorsten. 2012. „Deliberation oder Demokratie? Zur egalitären Kritik an deliberativen Demokratiekonzeptionen". *ZPTh* 3 (2): 129–150.

Lawrence, Peter. 2020. „Representation of future generations". In Kalfagianni, Agni; Fuchs, Doris; und Anders Hayden (Hrsg.). *Routledge Handbook of Global Sustainability Governance*. New York: Routledge, 88–99.

Lietzmann, Hans. 2016. „Die Demokratisierung der Repräsentation. Dialogische Politik als neue Form der repräsentativen Demokratie". In Glaab, Manuela (Hrsg.). *Politik mit Bürgern – Politik für Bürger. Praxis und Perspektiven einer neuen Beteiligungskultur*. Wiesbaden: Springer VS, 41–58.

Marschall, Paul, und Stephan Klingbeil. 2019. „Populismus: Folgen für globale Nachhaltige Entwicklung". *Analysen und Stellungnahmen* 6/2019. Bonn: Deutsches Institut für Entwicklungspolitik.

Merkel, Wolfgang, und Werner Krause. 2015. „Krise der Demokratie? Ansichten von Experten und Bürgern". In Merkel, Wolfgang (Hrsg.). *Demokratie und Krise. Zum schwierigen Verhältnis von Theorie und Empirie*. Wiesbaden: Springer VS, 45–66.

Pogrebinschi, Thamy. 2015. „Mehr Partizipation – ein Heilmittel gegen die ‚Krise der Demokratie'?" In Merkel, Wolfgang (Hrsg.). *Demokratie und Krise. Zum schwierigen Verhältnis von Theorie und Empirie*. Wiesbaden: Springer VS, 127–156.

Rockström, Johan; Steffen, Will; Noone, Kevin; Persson, Asa; Chapin, F. Stuart III; Labin, Eric; Lenton, Timothy; Scheffer, Marten; Folge, Carl; Schellnhuber, Hans Joachim; Nykvist, Björn; de Wit, Cynthia; Hughes, Terry; van der Leeuw, Sander; Rodhe, Henning; Sörlin, Sverker; Snyder, Peter; Costanza, Robert; Svedin, Uni; Falkenmark, Malin; Karlberg, Louise; Corell, Robert; Fabry, Victoria; Hansen, James; Walker, Brian; Liverman, Diana; Richardson, Katherine; Crutzen, Paul, und Jonathan Foley. 2009. "Planetary Boundaries: Exploring the Safe Operating Space for Humanity". *Ecology and Society* 14 (2): 32–64.

Roth, Roland. 2016. „Mehr Beteiligung bedeutet weniger Demokratie. Ein unlösbares politisches Paradoxon in der aktuellen Beteiligungsdebatte?" In Glaab, Manuela (Hrsg.). *Politik mit Bürgern – Politik für Bürger. Praxis und Perspektiven einer neuen Beteiligungskultur*. Wiesbaden: Springer VS, 59–74.

Schäfer, Armin. 2015. *Der Verlust politischer Gleichheit. Warum die sinkende Wahlbeteiligung der Demokratie schadet*. Frankfurt: Campus Verlag.

Schäfer, Armin. 2016. „Nichtwählerinnen und Nichtwähler in Deutschland". In Mörschel, Tobias (Hrsg.). *Wahlen und Demokratie. Reformoptionen des deutschen Wahlrechts*. Baden-Baden: Nomos, 31–75.

Schäfer, Armin, und Michael Zürn. 2021. *Die demokratische Regression*. Berlin: Suhrkamp.

Scholl, Gerd; Gossen, Maike, und Brigitte Holzhauer. 2014. *Umweltbewusstsein in Deutschland 2014. Ergebnisse einer repräsentativen Bevölkerungsumfrage*. Berlin: BMUB – Bundesministerium für Umwelt, Naturschutz, Bau und Reaktorsicherheit.

Simonson, Julia; Vogel, Claudia, und Clemens Tesch-Römer. 2017. *Freiwilliges Engagement in Deutschland: Der Deutsche Freiwilligensurvey 2014*. Wiesbaden: Springer VS.

UN – United Nations. 1987. *Report of the World Commission on Environment and Development. Our Common Future*. Oxford: Oxford University Press.

UNECE – United Nations Economic Comission for Europe (Hrsg.). 1998. „Übereinkommen über den Zugang zu Informationen, die Öffentlichkeitsbeteiligung an Entscheidungsverfahren und den Zugang zu Gerichten in Umweltangelegenheiten". Online unter: https://www.bmuv.de/fileadmin/bmu-import/files/pdfs/allgemein/application/pdf/aarhus.pdf. Letzter Zugriff: 13.03.2022.

Wendt, Björn, und Benjamin Görgen. 2018. „Macht und soziale Ungleichheit als vernachlässigte Dimensionen der Nachhaltigkeitsforschung. Überlegungen zum Verhältnis von Nachhaltigkeit und Verantwortung". In Henkel, Anna; Lüdtke, Nico; Buschmann, Nikolaus, und Lars Hochmann (Hrsg.). *Reflexive Responsibilisierung. Verantwortung für Nachhaltige Entwicklung*. Bielefeld: transcript, 49–66.

Wippermann, Carsten; Calmbach, Marc, und Silke Kleinhückelkotten. 2008. *Umweltbewusstsein in Deutschland 2008. Ergebnisse einer repräsentativen Bevölkerungsumfrage*. Berlin: BMU – Bundesministerium für Umwelt, Naturschutz und Reaktorsicherheit.

Zwischen politischer Partizipation und kritischem Konsum: Die Rolle zivilgesellschaftlicher Initiativen für die Gestaltung einer nachhaltigen Gesellschaft

Sigrid Kannengießer

1 Einleitung

Reparaturcafés und Urban Gardening, Schnippeldiskos und Tauschringe, Carsharing und solidarische Landwirtschaft, fair produzierte Kleidung oder Smartphones – konsumkritische Projekte und Praktiken (Kannengießer/Weller 2018), in denen die Wachstums- und Wegwerfgesellschaft kritisiert werden, sind in Deutschland mittlerweile ein weit verbreitetes Phänomen. So unterschiedlich die in diesen Initiativen verfolgten Praktiken auch sind, gemeinsam ist ihnen das Ziel, Gesellschaft nachhaltiger zu gestalten.

Vor gut drei Jahrzehnten wurde im Brundtland-Bericht eine Entwicklung als nachhaltig charakterisiert, wenn die Bedürfnisse der gegenwärtigen Generationen befriedigt werden, ohne dass die Bedürfnisse zukünftiger Generationen nicht befriedigt werden können (World Commission on Environment and Development 1987). Auch wenn der Brundtland-Bericht für verschiedene Aspekte, u. a. die Forderung nach wirtschaftlichem Wachstum, kritisiert wurde (z. B. Hopwood et al. 2005, S. 40), so ist seine Definition des Begriffs Nachhaltigkeit mit dem Fokus auf die Frage der Generationengerechtigkeit weiterhin aktuell – nicht zuletzt durch die Fridays-for-Future-Bewegung, die Generationengerechtigkeit als eine ihrer zentralen Anliegen postuliert.

Individuen, Nichtregierungsorganisationen und Unternehmen verfolgen mit konsumkritischen Projekten und Praktiken das Ziel, nicht nur die Bedürfnisbefriedigung heutiger und zukünftiger Generationen zu ermöglichen, sondern auch die aller Menschen weltweit. Dafür agieren sie konsumkritisch, in dem sie Konsum (im lateinischen Wortsinn „Verbrauchen") bzw. eine bestimmte Art des Konsums, den die Akteur*innen als nicht-nachhaltig beurteilen, kritisieren und Alternativen praktizieren: Sie reparieren Gegenstände, um deren Nutzungsdauer zu verlängern und die Produktion neuer Konsumgüter zu vermeiden; sie Tauschen Dinge, um Bedarfe zu decken; oder sie gestalten Produktionsprozesse verschiedener

Güter nachhaltiger, um Ressourcen zu schonen und fairere Arbeitsbedingungen für Produzent*innen zu schaffen. Mit ihren Praktiken gestalten die Akteur*innen Gesellschaft entlang sozialer und ökologisch nachhaltiger Maßstäbe und bilden damit unterschiedliche Formen politischer Partizipation ab.

Das vorliegende Kapitel diskutiert Beispiele konsumkritischer Praktiken vor einem theoretischen Hintergrund, der die Begriffe der politischen Partizipation, des kritischen Konsums und der Nachhaltigkeit konzeptuell definiert, um aufzuzeigen, wie Initiativen mit konsumkritischen Projekten und Praktiken versuchen, Gesellschaft nachhaltiger zu gestalten. Aus der Fülle der vielen Beispiele, von denen oben nur einige genannt sind, werden hier Repair Cafés diskutiert, da sie unter einer Vielzahl der in vielen Ländern vorzufindenden konsumkritischen Projekte in Deutschland zu jenen Projekten gehören, die hier mit am verbreitetsten sind. Bevor der Zusammenhang von Repair Cafés, kritischem Konsum und Nachhaltigkeit sowie ihre Rolle für eine nachhaltige Gesellschaft aufgezeigt wird, sollen zunächst die Begriffe der politischen Partizipation, des kritischen Konsums und der Nachhaltigkeit definiert werden.

2 *Politische Partizipation, kritischer Konsum und Nachhaltigkeit*

Der aus dem Lateinischen stammende Begriff Partizipation meint Teilnahme und wird definiert als freiwillige Handlungen von Bürger*innen, mit denen gesellschaftliche Prozesse beeinflusst und gestaltet werden (Nève/Olteanu 2013, S. 14). Zu unterscheiden ist Partizipation von Engagement. Während Partizipation eine aktive Teilhabe meint, rekurriert Engagement eher auf Interesse und Aufmerksamkeit (Dahlgren 2009, S. 80ff; Barrett/Brunton-Smith 2014, S. 6). Zu unterscheiden sind weiterhin konventionelle politische Partizipationsformen, wie bspw. das Wählen, und unkonventionelle Formen, worunter die nicht institutionell verfassten gezählt werden (Kaase 1987, S. 138; s. auch Nève/Olteanu 2013; Barret/Brunton-Smith 2014, S. 7) und damit subpolitisch sind, da sie jenseits institutionalisierter Politikfelder stattfinden (Beck 1993, S. 103). In diesem Zusammenhang wurden bisher verschiedene Formen subpolitischer bzw. unkonventioneller Partizipation untersucht, wie z.B. Graffiti oder Flashmobs (s. u. a. Fallstudien in Nève/Olteanu 2013). Unkonventionelle Formen politischer Partizipation können verfasst bzw. nicht verfasst sein (im Sinne von verrechtlicht), legal bzw. illegal, legitim bzw. illegitim (s. ebd., S. 16); sie verfügen über hohe „Inklusionspotentiale“ (ebd., S. 20) – was auch das in diesem Kapitel diskutierte Beispiel zeigen wird.

Unkonventionelle politische Partizipation kann, muss aber nicht konsumkritisch sein, konsumkritische Praktiken hingegen sind immer unkonventionelle Formen politischer Partizipation. Mit ihnen betreiben Akteur*innen „Politik mit dem Einkaufswagen“ (Baringhorst 2010b), in dem sie bestimmte Produkte kaufen, die z.B. fair gehandelt und nachhaltig produziert sind, oder den Einkaufswagen ungefüllt lassen und einen Neukauf vermeiden, in dem sie z.B. ihre Alltagsgegenstände reparieren. Formen kritischen Konsums sind auch Buykott- und Boykott-Aktionen, durch die bewusst bestimmte Produkte oder Marken nicht gekauft werden (Boykott) oder bewusst gekauft werden (Buykott) (Baringhorst 2010a, 12). Kritischer Konsum ist also eine Form politischer Partizipation (Baringhorst/Witterhold 2018, S. 199), bzw. noch spezifischer eine Form unkonventioneller politischer Partizipation.

Konsumkritische Praktiken finden sowohl öffentlich statt und werden im öffentlichen Raum inszeniert (so z. B. das Reparieren in Repair Cafés) als auch im Privaten als Formen der „life politics“ (Giddens 1991, S. 215ff), denn politisch motiviert kann auch zu Hause repariert werden. So muss politisches Handeln nicht immer öffentlich sein, wie es ein traditioneller Politikbegriff nahelegt. Entsprechend ist Politik hier im Sinne Arendts (2002) „Vita activa“ „die aktive Teilnahme an der Gestaltung und Regelung menschlicher Gemeinwesen“ (Schubert/Klein 2018, o. S.) und nicht institutionalisierte Politik. Politisches Handeln kann im Sinne des feministischen Slogans „das Private ist politisch“ (Hanisch 1970) auch im Privaten stattfinden und muss nicht zwingend öffentlich sichtbar sein. Politisch wird es dann, wenn es gesellschaftliche Auswirkungen hat. Um dies für das Beispiel des kritischen Konsums zu verdeutlichen: Mit dem Konsum nachhaltig zertifizierter Produkte unterstützen Verbraucher*innen z.B. würdigere Arbeitsbedingungen für die Herstellenden und leisten damit einen kleinen Beitrag, dass sich gesellschaftliche Kontexte verändern.

Mit kritischem Konsum als Form unkonventioneller politischer Partizipation versuchen Individuen, Nichtregierungsorganisationen und Unternehmen u.a. Gesellschaft nachhaltiger zu gestalten. Der Begriff der Nachhaltigkeit zielt, wie oben erläutert, auf Generationengerechtigkeit. In der Nachhaltigkeitsforschung wurden verschiedene Modelle zur Differenzierung des Begriffs Nachhaltigkeit entwickelt. In dem weit verbreiteten Drei-Säulen-Modell wird zwischen einer ökologischen, ökonomischen und sozialen Dimension von Nachhaltigkeit unterschieden (Corsten/Roth 2012, S. 1f; s. auch Hauff/Claus 2012, S. 59), wobei diese Dimensionen als ineinander verwoben gedacht werden müssen:

> „Während die ökologische Dimension den Schutz der Umwelt in den Fokus rückt, zielt die ökonomische Dimension auf eine nachhaltige Entwicklung, welche eine langfristige Sicherung der Lebens- und Produktionsgrundlagen sicherstellen soll, die auf der Grundlage intra- und intergenerationeller Gerechtigkeit zur Verbesserung der Lebensqualität bzw. der Wohlfahrt der heute lebenden und der zukünftigen Generationen [führen soll]." (ebd., S. 61)

Die soziale Dimension der Nachhaltigkeit zielt auf gesellschaftlichen Zusammenhalt in Humanität, Freiheit und (wie im Zitat bereits anklingt) Gerechtigkeit (ebd., S. 66). Obwohl letztere Norm eher als Querschnittsziel über alle Dimensionen hinweg konzeptualisiert werden kann, geht es doch bei Nachhaltigkeit auch um ökologische und ökonomische Gerechtigkeit.

Das Säulen-Modell wurde jüngst ausdifferenziert in ein Doughnut-Modell (Raworth 2017). Im Doughnut steht der innere Ring für zwölf Grundbedürfnisse der Menschen, wie z. B. ausreichend Nahrung und sauberes Wasser, aber auch Zugang zu Energie, Bildung und Informationsnetzwerken (Raworth 2017, S. 40). Zum äußeren Ring zählen die durch Rockström et al. (2009) identifizierten Indikatoren planetarer Belastungsgrenzen (auch als „ökologische Decke" zu verstehen), zu denen Luftverschmutzung, Artensterben und Frischwasserverlust gehören (Raworth 2017, S. 41). Das Doughnut-Modell differenziert theoretisch aus, was die 17 Ziele für Nachhaltige Entwicklung der Vereinten Nationen (Vereinte Nationen 2015) politisch fordern. Im Vergleich zu den vorherigen Millennium Entwicklungszielen weisen diese in der Agenda 2030 formulierten Ziele nicht nur auf die Komplexität der Handlungsnotwendigkeit hin, die in einer Vielzahl von Politikfeldern besteht, um im Sinne des Brundlandt-Berichts (World Commission on Environment and Development 1987) die Bedürfnisbefriedigung zukünftiger Generationen zu ermöglichen. Sie nehmen auch alle Nationen weltweit in die Pflicht nachhaltig zu handeln.

Ist „Nachhaltigkeit [...] zuerst Handeln" (Nielsen et al. 2013, S. 10), so ist kritischer Konsum, der das Ziel der Nachhaltigkeit verfolgt, im Sinne Arendts Politikbegriff (s.o.) eine Form politischer Partizipation, durch die Akteur*innen Gesellschaft nachhaltiger gestalten. Für die Nachhaltigkeitsforschung und auch Nachhaltigkeitspolitik ist es daher zentral, Initiativen und Praktiken des kritischen Konsums in den Blick zu nehmen, um zu verstehen, wie verschiedene Akteur*innen mit kritischem Konsum versuchen, derzeitige Gesellschaften nachhaltiger zu gestalten.

3 *Repair Cafés als Beispiel zivilgesellschaftlicher Initiativen für die Gestaltung einer nachhaltigen Gesellschaft*

Auf der theoretischen Basis des oben skizzierten Forschungsfeldes wird im Folgenden ein Beispiel zivilgesellschaftlicher Initiativen diskutiert, in dem Akteur*innen versuchen, Gesellschaft nachhaltiger zu gestalten: Repair Cafés.

Repair Cafés sind öffentliche Veranstaltungen, zu denen Menschen zusammenkommen, um gemeinsam ihre defekten Alltagsgegenstände zu reparieren. In Deutschland versucht die Stiftung Anstiftung Ertomis die Netzwerkbildung der vielen Reparaturinitiativen zu unterstützen. Auf einer von der Stiftung betriebenen Onlineplattform sind bereits knapp 900 Initiativen registriert (Stand 24. September 2021). Die niederländische Stiftung Stichting Repair Café beansprucht für sich, das Konzept der Reparaturcafés 2009 entwickelt zu haben (Stichting Repair Café o. J.). Ob dies tatsächlich der Ursprung ist oder nicht, kann sicherlich nicht belegt werden, allemal ist das Reparieren nicht nur eine tradierte Praktik, sondern wurde auch vor dem Veranstaltungsformat der Repair Cafés öffentlich und gemeinsam ausgeübt.

In den Repair Cafés nehmen Personen in verschiedenen Rollen teil: Während einige Teilnehmer*innen ehrenamtlich ihre Hilfe bei diesen Veranstaltungen anbieten, suchen andere Hilfe beim Reparieren ihrer defekten Konsumgüter und bringen u. a. Elektrogeräte, insbesondere Medientechnologien und Küchengeräte, Fahrräder oder Textilien mit. Das Reparieren und Repair Cafés sind Gegenstand in verschiedenen wissenschaftlichen Disziplinen und werden hier zunehmend beforscht: So wird das Reparieren in der Design- und Technikforschung untersucht (z.B. Rosner/Turner 2015; Rosner/Ames 2014), der Kulturwissenschaft (z.B. Grewe 2017), in den Wirtschaftswissenschaften als Praktik der Postwachstumsökonomie (z.B. Nagel/Paech 2018) und der Kommunikations- und Medienwissenschaft im Besonderen (z.B. Kannengießer 2018a; 2018b).

Ich möchte im Folgenden meine eigene Forschung (ebd. und u.a. auch Kannengießer 2018c; 2018d; 2019; 2020) zu Repair Cafés auf einer Meta-Ebene diskutieren und die Rolle von Repair Cafés für eine nachhaltige Gesellschaft erläutern. Hierfür werde ich die oben definierten Begriffe der politischen Partizipation, des kritischen Konsums und der Nachhaltigkeit aufgreifen.

Poltische Partizipation wurde oben definiert als gesellschaftliche Teilhabe, durch die Akteur*innen Gesellschaft gestalten (wollen), und unkonventionelle Formen politischer Partizipation als solche, die abseits institutionalisierter Politik stattfinden. Auch das gemeinsame Reparieren in Repair Cafés ist als Praktik unkonventioneller politischer Partizipation diskutiert worden (Kannengießer 2017), denn die Teilnehmenden wollen durch das Reparieren Gesellschaft gestalten: Sie kommen mit ihren defekten Alltagsgegenständen zu den Veranstaltungen, suchen Unterstützung beim Reparieren ihrer Güter und wollen das Reparieren dieser erlernen. Die Personen, die in diesen Prozessen unterstützen, wollen ihr Wissen um die Praktik des Reparierens weitergeben und Alltagsgegenstände erfolgreich wieder in Stand setzen. Und die Organisator*innen dieser Veranstaltungen wollen einen Raum schaffen, in dem sich die erstgenannten Akteursgruppen begegnen können und die Praktik des Reparierens verbreiten. Allen Akteur*innen ist gemein, dass sie im Reparieren die Möglichkeit des Ressourcenschutzes und der Müllvermeidung sehen und damit die Möglichkeit, durch das Reparieren defekter Alltagsgegenstände die Gesellschaft nachhaltiger zu gestalten. Sie kritisieren die Wegwerfgesellschaft, die gekennzeichnet ist „vom Besitz unzähliger Dinge, ihrem Ge- und Verbrauchen, einer Achtlosigkeit im Dingumgang sowie der Bereitschaft, Dinge schnell zu ersetzen und auszutauschen." (Heßler 2013, S. 253). Das Reparieren wird so konnotiert als kritischer Konsum, indem das Konsumieren, im Sinne eines Verbrauchens von Gütern, verhindert werden soll, um Ressourcen zu schonen und Müll zu vermeiden und damit nachhaltiger zu handeln. Damit ist das Reparieren letztlich eine „Boykott"-Aktion (s.o.), nicht, indem der Kauf eines bestimmten Produktes vermieden wird, sondern das Kaufen an sich. In den Repair Cafés wird das Reparieren daher politisiert: Die Veranstaltungen werden genutzt, um ein Zeichen gegen die Wegwerfgesellschaft zu setzen und für nachhaltiges Handeln zu werben. In diesem Verzicht durch den Erhalt existierender Konsumgüter liegt eine Möglichkeit, Gesellschaft nachhaltiger zu gestalten, also im Begriffsverständnis des Brundtland-Berichts die Bedürfnisbefriedigung heutiger sowie zukünftiger Generationen zu ermöglichen: ersteres, indem die vorhandenen Güter in Stand gesetzt werden und damit Verlust vermieden wird, letzteres, indem Ressourcen geschont und die Lebensgrundlage zukünftiger Generationen erhalten werden.

Zwar zeigte sich in der Analyse der Motive der Teilnehmer*innen, dass manche ihre defekten Alltagsgegenstände auch aus einer finanziellen Notwendigkeit in den Repair Cafés reparieren wollen, weil sie sich die Reparatur im Fachhandel oder auch den Neukauf entsprechender Konsumgüter nicht leisten können, doch sind die Ziele der Müllvermeidung und der Ressourcenschonung und damit die politisch motivierten die dominierenden (Kannengießer 2018b). Auch nehmen viele Personen als Organisator*innen, Helfer*innen oder Teilnehmer*innen an den Veranstaltungen teil, weil sie sich zu der hier zusammenkommenden Vergemeinschaftung zugehörig fühlen (Kannengießer 2018a; 2018b). Im Sinne Max Webers (1972) zeichnet sich die in den Repair Cafés konstituierende Vergemeinschaftung durch dieses Zugehörigkeitsgefühl und durch das Teilen der oben benannten Ziele aus (Kannengießer 2018a; 2018b). Sind diese Ziele politisch motiviert, da, wie oben gezeigt wurde, die Akteuer*innen Gesellschaft gestalten wollen, sind die Vergemeinschaftungen als politische zu charakterisieren.

4 Politische Partizipation, kritischer Konsum und Nachhaltigkeit – die Rolle zivilgesellschaftlicher Initiativen für gesellschaftliche Transformation

Dass die Teilnehmenden der Repair Cafés Gesellschaft nachhaltiger gestalten wollen, indem sie versuchen, die Nutzungsdauer der Alltagsgegenstände durch das Reparieren zu verlängern, und damit den Neukauf von Konsumgütern und deren Produktion zu vermeiden, wurde im vorherigen Abschnitt erläutert. Welche Rolle aber spielen nun Repair Cafés als zivilgesellschaftliche Initiative für gesellschaftliche Transformation?

Die Wirkung der Praktik des Reparierens sowie der Veranstaltungen Repair Cafés auf die Wegwerfgesellschaft ist kaum zu messen. Konstatiert werden kann aber, dass die Nutzungsdauerverlängerung eines jeden Konsumgutes Ressourcen schont und Müll vermeidet und damit die Gesellschaft potenziell nachhaltiger macht. Ob damit jedoch die Bedürfnisbefriedigung zukünftiger Generationen gewährleistet wird, ist zu bezweifeln. Denn trotz der großen Anzahl an Reparaturinitiativen in Deutschland und den Postulaten einer „Kultur der Reparatur" (Heckl 2013) und „Die Welt reparieren" (Baier et al. 2016) finden das Reparieren und Repair Cafés in einer gesellschaftlichen Nische statt, weiterhin dominiert durch die Konturen einer Konsumgesellschaft, in der der Akt des Konsumierens wichtiger ist, als das Konsumgut an sich (Oetzel 2012). So ist das Reparieren vor dem Hintergrund der aktuellen sozial-ökologischen Krise zwar eine zwingend notwendige Praktik, die sich in der Gesellschaft verbreiten muss, doch letztendlich ist die Notwendigkeit gesellschaftlicher Transformation komplexer als auf der Mikroebene der Alltagspraktiken zu denken. Es sind vor allem auch die großen Systemfragen, die gestellt werden müssen (s. Paech 2016).

Dass wir uns in einer gesellschaftlichen Transformation befinden, in der viele verschiedene Akteur*innen versuchen, nachhaltiger zu handeln, zeigen die vielen verschiedenen konsumkritischen Projekte und Praktiken, unter denen Repair Cafés nur ein Beispiel darstellen (siehe Beginn des Kapitels). Diese zivilgesellschaftlichen Initiativen spielen eine gewichtige

Rolle für eine sozial-ökologische Transformation, zeigen sie doch und ermöglichen sie den Verbraucher*innen kritischen und nachhaltigeren Konsum. Gesellschaftliche Transformation mit dem Ziel der Nachhaltigkeit kann aber vor dem drohenden Klimawandel nicht nur durch kritischen Konsum, wie er hier diskutiert wurde, erfolgen. Vielmehr bedarf es eines *sofortigen*, an der Komplexität der Situation orientierten Handelns jenseits individueller Konsumakte in der institutionalisierten Politik sowie unter Marktakteur*innen, um Gesellschaft nachhaltiger zu gestalten, den Klimawandel als Bedrohung für die Menschheit einzudämmen, und damit die Bedürfnisbefriedigung auch zukünftiger Generationen zu ermöglichen.

5 Literatur

Arendt, Hannah. 2002. *Vita activa oder Vom tätigen Leben*. München: Piper.

Barrett, Martyn, und Ian Brunton-Smith. 2014. „Political and civic engagement and participation: Towards an integrative perspective". *Journal of Civil Society* 10 (1): 5–28.

Baier, Andrea; Hansing, Tom; Müller, Christa, und Karin Werner. 2016. *Die Welt reparieren. Open Source und Selbermachen als postkapitalistische Praxis*. Bielefeld: transcript.

Baringhorst, Sigrid. 2010a. „Anti-Corporate Campaigning – neue mediale Gelegenheitsstrukturen unternehmenskritischen Protests". In Baringhorst, Sigrid; Kneip, Veronika; März, Annegret, und Johanna Niesyto (Hrsg.). *Unternehmenskritische Kampagnen. Politischer Protest im Zeichen digitaler Kommunikation*. Wiesbaden: Springer VS, 9–31.

Baringhorst, Sigrid. 2010b. „Politik mit dem Einkaufswagen – netzbasierte Anti-Corporate Campaigns als Ausdruck eines neuen Verständnisses des Politischen". In Baringhorst, Sigrid; Kneip, Veronika; März, Annegret, und Johanna Niesyto (Hrsg.). *Unternehmenskritische Kampagnen. Politischer Protest im Zeichen digitaler Kommunikation*. Wiesbaden: Springer VS, 389–398.

Baringhorst, Sigrid, und Katharina Witterhold. 2018. „Konsumkritische Projekte im Netz im Spannungsfeld von Individualisierung und Intermediarisierung". In Kannengießer, Sigrid, und Ines Weller (Hrsg.). *Konsumkritische Projekte und Praktiken. Interdisziplinäre Perspektiven auf gemeinschaftlichen Konsum*. München: Oekom Verlag, 195–216.

Beck, Ulrich. 1993. *Die Erfindung des Politischen: Zu einer Theorie reflexiver Modernisierung*. Frankfurt am Main: Suhrkamp.

Corsten, Hans, und Stephan Roth. 2012. „Nachhaltigkeit als integriertes Konzept". In Corsten, Hans, und Stephan Roth (Hrsg.). *Nachhaltigkeit. Unternehmerisches Handeln in globaler Verantwortung*. Wiesbaden: Springer Gabler.

Dahlgren, Peter. 2009. *Media and political engagement. Citizens, communication and democracy*. Cambridge: Cambridge University Press.

Giddens, Anthony. 1991. *Modernity and Self-Identity. Self and Society in the Late Modern Age*. Cambridge/UK: Polity Press.

Grewe, Maria. 2017. *Teilen, Reparieren, Mülltauchen. Kulturelle Strategien im Umgang mit Knappheit und Überfluss*. Bielefeld: transcript.

Hanisch, Carol. 1970. *The Personal is Political. Notes from the Second Year: Women's Liberation. Major Writings of the Radical Feminists*. 76–77.

Hauff, Michael von, und Katja Claus. 2012. *Fair Trade. Ein Konzept nachhaltigen Handels*. Stuttgart: UTB.

Heckl, Wolfgang M. 2013. *Die Kultur der Reparatur*. München: Carl Hanser Verlag.

Heßler, Martina. 2013. „Wegwerfen. Zum Wandel des Umgangs mit Dingen". *Zeitschrift für Erziehungswissenschaft* 16 (2): 253–266.

Hopwood, Bill; Mellor, Mary, und Geoff O'Brien. 2005. „Sustainable Development: Mapping Different Approaches". *Sustainable Development* 13 (1): 38–52.

Kaase, Max. 1987. „Vergleichende Politische Partizipationsforschung". In Berg-Schlosser, Dirk, und Ferdinand Müller-Rommel (Hrsg.). *Vergleichende Politikwissenschaft. Ein einführendes Handbuch*. Opladen: Leske + Budrich, 135–150.

Kannengießer, Sigrid. 2017. „'I am not a consumer person' – Political participation in Repair Cafés". In Wimmer, Jeffrey; Wallner, Cornelia; Winter, Rainer, und Karoline Oelsner (Hrsg.). *(Mis)Understanding Political Participation. Digital Practices, New Forms of Participation and the Renewal of Democracy*. London: Routledge, 78–94.

Kannengießer, Sigrid. 2018a. „Repair Cafés – urbane Orte der Transformation und der Reparaturbewegung". In Hepp, Andreas; Marszolek, Inge, und Sebastian Kubitschko (Hrsg.). *Medien, Stadt, Bewegung. Kommunikative Figurationen des Urbanen*. Wiesbaden: Springer VS, 211–230.

Kannengießer, Sigrid. 2018b „Repair Cafés: Orte gemeinschaftlich-konsumkritischen Handelns". In Krebs, Stefan; Schabacher, Gabriele, und Heike Weber (Hrsg.). *Kulturen des Reparierens und die Lebensdauer technischer Dinge*. Bielefeld: transcript, 283–302.

Kannengießer, Sigrid. 2018c. „Konsumkritische Medienpraktiken: informieren, reparieren und fair produzieren". In Kannengießer, Sigrid, und Ines Weller (Hrsg.). *Konsumkritische Projekte und Praktiken. Interdisziplinäre Perspektiven auf gemeinschaftlichen Konsum*. München: Oekom.

Kannengießer, Sigrid. 2018d. „Fair produzieren und reparieren: Versuche der Komplexitätsbewältigung in einer globalisierten und mediatisierten Welt". In Katzenbach, Christian; Pentzold, Christian; Adolf, Marian; Kannengießer, Sigrid, und Monika Thaddicken (Hrsg.). *Neue Komplexitäten für Kommunikationsforschung und Medienanalyse: Analytische Zugänge und empirische Studien*. Reihe Digital Communication Research. Berlin: Boehland & Schremmer.

Kannengießer, Sigrid. 2019. „Engaging with and reflecting on the materiality of digital media technologies: Repair and fair production". *New Media & Society* 22 (1), 123–139.

Kannengießer, Sigrid. 2020. „Acting on media for sustainability". In Stephansen, Hilde, und Emiliano Treré (Hrsg.). *The turn to practice in media research: implications for the study of citizen- and social movement media*. London: Routledge, 176–188.

Kannengießer, Sigrid, und Ines Weller (Hrsg.). 2018. *Konsumkritische Projekte und Praktiken. Interdisziplinäre Perspektiven auf gemeinschaftlichen Konsum*. München: Oekom.

Nagel, Manuel, und Niko Paech. 2018. „Reparatur kontra Obsoleszenz. Chancen für eine Postwachstumsökonomie". In Kannengießer, Sigrid, und Ines Weller (Hrsg.). 2018. *Konsumkritische Projekte und Praktiken. Interdisziplinäre Perspektiven auf gemeinschaftlichen Konsum*. München: Oekom, 39–56.

Nève, Dorothée de, und Tina Olteanu. 2013. „Potenziale unkonventioneller Partizipation". In Nève, Dorothée de, und Tina Olteanu (Hrsg.). *Politische Partizipation jenseits der Konventionen*. Leverkusen: Verlag Barbara Budrich, 283–302.

Nielsen, Martin; Andersen, Sophie E.; Grove Ditlevsen, Marianne; Pollach, Irene, und Iris Rittenhofer. 2013. „Nachhaltigkeit in der Wirtschaftskommunikation: eine Einführung". In Nielsen, Martin; Andersen, Sophie E.; Grove Ditlevsen, Marianne; Pollach, Irene, und Iris Rittenhofer (Hrsg.). *Nachhaltigkeit in der Wirtschaftskommunikation*. Wiesbaden: Springer VS, 9–18.

Oetzel, Günter. 2012. „Das globale Müllsystem. Vom Verschwinden und Wieder-Auftauchen der Dinge". In Maring, Matthias (Hrsg.). *Globale öffentliche Güter in interdisziplinären Perspektiven*. Karlsruhe: KIT Scientific Publishing, 79–98.

Paech, Niko. 2016. „Die Welt lässt sich nur in der Postwachstumsökonomie reparieren". In Baier, Andrea; Hansing, Tom; Müller, Christa, und Karin Werner (Hrsg.). *Die Welt reparieren. Open Source und Selbermachen als postkapitalistische Praxis*. Bielefeld: transcript, 287–294.

Raworth, Kate. 2017. *Doughnut Economics. 7 Ways to think like a 21st century economist*. Vermont: Chelsea Green Publishing.

Rockström, Johan; Steffen, Will; Noone, Kevin; Persson, Asa; Chapin, F. Stuart III; Lambin, Eric F.; Lenton, Timothy M.; Scheffer, Marten; Folke, Carl; Schellnhuber, Hans Joachim; Nykvist, Björn; Wit, Cynthia A. de; Hughes, Terry; Leeuw, Sander van der; Rodhe, Henning; Sörlin, Sverker; Snyder, Peter K.; Costanza, Robert; Svedin, Uno; Falkenmark, Malin; Karlberg, Louise; Corell, Robert W.; Fabry, Victoria J.; Hansen, James; Walker, Brian; Liverman, Diana; Richardson, Katherine; Crutzen, Paul, und Jonathan A. Foley. 2009. „A safe operating space for humanity". *Nature* 461: 472–475.

Rosner, Daniela, und Morgan G. Ames. 2014. „Designing for repair? Infrastructures and materialities of breakdown". Vortrag auf der 17th ACM Conference on Computer Supported Cooperative Work and Social Computing 2014, Baltimore, Maryland. 319–331.

Rosner, Daniela, und Fred Turner. 2015. „Theaters of alternative industry: Hobbyist repair collectives and the legacy of the 1960s American counterculture". In Plattner, Hasso; Meinel, Christoph, und Harry Leifer (Hrsg.). *Design thinking research*. Heidelberg: Springer International Publishing, 59–69.

Schubert, Klaus, und Martina Klein. 2018. „Das Politiklexikon“. Online unter: http://www.bpb.de/nachschlagen/lexika/politiklexikon. Letzter Zugriff 28.11.2019.

Stichting Repair Café. Ohne Jahr. „About repair café“. Online unter: http://repairca fe.org/about-repair-café. Letzter Zugriff: 01.08.2017.

Vereinte Nationen. 2015. „Resolution der Generalversammlung, verabschiedet am 1. September 2015. Entwurf des Ergebnisdokuments des Gipfeltreffens der Vereinten Nationen zur Verabschiedung der Post-2015-Entwicklungsagenda“. A/RES/69/L.85.

Weber, Max. 1972. *Wirtschaft und Gesellschaft*. 5. Auflage. Tübingen: Mohr Siebeck.

World Commission on Environment and Development. 1987. „Report of the World Commission on Environment and Development: Our Common Future”. Online unter: http://www.un-documents.net/wced-ocf.htm. Letzter Zugriff: 05.08.2019.

Zivilgesellschaftliches Engagement für eine nachhaltigere Gesellschaft – Die Initiative Lieferkettengesetz

Christian Wimberger und Benedikt Lennartz

1 Menschenrechte, Klimawandel und politische Veränderung

Mit der Allgemeinen Erklärung der Menschenrechte, die 1948 von der Generalversammlung der Vereinten Nationen verabschiedet wurde, haben die meisten Staaten der Welt Verantwortung für die Wahrung dieser Rechte übernommen. Die Menschenrechte sind dabei ein zentraler Bestandteil der Grundlagen des demokratischen Systems. So sind Freiheit und Gleichheit der Menschen, das Verbot der Diskriminierung, Verbot der Sklaverei und viele weitere Menschenrechte unabdingbare Voraussetzungen für demokratische Gesellschaften. Das aus der Allgemeinen Erklärung der Menschenrechte entstandene Rechtssystem geht davon aus, dass Staaten die relevanten Akteure sind um die Einhaltung der Menschenrechte zu gewährleisten – und es auch Staaten sind, die für Zuwiderhandlungen verantwortlich sind. Durch die zunehmende Internationalisierung von Wertschöpfungsketten wurden in den vergangenen Jahrzehnten auch vermehrt nichtstaatliche Akteure relevant für die Wahrung der Menschenrechte. Die internationalen Verflechtungen von Lieferketten führen auch dazu, dass Güter, unabhängig davon wo sie gekauft werden, menschenrechtliche Probleme in ihrer Lieferkette einpreisen. Die möglichen Auswirkungen globaler Lieferketten auf die Menschenrechte wurden der Welt 2013 mit dem Einsturz der Textilfabrik Rana Plaza in Bangladesch eindrücklich vor Augen geführt. Schon am Tag vor dem Unglück wurden Risse im Gebäude gefunden, die Inhaber bestanden trotz dessen darauf, dass die Arbeit fortgeführt wird. Der Einsturz kostete 1.136 Menschen das Leben, über 2.000 weitere wurden verletzt. In dem Gebäude wurde überwiegend für den Export hergestellt. Auch bekannte Marken wie KiK und Adler aus Deutschland oder Primark, Benetton, Mango und C&A waren unter den Abnehmern (bpb 2018). Die große Aufmerksamkeit, die das Unglück hervorrief, führte zu Verbesserungen der Arbeitsbedingungen in der Textilbranche in Bangladesch. Solche Verbesserungen finden jedoch stets vor dem Hintergrund eines intensiven Preiswettbewerbs statt, sodass Produktionen auch kurzfristig in andere Staaten verlegt werden können. Neben

Arbeitsstandards sind Umweltprobleme eine große Herausforderung im Bereich Wirtschaft und Menschenrechte. Umweltverschmutzung im Zuge des Abbaus von Ressourcen oder ihrer Weiterverarbeitung kann zum Beispiel die Lebensgrundlage der lokalen Bevölkerung zerstören und so deren Rechte verletzen. Die Entscheidungen von Unternehmen darüber, wie und wo Ressourcen abgebaut werden, wo sie investieren und wo und zu welchem Preis Produkte eingekauft werden haben also Auswirkung auf die Situation der Menschen vor Ort. Die Entwicklung der Situation in Bangladesch zeigt außerdem, dass Veränderung nicht unmöglich ist.

Politisch ist die Bedeutung wirtschaftlicher Akteure für die Wahrung der Menschenrechte nicht erst seit Rana Plaza ein Thema. Schon seit den 1970er Jahren gibt es Initiativen, Richtlinien zur Rolle von Unternehmen für den Schutz der Menschenrechte zu entwickeln. Nachdem in den frühen 2000er Jahren ein erster Vorstoß, der unter dem Begriff „Draft Norms" diskutiert wurde, keine Mehrheit im UN-Menschenrechtsrat fand, wurde John Ruggie als Sonderbeauftragter für Unternehmen und Menschenrechte berufen. Von 2005 bis 2011 entwickelte er die UN-Leitprinzipien zu Wirtschaft und Menschenrechten, die 2011 verabschiedet wurden. Das Dokument enthält 31 Leitprinzipien für staatliche Pflichten zum Schutz der Bewohner*innen, in welchen die Erwartung, dass Unternehmen die Menschenrechte achten formuliert und der Zugang von Betroffenen zu Beschwerdeverfahren und Rechtsschutz eingefordert wird. Die UN-Leitprinzipien sollen von den Mitgliedsstaaten übernommen und national umgesetzt werden. In Deutschland geschah dies 2016 mit dem Nationalen Aktionsplan Wirtschaft und Menschenrechte. Der Aktionsplan setzte auf freiwillige Umsetzung durch die Unternehmen. Forderungen nach einem Gesetz setzten sich damals nicht durch, stattdessen wurde in den Aktionsplan ein Mechanismus aufgenommen, der eine Evaluation der Umsetzung vorsah. Im Falle eines nicht zufriedenstellenden Ergebnisses der Evaluation sollte die Möglichkeit eines Gesetzes weiter diskutiert werden. Nachdem die Evaluation 2020 mit sehr schwachem Ergebnis abgeschlossen wurde, begann die Arbeit am „Gesetz über die unternehmerischen Sorgfaltspflichten zur Vermeidung von Menschenrechtsverletzungen in Lieferketten", das noch 2021 verabschiedet wurde. Im Vorfeld der Gesetzgebung wurde das Gesetz überwiegend als „Lieferkettengesetz" bezeichnet, diese Bezeichnung findet sich auch in den Bemühungen der Zivilgesellschaft. Nach der Verabschiedung des Gesetzes haben sich auch die Begriffe „Sorgfaltspflichtengesetz" und „Lieferkettensorgfaltspflichtengesetz" etabliert.

Die Bedeutung von Umweltfragen für den Schutz der Menschenrechte wird schon länger diskutiert. So wurde 2012 das Amt des UN-Sonderberichterstatters für Menschenrechte und Umweltfragen gegründet, welches die Einhaltung der Menschenrechte auf eine sichere, saubere, gesunde und nachhaltige Umwelt prüft. Ein Beispiel für diese Arbeit ist der Bericht zu den menschenrechtlichen Auswirkungen von Wasserverschmutzung, Wasserknappheit und wasserbezogenen Katastrophen (UN-General Assembly 2021). Auch das Europäische Parlament nahm Umweltaspekte in den Entwurf für ein europäisches Lieferkettengesetz mit auf (European Parliament 2021). Im Rahmen der Tagung „Politik in Zeiten des Klimawandels" im Dezember 2020 diskutierten die Teilnehmenden des Workshops „Menschenrechte, Umweltschutz und globale Lieferketten" über die Möglichkeit eines solchen Gesetzes und über die Hindernisse und Hürden, die dessen Implementierung im Wege stünden. Dazu wurde die Initiative Lieferkettengesetz vorgestellt, ein Zusammenschluss von zivilgesellschaftlichen Organisationen, die sich für ein starkes Lieferkettengesetz einsetzen, und es wurde skizziert, wie die Initiative sich in den politischen Prozess entscheidend einbringen konnte.

Zum Einfluss sozialer Bewegungen wie der Initiative Lieferkettengesetz auf politische Prozesse und ihre Ergebnisse mangelt es nicht an Fachliteratur (für eine Übersicht siehe Amenta et al. 2010). An der Entstehungsgeschichte des deutschen Sorgfaltspflichtengesetz unter besonderer Betrachtung des Wirkens der Initiative Lieferkettengesetz lassen sich exemplarisch Interessenskonflikte zeigen, die viele politische Prozesse der sozio-ökologischen Transformation begleiten. Dem Spannungsfeld zwischen transnationalen wirtschaftlichen Aktivitäten und deren spürbaren Konsequenzen entlang der Produktionsketten von Konsumgütern für andere Regionen der Welt liegt dabei scheinbar ein fundamentaler Interessensgegensatz zugrunde: Die Forderung nach Regulierung unverantwortlicher Geschäftspraktiken zum Schutze der Menschenrechte steht wirtschaftlichen Handlungsmaximen zur Profitmaximierung gegenüber.

Um diesem Konflikt genauer nachzugehen, wird hier zunächst die Initiative Lieferkettengesetz und ihre Arbeit vorgestellt, anschließend wird der rechtliche Rahmen im Bereich Wirtschaft und Menschenrechte diskutiert. Die Hindernisse und Hürden, denen die Initiative Lieferkettengesetz begegnet ist, sowie die Ergebnisse der Diskussion im Workshop zeigen die Schwierigkeiten, mit denen sich die Initiative Lieferkettengesetz befassen musste. Das Sorgfaltspflichtengesetz ist im Juli 2021, ein halbes Jahr nach der Tagung, verabschiedet worden. Ein Blick auf das Gesetz und den Beitrag der Initiative Lieferkettengesetz zeigt abschließend, dass eine menschenrechtskonforme Wirtschaftspolitik für deutsche Unternehmen auch über die Landesgrenzen hinweg möglich ist.

2 Die Initiative Lieferkettengesetz

Um die Einflussmöglichkeiten zivilgesellschaftlicher Organisationen an diesem Beispiel nachvollziehen zu können ist es zunächst wichtig, die Initiative Lieferkettengesetz genauer unter die Lupe zu nehmen. Die Initiative Lieferkettengesetz hatte es sich zum Ziel gesetzt, die gesellschaftliche Debatte um das Thema Wirtschaft und Menschenrechte anzustoßen und Druck auf die Bundesregierung auszuüben, das Lieferkettengesetz zu verabschieden. Nach der Wahrnehmung der Initiative wurden diese Ziele erreicht. Die Aktivitäten der Initiative haben einen wichtigen Beitrag zum politischen Prozess zum Lieferkettengesetz geliefert. Wie ist der Initiative Lieferkettengesetz das gelungen? Welche Faktoren haben zum Erfolg der Kampagne beigetragen?

Das zivilgesellschaftliche Bündnis „Initiative Lieferkettengesetz" ist aus dem CorA-Netzwerk[1] für Unternehmensverantwortung hervorgegangen, einem Fachforum, das die politische Arbeit von 60 Trägerorganisationen zu verbindlicher Unternehmensverantwortung in den Bereichen Menschenrechte und Umweltschutz koordiniert. Als die Bundesregierung Ende 2016 im Nationalen Aktionsplan Wirtschaft und Menschenrechte in Aussicht stellte, „weitergehende Schritte bis hin zu gesetzlichen Maßnahmen" zu gehen, wenn nicht mindestens 50 Prozent der deutschen Unternehmen mit mehr als 500 Mitarbeiter*innen die Anforderungen an die menschenrechtlichen Sorgfaltspflichten erfüllen, sah das CorA-Netzwerk den entscheidenden Moment gekommen. CorA gründete die Initiative Lieferkettengesetz, die eine Kampagne für einen gesetzlichen Rahmen zu menschenrechtlichen und umweltbezogenen Sorgfaltspflichten in den Lieferketten der Unternehmen im September 2019 lancierte.

Die Initiative zeichnet sich durch ihre Diversität aus. Im Trägerkreis sind 20 Organisationen beteiligt, sie kommen aus den Bereichen Entwicklungspolitik und Menschenrechte (z. B. die Christliche Initiative Romero, ECCHR und OXFAM), Umweltschutz (BUND und Greenpeace), kirchliche Entwicklungszusammenarbeit (Brot für die Welt und Misereor) und Gewerkschaften (DGB und ver.di). Die mittlerweile über 130 Bündnisorganisationen spiegeln diese Vielfalt gleichermaßen wider. Die Initiative hat es geschafft, trotz der unterschiedlichen Arbeitsschwerpunkte der Organisationen mit einer Stimme zu sprechen und gemeinsame Aktionen durchzuführen. Das Kampagnenbüro hat abgestimmte Kampagnenaktivitäten wie z. B. eine Petition an Bundeskanzlerin Angela Merkel (222.222

---

1 CorA steht für Corporate Accountability, Rechenschaftspflicht für Unternehmen.

Unterzeichner*innen), Protestaktionen vor dem Bundestag und dem Bundeskanzleramt, eine Meinungsumfrage und gemeinsame Informationsmaterialien koordiniert. Besonders wichtig war es der Initiative, die politischen Entwicklungen durch eine professionelle Pressearbeit zu begleiten. So war z. B. die Veröffentlichung der Unternehmensbefragung der Bundesregierung im Juni 2020, nach der nur ca. 13 bis 17 Prozent der Unternehmen die menschenrechtlichen Sorgfaltspflichten umsetzten, ein bedeutender Kommunikationsmoment, um einen gesetzlichen Rahmen zu fordern. Indem die einzelnen Träger- und Unterstützerorganisationen die gemeinsamen Forderungen in ihren eigenen Publikationen, aber auch zu abgestimmten Anlässen in den sozialen Medien verbreiteten, konnte die Initiative eine hohe Wirkung auf Medien, die öffentliche Meinung und politische Entscheidungsträger*innen entfalten.

Neben der zentralen Koordination und dem „Sprechen mit einer Stimme" waren die dezentralen Elemente der Kampagne mindestens genauso wichtig. Es war explizit gewünscht, dass jede Mitgliedsorganisation ihre eigenen Methoden und Inhalte nutzte, um die gemeinsamen Forderungen zu verbreiten. So kommunizierten manche Organisationen provokanter als andere, die eher auf ein Fachpublikum abzielten. Einige Organisationen legten den Schwerpunkt auf den Umweltschutz, andere auf Menschenrechte. Einen besonderen Beitrag zur gesellschaftlichen Debatte leisteten lokale Initiative wie Weltläden, Kirchengruppen und lokale Ableger der Organisationen. Durch Straßenaktionen, Informationsstände und Abendveranstaltungen machten sie die Bevölkerungen in den Städten auf die Forderungen der Initiative aufmerksam. Sie führten 128 Gespräche mit den lokalen Bundestagsabgeordneten, um sie von der Notwendigkeit des Gesetzes zu überzeugen. Diese lokale politische Arbeit gegenüber Politiker*innen war eine wichtige Grundlage für die Verabschiedung des Gesetzes.

Im Workshop „Menschenrechte, Umweltschutz und globale Lieferketten" hoben mehrere Teilnehmer*innen hervor, dass die Verbindung zur persönlichen Lebenswelt der Menschen wichtig für die Mobilisierung zivilgesellschaftlicher Initiativen sei. Die Erfahrung der Initiative Lieferkettengesetz kann diese These unterstützen. Indem sie in den Kampagnenmaterialien stets auf die Verbindung des Lieferkettengesetzes zum individuellen Konsum hinwies und die Bundesregierung aufforderte, die Verantwortung nicht auf Verbraucher*innen abzuwälzen, steigerte die Initiative wohl die Identifikation lokaler Initiativen wie z. B. von Weltläden mit der Kampagne.

Schließlich war für den Erfolg der Kampagne entscheidend, dass sich auch weitere gesellschaftliche Akteure, die nicht Teil der Initiative Lieferkettengesetz waren, für ein Lieferkettengesetz aussprachen. So schufen sie positive Kommunikationsanlässe für die Initiative und steigerten deren Legitimität. Bis zur Verabschiedung des Lieferkettengesetzes unterzeichneten über 50 Unternehmen das vom Business und Human Rights Ressource Center koordinierte Statement „Unsere Verantwortung in der globalisierten Welt“ (Business & Human Rights Centre 2020). Dass nicht nur Fairhandelsunternehmen wie GEPA oder El Puente sondern auch große Bekleidungsunternehmen wie Kik und Primark oder der Lebensmittelkonzern Nestlé, die bisher sicher nicht als Spitzenreiter nachhaltigen Unternehmenshandelns gelten können, das Statement mittrugen, stärkte maßgeblich die gesellschaftliche Akzeptanz der Forderungen der Initiative. Durch ihr Statement machten diese Unternehmen deutlich, dass menschenrechtliche und umweltbezogene Sorgfaltspflichten keine abgehobene Idee weltfremder Idealist*innen sind. Vielmehr seien viele Unternehmen längst bereit, diese Methode umzusetzen, und haben die Vorteile von mehr Rechtssicherheit durch einen gesetzlichen Rahmen erkannt. Ähnlich unterstützend wirkte für die Kampagne ein Statement progressiver Ökonom*innen, denen zufolge ein Lieferkettengesetz „die Voraussetzung für zielführendes wirtschaftliches und politisches Handeln“ verbessert (Initiative Lieferkettengesetz 2020a). Mit dieser Argumentation konnte die Initiative zeigen, dass die Behauptungen der großen Unternehmensverbände längst nicht von allen Wirtschaftswissenschaftler*innen unterstützt wurde. Im Frühjahr verabschiedeten dann noch 74 Kommunen eine Resolution für ein Lieferkettengesetz, von dem sie „einen Beitrag zur Umsetzung der globalen Entwicklungsziele auf lokaler Ebene“ erwarteten (Stadt Neuss 2021).

3 Der rechtliche Rahmen im Bereich Wirtschaft und Menschenrechte

Das Sorgfaltspflichtengesetz, das 2021 in Deutschland verabschiedet wurde war, wie bereits thematisiert, nicht der erste Ansatz die Aktivitäten von Unternehmen in diesem Bereich zu regulieren. Stattdessen fügt sich das Gesetz in eine Reihe von internationalen und nationalen Rahmenbedingungen ein. Das zentrale Instrument auf internationaler Ebene sind dabei die Leitlinien zu Wirtschaft und Menschenrechten der Vereinten Nationen, die 2011 verabschiedet wurden. Anfang des vergangenen Jahrzehnts forderte die Europäische Kommission die EU-Mitgliedstaaten auf, „bis Ende 2012 nationale Pläne für die Umsetzung der Leitprinzipien Wirtschaft und Menschenrechte der Vereinten Nationen zu erstellen“ (Europäische Kommission 2011, 17 Ziffer 12 E), woraufhin einige Mitgliedstaaten wie

Schweden oder die Niederlande bereits 2012 begannen, einen solchen zu erarbeiten (vgl. DGVN 2018). Die deutsche Bundesregierung verabschiedete Ende 2016 ihren Nationalen Aktionsplan Wirtschaft und Menschenrechte. Dieser wurde innerhalb von zwei Jahren in einem Multi-Stakeholder-Prozess erarbeitet und beinhaltet fünf Kernelemente der Sorgfaltspflicht: eine öffentliche Grundsatzerklärung zur Achtung der Menschenrechte (1); eine Risikoanalyse zur Ermittlung (potenzieller) nachteiliger Auswirkungen auf die Menschenrechte (2); Maßnahmen zur Abwendung und Kontrollen ihrer Wirksamkeit (3); Berichterstattung (4); sowie die Etablierung eines bzw. Beteiligung an einem Beschwerdemechanismus (5) (AA 2016, S. 8). Ziel des Nationalen Aktionsplans war, dass mindestens 50 Prozent aller Unternehmen mit Sitz in Deutschland und über 500 Mitarbeitenden diese fünf Elemente in ihre Unternehmensprozesse bis 2020 einbinden. Für den Fall der Nichterfüllung dieses Ziels wurde festgelegt, dass die Bundesregierung weitere Schritte und ggf. gesetzliche Maßnahmen prüft (siehe AA 2016, S. 10).

Der Nationale Aktionsplan (NAP) stand aufgrund seiner Inhalte schon bei seiner Verabschiedung in der Kritik. Insbesondere Vertreter*innen aus Politik und Zivilgesellschaft kritisierten die Pläne als nicht weitgehend genug. Uwe Kekeritz, Sprecher für Entwicklungspolitik, und Tom Koenigs, Sprecher für Menschenrechtspolitik der Partei Bündnis 90/Die Grünen argumentierten 2016: „Es ist ein Armutszeugnis, dass der ohnehin weichgespülte Entwurf durch das Bundesfinanzministerium weiter verwässert wird. Minister Schäuble macht sich zum Interessenvertreter der Unternehmen, indem er jegliche Verbindlichkeit streichen will“ (Kekeritz 2016). Auch Nichtregierungsorganisationen wie das Deutsche Institut für Menschenrechte kritisierten den Plan. Mangelnde Kontrolle der Einhaltung, fehlende Beratung von Betroffenengruppen, keine weitergehende Verpflichtung öffentlicher Unternehmen und fehlende Vorgaben zu Berichterstattung und Kommunikation seien gravierende Schwachpunkte (Deutsches Institut für Menschenrechte 2016, S. 11). Das Forum Menschenrechte reichte im Rahmen einer Anhörung im UN-Sozialausschuss zwei Dokumente ein, die eine Vielzahl von Problemen des NAP, sowohl innerhalb Deutschlands als auch in den Auswirkungen auf wirtschaftliche Aktivitäten deutscher Unternehmen im Ausland, dokumentieren (Forum Menschenrechte 2017a; 2017b). Und auch das grundsätzliche Fehlen von Verbindlichkeit, sowie die scheinbar laschen Bedingungen, um Erfüllung der Anforderungen zu suggerieren und ein Gesetzgebungsverfahren zu umgehen wurden kritisiert (Misereor und Brot für die Welt 2019). Große Teile der Kritik wurden auch durch relevante UN-Organisationen, wie den Sozialausschuss aufgenommen. Neben weiteren Punkten wurden insbesondere das exklusiv freiwillige Wesen der formulierten Rechenschaftspflichten, das Fehlen von Evaluationsmechanismen, die Schwelle bei Adoption des Plans von 50% der Unternehmen, sowie der schwierige Zugang ausländische Betroffener zu deutschen Gerichten kritisiert (ECOSOC 2018).

Zur Überprüfung der Einhaltung der Ziele des Nationalen Aktionsplans erfolgte ab 2018 eine jährliche Erhebung auf Basis von Stichproben der betroffenen Unternehmen mit qualitativen Befragungen zu den Hürden bei der Umsetzung der zu ergreifenden Maßnahmen. Der „Comply or Explain"-Mechanismus bot den Unternehmen damit die Möglichkeit darzulegen, weshalb bestimmte Maßnahmen und Verfahren ggf. nicht umgesetzt wurden (AA 2019, S. 3f.) Trotz „Verwässerungen" in der Methodik, die zu einer erschwerten Unterscheidung zwischen Erfüllern und Nicht-Erfüllern der Maßnahmen führten (CorA-Netzwerk für Unternehmensverantwortung et al. 2019, S. 2)[2], wurde das Ziel einer Umsetzung der im Aktionsplan geschilderten Anforderungen von mindestens 50 Prozent der Unternehmen verfehlt. Im Erhebungsjahr 2020 erfüllten lediglich 13 bis 17 Prozent der untersuchten Unternehmen die Anforderungen und 10 bis 12 Prozent waren „auf einem guten Weg" diese zu erfüllen (vgl. AA 2020). Als Konsequenz kündigten Arbeitsminister Hubertus Heil und Entwicklungsminister Gerd Müller im März desselben Jahres an, gemeinsame Eckpunkte für ein Gesetz zur unternehmerischen Sorgfaltspflicht vorzulegen. Auf Basis dieser Eckpunkte beschloss das Bundeskabinett ein Jahr später einen entsprechenden Gesetzesentwurf. Diesem zufolge gilt das Gesetz in Deutschland ab 2023 für große Unternehmen mit mindestens 3.000 Mitarbeitenden, und ab 2024 bereits für Unternehmen mit mindestens 1.000 Beschäftigten. Die Verpflichtung zur menschenrechtlichen Sorgfalt umfasst sowohl die Körperschaften des Unternehmens selbst als auch die unmittelbaren Zulieferer. Der Umweltschutz ist nur erfasst, soweit Umweltrisiken zu Menschenrechtsverletzungen führen können. Das Bundesamt für Wirtschaft und Ausfuhrkontrolle (BAFA) fungiert als Kontrollbehörde und kann bei Verstößen gegen die Sorgfaltspflicht Buß- und Zwangsgelder verhängen. Nach kleineren Änderungen wurde das Gesetz schließlich am 11. Juni 2021 als „Lieferkettensorgfaltspflichtengesetz" (LkSG) mit 412 Stimmen von CDU, SPD und Grünen dafür, 159 Gegenstimmungen von AfD und FDP und 59 Enthaltungen der Linken verab-

2 Veränderungen in der Methodik der Evaluation veränderten die Anforderungen um Unternehmen als „Nicht-Erfüller" zu klassifizieren. So wurden zum Beispiel Unternehmen, die den Fragebogen unvollständig ausfüllen aus der Wertung genommen und Unternehmen, die die Anforderungen nicht erfüllen aber angeben dies in Zukunft tun zu wollen aus der Kategorie der Nicht-Erfüller gestrichen.

schiedet (Deutscher Bundestag o.D.). Der Geltungsbereich wurde auf Zweigniederlassungen ausländischer Unternehmen in Deutschland erweitert, sofern diese mindestens 3.000 Mitarbeitende ab 2023 bzw. mehr als 1.000 Mitarbeitende ab 2024 beschäftigen. Ferner werden im verabschiedeten Gesetz auch kontrollierte Tochterunternehmen im Ausland zum eigenen Geschäftsbereich gerechnet. Eine weitere Ergänzung ist das Basler Abkommen zu Abfallexporten zum Schutz der menschlichen Gesundheit. Brancheninitiativen zu Menschenrechtsstandards gelten bei Zulieferer aus der tieferen Lieferkette als angemessene Präventionsmaßnahme und es besteht eine Informationspflicht über die Umsetzung des LkSG an die Betriebsräte (BMZ o.D.). Ende Februar 2022 hat die Europäische Kommission einen Entwurf für ein EU-Lieferkettengesetz vorgestellt, der das deutsche Sorgfaltspflichtengesetz in einigen Punkten mit schärferen Maßnahmen übertrifft. So fallen beispielsweise Unternehmen bereits ab einer Zahl von 500 Mitarbeitenden in den Geltungsbereich, in einigen „High-Impact"-Sektoren wie der Textilbranche oder der Landwirtschaft sogar ab 250 Mitarbeitenden. Auch eine zivilrechtliche Haftungsregelung ist im Entwurf vorgesehen (Europäische Kommission 2022, S. 15–16).

4 Hindernisse und Hürden

Den Bemühungen der Initiative Lieferkettengesetz für ein starkes, verpflichtendes Gesetz zu den Sorgfaltspflichten von Unternehmen entlang ihrer Lieferketten standen im politischen Prozess auch Hindernisse und Hürden im Weg. Verschiedene Akteure versuchten, ein Gesetz zu verhindern oder die Inhalte des Gesetzes abzuschwächen. Der zentrale hemmende Faktor während der Kampagne war der Widerstand großer Unternehmensverbände wie dem Bundesverband der Deutschen Industrie (BDI), der Bundesvereinigung der deutschen Arbeitgeberverbände (BDA), dem Handelsverband Deutschland und dem Verband textil + mode. Diese Verbände verfolgten eine zweigleisige Strategie.

Einerseits setzten sie in ihrer Pressearbeit auf eine stark vereinfachende und polemische Argumentation. Einige Sprecher*innen malten regelrechte Schreckensszenarien an die Wand. Schon im April 2019 sagte Ingeborg Neumann von textil + mode der Zeit: „Unserer globalen Konkurrenten werden uns einfach vom Markt fegen" (Zeit 2019). Im November 2019 meinte Arbeitgeberpräsident Ingo Kramer mit dem Gesetz bereits „mit beiden Beinen im Gefängnis" zu stehen (Presseportal 2019). Damals spielte die strafrechtliche Verfolgung von Manager*innen in der Debatte aber längst keine Rolle mehr. Diskutiert wurde lediglich die zivilrechtliche Haftung.

Andererseits nutzte die organisierte Wirtschaft den Zugang zu Wirtschaftsminister Peter Altmaier (CDU), um das Gesetz zu blockieren bzw. es zu verwässern. Eine Studie von Misereor und dem Global Policy Form zeigt, dass Peter Altmaier auf Drängen von Unternehmensverbänden dafür sorgte, dass unvollständig ausgefüllte Fragebogen der Unternehmen nicht im Rahmen der Unternehmensbefragung bewertet wurden. So sollte das Ergebnis beschönigt werden (Initiative Lieferkettengesetz 2020b). Die deutsche Wirtschaft erreichte das Ziel von 50 Prozent Unternehmen, die den Plan erfüllen jedoch nicht. Nur 13 bis 17 Prozent erfüllten die Anforderungen des Monitorings. Eine weitere Recherche zeigt, dass der „Arbeitskreis Wirtschaft und Energie“ und der „Parlamentskreis Mittelstand“ der CDU/CSU-Bundestagsfraktion mit einem kurze Zeit später veröffentlichten Statement von 28 Unternehmensverbänden nahezu identische Positionen in einem Beschluss gegen das Lieferkettengesetz vertraten. Angesichts der personellen Überschneidungen zwischen den Gremien der Union und den Wirtschaftsverbänden war dieses offenbar konzertierte Vorgehen nicht überraschend (Paasch und Seitz 2021).

War die Doppelstrategie der Unternehmensverbände, bestehend aus Öffentlichkeitsarbeit und direktem Lobbyismus in Ministerien am Ende erfolgreich? In Bezug auf die polemische Öffentlichkeitsarbeit kann diese Frage mit Nein beantwortet werden. Letztlich waren die Äußerungen der Verbände-Chef*innen in vielen Fällen wohl zu plump oder teilweise kontrafaktisch. Das Statement „Unsere Verantwortung in der globalisierten Welt“ zahlreicher Unternehmen für ein Lieferkettengesetz machte deutlich, dass die Verbände längst nicht für alle Unternehmen sprachen. Die Argumentation progressiver Ökonom*innen, die im Lieferkettengesetz eher einen Innovationstreiber als eine Schädigung des Standorts Deutschland sahen, half der Initiative, den Bemühungen der Unternehmensverbände auf sachliche Weise entgegenzutreten. Dass die verbalen Attacken von Neumann und Co. letztlich in der Bevölkerung nicht verfingen, mag auch auf eine Stimmung in einem Teil der Medien- und Wissenschaftslandschaft zurückzuführen sein. Die Hans-Böckler-Stiftung deutete die Corona-Krise als Krise der Globalisierung. Der Soziologe Hartmut Rosa sah während der Pandemie Möglichkeiten des „In der Welt-Seins und Miteinander Umgehens“ (Rosa 2021) im Gegensatz zum Wachstumszwang und der Steigerungslogik in der Wirtschaft. Das Lieferkettengesetz, das rücksichtslosem Profitstreben entgegenwirken soll, ist mit einer solchen normativen Zeitdiagnose durchaus vereinbar. Ähnliche Sichtweisen in der Bevölkerung könnten auch dazu beigetragen haben, dass nach einer repräsentativen Infratest-Umfrage 75 Prozent der Befragten sich für ein Lieferkettengesetz aussprachen.

Bei den Lobbyaktivitäten kann die Frage nach dem Erfolg des Widerstands der Unternehmensverbände mit einem „Jein" beantwortet werden. BDA-Präsident Ingo Kramer lag mit seiner Prognose, dieser „Unfug sei so groß, dass er nicht kommen werde" (Presseportal 2019), letztlich falsch. Die Verbände konnten das Gesetz nicht verhindern. Es wurde schließlich verabschiedet und trotz seiner Schwächen stellt es mit der erstmaligen allgemeinen Einforderung unternehmerischer Sorgfaltspflichten einen Paradigmenwechsel dar. In diesem Zusammenhang bestätigt sich die von einer Teilnehmerin des Workshops geäußerte These, dass an bestimmten Punkten die Bedeutung von Politiker*innen entscheidend sei, um Transformationen herbeizuführen. Viele Politiker*innen, allen voran Entwicklungsminister Gerd Müller (CSU) und Arbeitsminister Hubertus Heil (SPD), haben sich bei mehreren Gelegenheiten überzeugt gezeigt und haben sich geradezu leidenschaftlich für ein Lieferkettengesetz ausgesprochen. Auch viele Bundestagsabgeordnete – sowohl der Regierungsparteien als auch der Opposition – beteuerten gegenüber den Aktivist*innen der Initiative Lieferkettengesetz, sich für ein starkes Lieferkettengesetz einzusetzen. Diese klare Haltung vieler Politiker*innen, die nicht mit mahnenden Worten in Richtung der Wirtschaft sparten, hat die Wirkung des Verbandslobbyismus vermutlich stark reduziert.

Nichtsdestotrotz konnten die Verbände eine signifikante Schwächung des Gesetzes an zentralen Punkten bewirken. So sieht es nur in Bezug auf unmittelbare Lieferanten systematische und präventive Sorgfaltspflichten vor, in der erweiterten Lieferkette gelten nur anlassbezogene Sorgfaltspflichten. Unternehmen sind hier also nur verpflichtet diese Standards zu erfüllen, wenn es Grund gibt davon auszugehen, dass es Verletzungen der Menschenrechte gibt. Die Initiative Lieferkettengesetz kritisiert unter anderem, dass das Gesetz keine zivilrechtliche Haftung von Unternehmen vorsieht und den Zugang von Geschädigten zu deutschen Gerichten nicht wesentlich erleichtert (Initiative Lieferkettengesetz 2021). Änderungsanträge, eingebracht im Zuge der Diskussion des Gesetzes im Bundestag, wurden unabhängig von ihrer Stoßrichtung (Reichweite, Haftung, Umwelt und Anwendungsbereich durch die Grünen, „grundlegende Nachbesserungen" durch die Linke und Neuausrichtung der Entwicklungszusammenarbeit mit Afrika und Verhinderung des Lieferkettengesetztes durch die AfD) abgelehnt (Bundestag 2021).

Die beschriebenen Bemühungen zur Verhinderung oder Verwässerung des Gesetzes decken sich mit den Eindrücken der Teilnehmer*innen des Workshops zur politischen Einflussnahme. Der Einfluss wirtschaftlicher

Akteure durch Lobbying, sowie die Uneinigkeit innerhalb der Regierung wurden hier als zentrale Hindernisse für ein Sorgfaltspflichtengesetz im politischen Prozess wahrgenommen, wobei Mobilisierung innerhalb der Gesellschaft als Möglichkeit, dem Einfluss wirtschaftlicher Akteure entgegenzuwirken, identifiziert wurde. So wurde die Hoffnung geäußert, man könne zum Beispiel durch eine Emotionalisierung der Debatte und daraus folgend einer Veränderung von Bewusstsein, Werten und Überzeugungen, Einfluss auf politische Prozesse nehmen. Auch die Erfahrbarkeit der Effekte, zum Beispiel durch Erfolge des Engagements, war ein wichtiger Faktor für die Teilnehmenden. Engagement und Mobilisierung müssten sich in Ergebnissen erfahren lassen. Ein Problem, dass sowohl für den Menschenrechtskontext als auch für weitere Nachhaltigkeitsfragen angesprochen wurde war, dass die nicht-nachhaltige Optionen durch strukturelle Faktoren in Produktion und politischen Entscheidungsprozessen zu den Standardoptionen für Problemlösungen gemacht werden. Auch hier wurden Veränderungen von Werten und Überzeugungen als möglicher Weg zu Veränderung diskutiert. Auch konkrete Beispiele von Unternehmen, die bereits alternative Lösungen anbieten waren Thema. Ein Beispiel war dabei das Unternehmen Nager-IT, das sich für menschenwürdige Arbeitsbedingungen in der Computerindustrie einsetzt. Der Einfluss einzelner Konsument*innen wurde ebenfalls abgewogen, aber insbesondere im Vergleich zu den Möglichkeiten organisierter Interessensvertretungen als sehr begrenzt wahrgenommen. Lösungen wurden daher eher durch politische Rahmenbedingungen, gefördert durch organisiertes Engagement von Bürger*innen gesehen, als durch Konsument*innen oder durch Initiativen von Unternehmen.

Das Gesetz wurde mit den Stimmen der Unionsparteien, der SPD und der Grünen verabschiedet, die Linke enthielt sich, während die FDP und die AfD dagegen stimmten. Die Mitglieder der Initiative Lieferkettengesetz, deren Unterstützung für das Gesetz einen wichtigen Beitrag für die Überwindung der Hindernisse und Hürden auf dem Weg zum Sorgfaltspflichtengesetz waren zogen, letztlich ein differenziertes Fazit der zum Gesetz. Einerseits stehe das Gesetz für einen Paradigmenwechsel, weg von rein freiwilligen Initiativen im Rahmen der Corporate Social Responsibility, hin zu verbindlichen Vorgaben für Unternehmen. Wichtig sei, dass Unternehmen nun die im Gesetz festgeschriebenen Standards verpflichtend einführen müssen. Es gebe nun behördliche Kontrollen und Möglichkeiten des Eingriffs bei Zuwiderhandlungen, Mechanismen die auch von Betroffenen, Verbänden und NGOs vor Gericht eingefordert werden können. So könne das Gesetz auch eine präventive Wirkung entfalten. Das Gesetz umfasse außerdem einige (grundlegende) umweltbezogene Pflichten und einen im Vergleich zum Regierungsentwurf vergrößerten Anwendungsbereich (Initiative Lieferkettengesetz 2021). Andererseits könne man aus dem Gesetz auch klar den Einfluss von Wirtschaftsverbänden, des CDU-Wirtschaftsrats und des Bundeswirtschaftsministers herauslesen. So gälten die Pflichten nur für den eigenen Geschäftsbereich und unmittelbare Zulieferer – mittelbare Zulieferer müssten nur anlassbezogen in die Prozesse aufgenommen werden. Dies stehe im direkten Widerspruch dazu, dass Menschenrechtsverletzungen oftmals gerade am Beginn der Lieferketten stattfinden. Das Fehlen einer zivilrechtlichen Haftung entlasse Unternehmen aus der Verantwortung für Schäden auch finanziell aufkommen zu müssen. Die genannten umweltbezogenen Pflichten seien außerdem nur marginal und ergäben sich aus anderen internationalen Abkommen, eine eigene Klausel zu Biodiversität und Klimaauswirkungen gebe es nicht. Weitere wichtige Komponenten der UN-Leitprinzipien zu Wirtschaft und Menschenrechten, die es nicht in das Sorgfaltspflichtengesetz geschafft haben, seien Abhilfe und Wiedergutmachung für Betroffene. Nach den Leitprinzipien geht es dabei nicht nur um mögliche Schadensersatzklagen, sondern auch um Wiedergutmachung als Teil der Sorgfaltspflichten sowie Zugang zu Konsultationen, die Unternehmen mit potenziell betroffenen Gruppen führen sollten. Auch die Zahl der Unternehmen, die das Gesetz umsetzen müssen, sei verhältnismäßig klein. Das Gesetz habe außerdem Lücken im Bereich der Geschlechtergerechtigkeit und der Beteiligungsrechte für Indigene: Geschlechtsbezogene Gewalt und Diskriminierung werden nicht aufgeführt und ein Bezug zur ILO-Konvention zu den Beteiligungsrechten indigener Bevölkerung fehle gänzlich, obwohl diese besonders gefährdet sei. Schließlich kritisiert die Initiative die Zuständigkeit der BAFA für die Umsetzung des Gesetzes, da diese dem Bundeswirtschaftsministerium unterstehe, welches sich wiederrum klar gegen das Lieferkettengesetz positioniert hatte. Zuletzt wird auch der Entzug der im Gesetzesentwurf noch verankerten Grundlage für haftungsrechtliche Ansprüche, durchgesetzt auf Wunsch der CDU-Fraktion, von der Initiative Lieferkettengesetz scharf kritisiert (ebd.).

5 Zivilgesellschaftliches Engagement für Nachhaltigkeit

Mit der Verabschiedung des Lieferkettengesetzes ist, trotz einiger abgeschwächter oder gänzlich fehlender Elemente, die Hoffnung verbunden, dass es zu tatsächlichen Verbesserungen der Situation entlang der Lieferketten der betroffenen Unternehmen führt. Optimistisch stimmt dabei Forschung, die gezeigt hat, dass Regulierung oftmals nicht nur durch Bestrafung wirkt, sondern durch ein komplexes Zusammenspiel verschiedener Elemente. So kann die Existenz von Gesetzen, auch wenn diese schwer durchsetzbar oder inhaltlich sehr limitiert sind, schon zur Etablierung von Standards führen (Gunningham et al. 2005; Thornton et al. 2005). Die Umsetzung des Gesetzes in Deutschland und die Arbeit an einem Gesetz auf europäischer Ebene zeigen auch, dass die Hindernisse und Hürden, die im Dezember 2020 ein Gelingen der Initiative noch sehr fragwürdig erscheinen ließen, letztlich überwunden wurden. Dazu hat das Engagement der Initiative Lieferkettengesetz sicherlich einen nicht unwesentlichen Beitrag geleistet. Der Teilerfolg, der mit dem Erlass des Sorgfaltspflichtengesetzes erreicht werden konnte, zeigt die Bedeutung von zivilgesellschaftlichem Engagement. Vor dem Hintergrund der Hürden, die während des Workshops diskutiert wurden, war die Verabschiedung eines Gesetzes alles andere als selbstverständlich. Der Erfolg des Prozesses, unterstützt durch die Initiative Lieferkettengesetz, Unternehmen, Kommunen und Bürger*innen entspricht auch dem in der Gruppe geäußerten Bedarf, die Effekte des Engagements erfahren zu können, um politisches Engagement auch langfristig zu unterstützen. Gleichzeitig zeigen die Erfahrungen, insbesondere der Initiative Lieferkettengesetz, dass Veränderungen hin zu Regulierung, die die externen Effekte wirtschaftlicher Tätigkeit adressiert, auf Widerstände stoßen. Die beobachtbaren Bemühungen von verschiedenen Akteuren durch Lobbyarbeit und Verbindungen in Parteigremien und Ministerien das Lieferkettengesetz zu stoppen oder möglichst aufzuweichen, zeigen auch, wie wichtig starke Unterstützung aus der Zivilgesellschaft für solche Initiativen ist. Wie der Blick auf die Entwicklung der Regulierung wirtschaftlicher Verantwortung für die Menschenrechte zeigt, finden solche Bemühungen auf allen politischen Ebenen und durch den gesamten Prozess statt. Wie die zahlreichen Beispiele von gescheiterten internationalen Initiativen und ineffektiven staatlichen Programmen wie dem Nationalen Aktionsplan in Deutschland zeigen, schlugen vorige Vorhaben zur nachhaltigen Verbesserung der Situation von Menschen entlang der globalen Lieferketten in der Vergangenheit fehl. Vor diesem Hintergrund ist das Lieferkettengesetz ein großer Erfolg. Der Prozess, der zur Verabschiedung des Lieferkettengesetzes führte, hat möglicherweise auch dazu beigetragen, dass mittlerweile an einem EU-weiten Lieferkettengesetz gearbeitet wird. Der Entwurf der Europäischen Kommission, der am 23. Februar veröffentlicht wurde, geht in einigen wichtigen Punkten über das deutsche Gesetz hinaus: er gilt für die gesamte Wertschöpfungskette ohne Abstufung und sieht eine zivilrechtliche Haftung von Unternehmen vor. Der Entwurf enthält aber aus Sicht der Initiative Lieferkettengesetz auch Schwachpunkte. So ist die unternehmerische Sorgfaltspflicht auf "etablierte", das heißt dauerhafte Geschäftsbeziehungen begrenzt und lässt somit einen Großteil der Lieferketten außen vor. Die Verabschiedung eines wirksamen EU-weiten Lieferkettengesetzes wäre ein wichtiger Schritt hin zu einer global gerechteren Wirtschaft. Die Initiative Lieferkettengesetz wird sich gemeinsam mit zivilgesellschaftlichen Organisationen und Bündnissen in der EU für dieses Ziel einsetzen.

6 *Literatur*

Amenta, Edwin; Caren, Neil; Chiarello, Elizabeth und Su Yang. 2010. „The political consequences of social movements". *Annual Review of Sociology*, 36: 287–307.

Auswärtiges Amt [AA] (Hrsg.). 2016. „Nationaler Aktionsplan zur Umsetzung der VN-Leitprinzipien für Wirtschaft und Menschenrechte. 2016–2020". Auswärtige Amt Referat 401. Berlin. Online: https://www.auswaertiges-amt.de/blob/297434/8d6ab29982767d5a31d2e85464461565/nap-wirtschaft-menschenrechte-data.pdf.

Auswärtiges Amt [AA] (Hrsg.). 2019. „Zwischenbericht. Explorative Phase 2018". Online: https://www.auswaertiges-amt.de/blob/2232418/1531aad304f1dec71995 4f7292ddbc05/190710-nap-zwischenbericht-data.pdf.

Auswärtiges Amt [AA] (Hrsg.). 2020. „Monitoring zum Nationalen Aktionsplan für Wirtschaft und Menschenrechte". Online: https://www.auswaertiges-amt.de/de/aussenpolitik/themen/ aussenwirtschaft/wirtschaft-und-menschenrechte/mon itoring-nap/2124010.

Bundesministerium für wirtschaftliche Zusammenarbeit und Entwicklung [BMZ] (Hrsg.). (o.J.). „Fragen zum Lieferkettengesetz". Online: https://www.bmz.de/de /entwicklungspolitik/lieferkettengesetz.

Bundestag. 2021. Bundestag verabschiedet das Lieferkettengesetz. Online: https://w ww.bundestag.de/dokumente/textarchiv/2021/kw23-de-lieferkettengesetz-845 608.

Bundeszentrale für politische Bildung (bpb). 2018. „Vor fünf Jahren: Textilfabrik Rana Plaza in Bangladesch eingestürzt". Online: https://www.bpb.de/politik/hin tergrund-aktuell/268127/ textilindustrie-bangladesch.

Business & Human Rights Resource Centre. 2020. „Unsere Verantwortung in einer blogalisierten Welt. Für eine gesetzliche Regelung menschenrechtlicher und umweltbezogener Sorgfaltspflichten". Online: https://www.business-humanrigh ts.org/de/schwerpunkt-themen/mandatory-due-diligence/gesetz/.

CorA-Netzwek für Unternehmensverantwortung; DGB; Forum Menschenrechte; VENRO (Hrsg.). 2019. „Stellungnahme zum NAP-Monitoring. Monitoring-Methodik ist zur Überprüfung der menschenrechtlichen Sorgfalt deutscher Unternehmen ungeeignet – Gewerkschaften und Nichtregierungsorganisationen fordern ein Lieferkettengesetz". Online: https://www.cora-netz.de/wp-content/uplo ads/2019/07/Stellungnahme-Endfassung-des-ersten-MonitoringZwischenberichts -Berichts_Layout.pdf.

Deutsche Gesellschaft für die Vereinten Nationen [DGVN] (Hrsg.). 2018. „Unternehmen und Menschenrechte. Zögerliche Umsetzung der UN-Leitprinzipien". Online: https://dgvn.de/meldung/unternehmen-und-menschenrechte-zoegerliche-umsetzung-der-un-leitprinzipien/.

Deutscher Bundestag (Hrsg.). (o.D.). „Bundestag verabschiedet Lieferkettengesetz". Online: https://www.bundestag.de/dokumente/textarchiv/2021/kw23-de-lieferkettengesetz-845608.

Deutsches Institut für Menschenrechte. 2016. „Zögerliche Umsetzung – Der politische Wille reichte nicht weiter: Deutschland setzt die UN-Leitprinzipien um – mit kleinen Schritten". Online: https://dgvn.de/fileadmin/user_upload/menschenr_durchsetzen/bilder/News/Unternehmen_EU_Menschenrechte/Stellungnahme_Verabschiedung_NAP_Wirtschaft_und_Menschenrechte.pdf.

Europäische Kommission. 2011. „Mitteilung der Kommission an das Europäische Parlement, den Rat, den Europäischen Wirtschafts- und Sozialausschuss und den Ausschuss der Regionen. Eine neue EU-Strategie (2011–2014) für die soziale Verantwortung der Unternehmen" (CSR). Online: https://eur-lex.europa.eu/LexUriServ/LexUriServ.do?uri=COM:2011:0681:FIN:DE:PDF.

Europäische Kommission. 2022. „Proposal for a Directive oft he European Parliament and of the Council on Corporate Sustainability Due Diligence and amending Directive (EU) 2019/1937". Online: https://ec.europa.eu/info/sites/default/files/1_1_183885_prop_dir_susta_en.pdf.

Europäisches Parlament. 2021. „Report with recommendations to the Commission on corporate due diligence and corporate accountability". Online: https://www.europarl.europa.eu/ doceo/document/A-9-2021-0018_EN.html.

Forum Menschenrechte. 2017a. „Germany – List of Issues – Territorial Obligations". Online: https://www.forum-menschenrechte.de/wp-content/uploads/2017/10/List-of-Issues-FMR-GERMANY_TERRITORIAL_FINAL.pdf.

Forum Menschenrechte. 2017b. „Germany – List of Issues – Extraterritorial Obligations". Online: https://www.forum-menschenrechte.de/wp-content/uploads/2017/10/List-of-Issues-FMR-GERMANY_EXTRATERRITORIAL_FINAL.pdf.

Gunningham, Neil; Thornton, Dorothy und Robert A. Kagan. 2005. „Motivating Management: Corporate Compliance in Environmental Protection". *Law & Policy* 27(2): 289–316.

Initiative Lieferkettengesetz. 2020a. „Ökonom*innen für ein Lieferkettengesetz". Online: https://lieferkettengesetz.de/oekonominnen-statement/.

Initiative Lieferkettengesetz. 2020b. „Verwässern – verzögern – verhindern. Wirtschaftslobby gegen Menschenrechte und Umweltstandards". Online: https://www.misereor.de/fileadmin/ publikationen/briefing-wirtschaftslobby-gegen-menschenrechte.pdf.

Initiative Lieferkettengesetz. 2021. „Noch nicht am Ziel, aber endlich am Start: Was das neue Lieferkettengesetz liefert – und was nicht". Online: https://lieferkettengesetz.de/wp-content/uploads/2021/06/Initiative-Lieferkettengesetz_Analyse_Was-das-neue-Gesetz-liefert.pdf.

Kekeritz, Uwe. 2016. „Nationaler Aktionsplan Wirtschaft und Menschenrechte verkommt zum Bittstellerbrief". Online: https://www.uwe-kekeritz.de/presse/nationaler-aktionsplan-wirtschaft-und-menschenrechte-verkommt-zum-bittstellerbrief/.

Misereor und Brot für die Welt. 2019. „Wirtschaft und Menschenrechte – Das Ende der Freiwilligkeit". Online: https://www.misereor.de/fileadmin/publikationen/dossier-weltsichten-wirtschaft-und-menschenrechte.pdf.

Paasch, Armin und Karolin Seitz. 2021. „Lieferkettengesetz: Aufstand der Lobbyisten". Online: https://www.misereor.de/fileadmin/publikationen/briefing-lieferkettengesetz-aufstand-der-lobbyisten-2021.pdf.

Presseportal. 2019. „Rheinische Post: Arbeitgeberpräsident bezeichnet Lieferkettengesetz als „großen Unfug"", 11.12.2019. Online: https://www.presseportal.de/pm/30621/4464682.

Stadt Neuss. 2021. „Stadt Neuss für ein faires Lieferkettengesetz". Online: http://redaktion.neuss.de/presse/archiv/2021/06/21-06-2021-stadt-neuss-fuer-ein-faires-lieferkettengesetz.

Taz. 2020. „Soziologe Hartmut Rosa über Corona: „Wir sind in einem Versuchslabor"", 25.03.2021. Online: https://taz.de/Soziologe-Hartmut-Rosa-ueber-Corona/!5673868/.

Thornton, Dorothy; Gunningham, Neil und Robert A. Kagan. 2005. „General Deterrence and Corporate Environmental Behavior". *Law & Policy* 27(2): 262–288.

United Nations Economic and Social Council [ECOSOC]. 2018. „Concluding observations on the sixth periodic report of Germany". Online: https://tbinternet.ohchr.org/_layouts/ 15/treatybodyexternal/Download.aspx?symbolno=E%2fC.12%2fDEU%2fCO%2f6&Lang=en.

United Nations General Assembly. 2021. „Human rights and the global water crisis: water pollution, water scarcity and water-related disasters". Online: https://undocs.org/A/HRC/46/28.

Zeit Online. 2019. „Industrie: Lieferkettengesetz gefährdet Existenz von Firmen", 18.04.2019. Online: https://www.zeit.de/news/2019-04/18/industrie-lieferketten-gesetz-gefaehrdet-existenz-von-firmen-190418-99-879596.

Demokratische Entwürfe

So könnte eine Demokratie aussehen, die Nachhaltigkeit kann

Bernward Gesang

1 *Die Diagnose*

Die Situation der Menschheit gleicht derjenigen eines Krebskranken, der noch kaum Beschwerden verspürt, aber wissen sollte, dass er in Lebensgefahr schwebt. Die Ärzte raten ihm zu schmerz- und risikovollen Therapien, aber eigentlich fühlt sich der Patient noch wohl und die Vorstellungen von den Lasten der Therapie schrecken ihn. Als Anfang der siebziger Jahre der erste Bericht des *Club of Rome* veröffentlicht wurde (Meadows et al. 1972; zuletzt Randers 2012), hat die Menschheit eine solche „Krebsdiagnose" erhalten, welche von den Klimaforschern erneuert wurde.

Bleibt die Hoffnung auf Techniken, die es uns erlauben, Grenzen zu überschreiten, wenn solche auftauchen (Myers/Simon 1994). Aber es bleibt die offene Frage, wie oft hintereinander uns technische Wunder retten werden. Es ist keine verantwortliche Strategie, Problem auf Problem (z.B. atomare Endlagerung, Carbon Capture and Storage, Climate Engineering, usw.) zu häufen und dabei stets auf bisher nicht vorhandene technische Lösungen zu setzen. Kein Versuch darf scheitern, denn der Einsatz ist zu hoch.

Das Techniken auch „dialektisch" sein können, illustrieren Studien zum „Tanaland" (Dörner/Reither 1978). Dort wurde ein Entwicklungsland am Computer generiert und diesem sollten junge Entwicklungshelfer helfen. Die eingesetzten Techniken führten jedoch mittelfristig zum Ruin des Landes, denn die Wirkungen der Techniken waren eben dialektisch. Die Eingriffe wurden anhand „linearer" Kausalketten (auf A folgt B, dann C und D) geplant, aber die Realität ist ein komplexes System mit Wechselwirkungen (A wirkt auf C und D wieder auf B, usw.).

2 *Politikversagen – die Politiker*

Die Therapien für die angesprochenen Probleme sind weithin bekannt. Aber verbindliche Abkommen zur Begrenzung des Klimawandels oder des Bevölkerungswachstums scheitern nicht zuletzt am politischen System.

Wir leiden an einem massiven Politikversagen, was bei den Industriestaaten eben auch ein Versagen der praktizierten Formen von Demokratie ist. Im Folgenden werde ich einige Argumente für dieses Versagen bei Politikern auflisten und später auf die Bürger übertragen. Sodann soll eine institutionelle Erneuerung der Demokratie angeregt werden, die durch die Beteiligung von Zukunftsräten oder -anwälten an heutigen Entscheidungen gekennzeichnet ist.

a) Die faktische Demokratie (in ihren international verschiedenartigen Facetten) kann man als Herrschaftsform bezeichnen, in der ein großes *Qualifikationsproblem* herrscht.[1] Das kann man zuerst auf die Politiker beziehen. Gemeint sind einerseits die Reagans, Bushs und Trumps, die Tea-Party-Abgeordneten und Berlusconis, die in der Demokratie immer wieder an die Macht kommen und immensen Schaden anrichten. Gemeint sind aber darüber hinaus viele andere Führer, die nicht verstehen oder nicht verstehen wollen, welche Bedrohung z.B. ökologische Probleme darstellen, wenn sie ein Primat der Wirtschaft verkünden und beschließen (Traufetter 2010).

In Zeiten moderner Technik sind die Wirkungsmöglichkeiten des Menschen auf die Natur enorm gewachsen. Daher kommt man mit linearem Denken nicht mehr aus; man muss vernetzt denken (s.o. Tanaland-Studie), da Ökosysteme auf Eingriffe schwer berechenbar reagieren. Dieses Denken in komplexen Rückkopplungsschleifen fehlt Politikern, neben der nötigen moralischen Motivation, oft.

b) Die *Anreize für Politiker* im gegebenen demokratischen System lauten: Machterhalt und Wiederwahl. Beides ist mit Ökologie- oder Weltsozialpolitik nicht zu erreichen. Politiker werden sich im Regelfall gemäß den Anreizen verhalten, denn sie wollen mehrheitlich ihre Eigeninteressen verfolgen. Das lehrt die ökonomische Demokratietheorie (Downs 1957), die nicht davon ausgeht, dass Politiker besser seien als normale Menschen. Entscheidungen werden auf die Wiederwahl ausgerichtet und orientieren sich daher an kurzfristigen Zielen. Zukünftige Menschen sind keine aktuellen Wähler und können heutige Politiker nicht bestrafen oder belohnen. Die Anreize in der Demokratie sind auf den Machterhalt von Legislaturperiode zu Legislaturperiode bezogen, aber die Gewinne von Ökologiepolitik treten erst viel später ein. Zwar liefert die ökonomische Demokratietheorie keine vollständige Beschrei-

1 Die Wurzeln des Arguments gehen zurück auf Platons *Politeia* (Platon 1986).

bung unserer Demokratien, aber auch wenn z.B. klar ist, dass nicht alle Menschen wie ein Homo oeconomicus funktionieren, so glaube ich doch, dass die Mehrheit meist ihren eigenen Vorteil sucht (Gesang 2016, S. 28f). Allerdings findet sie diesen oft nicht, weil sie schlecht informiert ist oder schlecht Folgen berechnet etc. Wir sind „möchtegern" Egoisten. Daher meint Tine Stein, dass „die ökologische Problemqualität mit der zeitlichen Struktur demokratischer Kontrolle nicht zusammengeht" (Stein 1998, S. 135; siehe auch BUND und Misereor 1997, S. 379f; Thompson 2010).

c) Manche Politiker berufen sich darauf, die Klientel, die sie gewählt hat, notfalls *gegen das Allgemeininteresse* zu repräsentieren. Spätestens, wenn die „Klientel" aus dem nationalen Wahlvolk besteht und das Allgemeininteresse ein globales und zeitübergreifendes ist, wird das eine Mehrheitsmeinung unter Politikern. Es ist hinderlich, sich und dieser Klientel Strukturen in den Weg zu stellen, welche die Macht beschränken.

Allerdings ist besagtes Verständnis des Allgemeinwohls moralisch nicht zu rechtfertigen. Zukünftige Menschen haben denselben Wert wie gegenwärtige und das Glück von Menschen in Afrika zählt genauso viel wie das Glück von Menschen in Industriestaaten (z.B. Gesang 2011, S. 135f). Das Allgemeinwohl verstehe ich als das Wohl aller existierenden und zukünftigen empfindungsfähigen Lebewesen (in diesem Kontext oft verkürzt auf Menschen). Zwar ist es aus praktischen Gründen sinnvoll, dass Politiker den je eigenen Staaten *besonders* verpflichtet sind. Man kann sich für bestimmte Regionen häufig effektiver einsetzen als für die ganze Welt. Aber das heißt *nicht*, dass Politiker nicht auch den Interessen von Bürgern anderer Staaten und der Zukunft moralisch verpflichtet sind, die von den Entscheidungen der Politiker betroffen sind oder sein werden. Schon die Definition von „Moral" (Kutschera 1982, S. 302) besagt, dass moralisches Handeln ein Handeln ist, welches die Interessen oder Rechte aller von ihm Betroffenen gleichermaßen berücksichtigt. Bei diesem Punkt möchte ich nicht nur ein Problem benennen, sondern es auch etwas vertiefen und diskutieren:

Streng genommen ist Demokratie sogar unmoralisch, wenn sie durch die Verpflichtung gegenüber einem Staatsvolk definiert ist. Ob sie so definiert ist, ist in der Demokratietheorie umstritten, aber z.B. die Amtseide der Politiker in Deutschland und vielen anderen Staaten, etwa Russland oder Belgien und viele Verfassungen (so die schweizerische Bundesverfassung Artikel 2), verpflichten auf das „Wohl des Volkes". Die von der Moral geforderte Interessengleichheit aller betroffenen schmerzempfindlichen Lebewesen wird so zugunsten einer an einem Ort und in einer Gegenwart lebenden menschlichen Bevölkerung außer Kraft gesetzt. So wird unsere Agrarindustrie von unserer Demokratie zulasten der Bauern in Angola subventioniert etc. Die Interessengleichheit wäre gewahrt, wenn man Demokratie im Rahmen eines *all affected principle* versteht. Dieses besagt, dass alle von einem Gesetz Betroffenen auch an seinem Zustandekommen beteiligt sein müssen (siehe zur Kritik Whelan 1983, S. 18; Beckmann 2008, S. 349).

Zwar kann man den Primat des Lokalen und Gegenwärtigen ein Stück weit aus dem Gleichberechtigungspostulat ableiten, weil Wissen und Wirkungsmacht lokal und gegenwärtig am größten sind. Krasse Ungleichbehandlungen, wie die systematische Ausblendung der „dritten Welt", kann man so jedoch nicht rechtfertigen (siehe Gesang 2003, Kpt. 3). Eigentlich brauchte man eine Weltregierung, die alle Interessen der gegenwärtigen und zukünftigen Weltbevölkerung von Mensch und Tier unparteiisch beachtet, um den Postulaten der Moral gerecht zu werden. Genau darauf läuft das *all affected principle* hinaus, wie R. Goodin (2007) argumentiert. Er zeigt zudem, wie man dieses utopische Postulat pragmatischer ausgestalten kann: „What overlays do we need to superimpose on a system of territoriality defined states to approximate as closely as possible to the idea of genuinely including 'all possible affected interests' via a universal franchise worldwide?" (Goodin 2007, S. 64). Dazu macht er zwei Vorschläge: einen subsidiären Weltstaat mit Gerichtshof für die übergangenen Interessengruppen und ein Entschädigungsprinzip für Negativbetroffene von Regelungen (ebd., S. 65ff).

Andere Möglichkeiten wären vorstellbar, wenn man beachtet, dass es einen Konflikt zwischen der oft gewünschten autonomen Selbstbestimmung der Bürger mit dem Prinzip der Weltstaatlichkeit gibt. Die Hindernisse auf dem Weg zum Weltstaat sind nicht nur pragmatisch, er kostet auch normativ etwas. Die Leute schätzen weltweit das Regiertwerden durch sich selbst und durch solche, mit denen sie sich identifizieren. Das spricht für den Beibehalt nationalstaatlicher Ordnungen (subsidiär organisiert oder nicht), nur dass der Preis dafür sein muss, dass sich diese Staaten für die ganze Welt (bspw. durch eine Spendenpflicht, siehe Gesang 2003, Kpt. 3) und die Zukunft (s.u.) einsetzen.

Das auszubuchstabieren würde den Rahmen sprengen. Hier reicht es, sich auf eine pragmatische Lösung zurückzuziehen. Um die latente Unmoralität der faktischen nationalen Demokratie zu verkleinern, ist es hilfreich, wenigstens die zukünftigen Generationen eines Staatsvolks zum Demos hinzuzuzählen und ihre Perspektive einzubeziehen. Zukünftige Deutsche werden unter einer aufgeheizten Atmosphäre und einem völlig zerbrochenen sozialen Frieden auf der Welt leiden. Sie sind eine moralisch relevante Anspruchsgruppe und eine Erweiterung um diese ist dem klassischen *Demos-Prinzip* noch am nächsten verwandt (ja einige zweifeln, ob hier eine Erweiterung vorliegt)[2] und für Demokraten daher am akzeptabelsten. Genauso wie man als Politiker gesetzlich die Interessen derer zu beachten hat, die einen im eigenen Land nicht gewählt haben, muss man mindestens die Interessen derer im Auge haben, die in Zukunft im eigenen Staate leben werden.

d) Ein weiterer problematischer Faktor unserer politischen Ordnung ist die *Abhängigkeit der Politik von Lobbys*. Plausiblen Theorien zufolge ist die Demokratie ein Wechselspiel von Wählern und Eliten. Die Wähler können die Eliten abwählen und die Eliten können während der Wahlperioden relativ eigenständig regieren. Das Geheimnis der Demokratie liegt nach G. Sartori darin, die Macht weder den Vielen noch den Wenigen zu übergeben, sondern auf das Wechselspiel der beiden Gruppen zu setzen (Sartori 1975, S. 67). Zwischen Wähler und Politiker-Eliten drängen sich nun aber Verbände, wie Gewerkschaften, Arbeitgeberverbände, organisierte Branchenvertreter der Industrie und andere Lobbyisten (Dahl 1971). Die Lobbys werden größtenteils nicht vom Bürger gewählt, sondern nur von Vereinsmitgliedern. Die politische Praxis sieht nun vorrangig so aus, dass sich die Vertreter der Politik mit denen der Lobbys auf Kompromisse einigen. Dabei setzen sich heute die verschiedenen Verbände und Interessengruppen mit den Politikern zusammen und beginnen einen Tauschhandel um Kompromisse.

Manche Theoretiker sehen darin ein neues Muster der Demokratie, in dem sich die in der Demokratie erforderliche wechselseitige Machtkontrolle primär im Konflikt der Verbände äußert (Winter 1995, S. 146). In dieser Form der Demokratie sind die Verbände die eigentlichen Volksvertreter, da in ihnen angeblich jeder Bürger organisiert bzw. repräsentiert sei. Die Verbände vertreten bestimmte Einzelinteressen, z.B. die der Arbeitnehmer. Diese Interessen versuchen sie gegen alle anderen Interessen durchzusetzen, auf dieser Ebene verhalten sich auch Verbände etc. gemäß der ökonomischen Demokratietheorie. Die Folge ist: *Es siegt nicht das wichtigste, sondern das am besten organisierte Interesse*. Viele Interessen, wie etwa die Interessen zukünftiger Generationen, der „dritten Welt“ oder der Obdachlosen sind nicht effektiv organisiert und unterliegen in diesem System, was den Lobbyismus diskreditiert. Aus machtpolitischen Zwängen heraus scheint man sich derzeit jedoch des lobbyistischen Systems bedienen zu müssen

2 Dafür spricht auch, dass in vielen Verfassungen Rechte zukünftiger Generationen explizit verbrieft sind (siehe Göpel 2014, S. 92).

(denn wo wäre eine Macht zu finden, die alle Lobbyeinflüsse untersagt und trotzdem den Partialinteressen hinreichend Aufmerksamkeit schenkt?). Man sollte versuchen, nicht oder nicht ausreichend organisierte Interessen als neue schlagkräftige Lobbys zu organisieren. Weitreichendere Ambitionen scheinen von vornherein scheitern zu müssen.

Zusammenfassend bleiben auf Seiten der Politiker also folgende Mängel zu bemerken:

a) Mangelndes Wissen und mangelnde Qualifikation: *Qualifikationsargument;*
b) Sie folgen den Anreizen im System, entscheiden kurzfristig und populistisch: *Falsche Anreize;*
c) Moralisch nicht zu rechtfertigendes, national und temporal verkürztes Verständnis von Allgemeinwohl: *Falsches Allgemeinwohlverständnis;*
d) Abhängigkeit von Lobbys: *Lobbyismus.*

3 Politikversagen – die Bürger

Die Punkte a) und begrenzt auch b) und d) kann man auf die Bürger übertragen. Diese sind ebenfalls mit der Komplexität heutiger Entscheidungen überfordert und nicht im Denken in Systemen geschult. Zudem versuchen sie in der Demokratie meist ihre *eigenen kurzzeitigen Interessen*, z.B. weniger Steuern, weniger Vorschriften und weniger Arbeitsplatzunsicherheit durchzusetzen. Diese Interessen sofort zu befriedigen ist ihr Anreiz (siehe zu empirischen Belegen: Bonoli und Häusermann 2009, S. 201) und damit ruinieren sie die Umwelt und die globale soziale Gerechtigkeit nachhaltig. Es ist irreführend, zu meinen, die Wähler würden das Allgemeinwohl kennen und zu wünschen, nur die Politiker und Lobbyisten würden die Ausführung dieser Wünsche vereiteln. Die Wähler interessieren sich häufig kaum für die globalen Probleme, z.B. für die Armut der Entwicklungsländer. Sie interessiert vielmehr, ob sie ein paar Euro mehr Steuern zahlen, oder ob ihre Familien Vergünstigungen einstreichen. *Wähler und Politiker haben ein Interesse daran, die Kosten der heutigen Politik auf die Zukunft zu verschieben* (Stein 1998, S. 136).

Man ist in den westlichen Demokratien gewohnt, die benannten Schwächen z.T. anzuerkennen und als *Preis der Demokratie* in Kauf zu nehmen. Allerdings: Nur ein gesunder Planet könnte diesen Preis bezahlen. Die übliche demokratische Verteidigung, dass die besagten Missstände im politischen System zwar existierten, aber weder das ganze System beherrschten noch irreparabel seien, ist richtig, aber *die Demokratie bedarf dann auch kon-*

kreter Reparaturen. Der alte Ausspruch von W. Churchill „Die Demokratie ist die schlechteste aller Staatsformen – ausgenommen alle anderen", ist ebenfalls richtig, denn eine Alternative zur Demokratie ist nicht in Sicht. Aber man kann es dabei nicht einfach bewenden lassen. Wir müssen uns zu Reformen der Demokratie aufmachen, gerade wenn wir diese Regierungsform schätzen und bewahren wollen.

4 Volksentscheide, Basisdemokratie

Die Demokratie als solche steht dabei nicht zur Debatte. Es gibt keine Alternativen und nur die Demokratie hat das *selbstkritische Potenzial*, um Lehren aus Fehlern zu ziehen (Stein 1998, S. 184). Eine *globale Ökodiktatur* gegen den Mehrheitswillen der Bevölkerung würde hingegen eines Repressionsapparates von gigantischem Ausmaß bedürfen. Nur wenn immer mehr Menschen die Notwendigkeit von Veränderungen einsehen und akzeptieren, können sie wenigstens zu kurzfristigen Opfern bewegt werden. Zwang hingegen erzeugt Gegenwehr. Eine Diktatur müsste daher derartig viel Aufmerksamkeit auf den bloßen Erhalt ihrer Macht legen, dass sie nicht mehr zu ihren eigentlichen Aufgaben käme. Also muss man sich daranmachen, *neue demokratische Institutionen* zu schaffen, welche die besagten Defizite ausgleichen.

Eine mögliche Therapie wäre es, *mehr direkte Demokratie* zu ermöglichen und die Institution des Volksentscheids auszuweiten. Vertreter dieser Meinung bringen vor: Bürger direkt Entscheidungen treffen zu lassen, wecke deren Interesse an Politik, erzeuge Identifikation mit dem Gemeinwesen, erzwinge, dass sie sich besser informierten und dass sie weniger verdrängen könnten. Durch das Internet gut aufgeklärte Bürger träfen bessere Entscheidungen als lobbyhörige, nur auf den eigenen Machterhalt ausgerichtete Politiker (Geißler 2012, S. 124ff; Precht 2010, S. 461–471).

Diese Therapie allein wird bei der Lösung unserer Probleme nicht entscheidend helfen (siehe dazu: Rux 1999, Abschnitt III. 2, a). Zwar können durch direkte Bürgerbeteiligung die ökologischen und sozialen Probleme gelöst werden, die auf Informationsmangel und Verdrängung beruhen. Voraussetzung dafür ist, dass zumindest die verantwortungsvollen Bürger sich vor Entscheidungen intensiv mit den Problemen befassen. Allerdings sind dem durch das *Qualifikationsargument* Grenzen gesetzt, denn komplexe öko-soziale Systeme zu steuern und ihre Probleme zu verstehen, lernt man nicht als Autodidakt im Internet. Zudem werden die Ziele direkter Demokratie primär Nahziele in der unmittelbaren Umgebung der Akteure sein (notfalls also die Windanlage nebenan verhindern), wenn das *Argu-*

ment der falschen Anreize zutrifft bzw. die es ermöglichenden kurzfristigen Interessen dominieren. Die Probleme der Menschen, die in 100 Jahren leben werden oder in 10.000 Kilometer Entfernung wohnen, interessieren die meisten Bürger kaum.

In der Schweiz herrscht mehr direkte Demokratie, aber die Schweiz ist keineswegs ein ökologisches oder moralisches Musterland. So legten die Bürger den Banken an den entscheidenden Stellen keine Zügel an, da sie von ihnen profitierten. Die Schweizer Referenden gelten als sehr informiert, da zuvor ausführlich diskutiert wird. Trotzdem regiert der Schweizer Bürger als ein Homo Oeconomicus mit langem grauen Bart (Bonoli/Häusermann 2009, S. 201).

Zudem hat ein rein oder primär basisdemokratisches politisches System selbst *Legitimationsprobleme*. Der moderne *demokratische Verfassungsstaat* ist eben nicht durch eine „Diktatur der Mehrheit" gekennzeichnet. Gewisse Verfassungswerte können auch von Mehrheiten nicht verändert werden. Zu ihnen gehören Würde der Person und Menschenrechte. Diese lassen sich so interpretieren, dass auch zukünftige Menschen über sie verfügen.

P. v. Kielmansegg folgend treffen im modernen Verfassungsstaat zwei Prinzipien aufeinander, von denen keines verzichtbar ist: Das Demokratie- und das Amtsprinzip, ohne die eine repräsentative Demokratie nicht denkbar sei. Das Demokratieprinzip zielt ursprünglich auf *Selbstbestimmung des Bürgers durch Selbstregierung*. Bei realen kollektiven Entscheidungen herrscht aber keine Selbstbestimmung, solange nicht wirklich ausnahmslos alle denselben Willen haben. Einige werden immer den Entscheidungen Dritter unterworfen, selbst wenn sie am Entscheidungsprozess beteiligt waren (Kielmansegg 2013a, S. 58).

Daher wohnt jeder direktdemokratischen Entscheidung ein „autoritärer Akt" inne. Das Entscheiden über andere, die anderer Meinung sind, sollte deshalb in Ämtern verfasst sein, *die dem Allgemeinwohl verpflichtet sind*. So wird die Despotie der Mehrheit, das Verfügen über den Einzelnen zum Behuf des Interesses der Mehrheit, zu einem Verfügen über den Einzelnen, zum Behuf des Allgemeinwohls. Nur dann kann man gegenüber allen Betroffenen rechtfertigen und verantworten, dass über den Einzelnen überhaupt verfügt wird. Das Demokratieprinzip selbst verlangt, dass Entscheidungen über andere vor diesen verantwortet werden müssen (Kielmansegg 2013a, S. 58). Das gelingt nur, wenn diese Entscheidungen von Amtspersonen (Repräsentanten) getroffen werden, welche per Vollmacht die Befugnis erhalten haben, über andere zu entscheiden. Die Befugnis dieser Amtspersonen muss rechtlich durch die Verfassungswerte eingegrenzt sein, die auf das Allgemeinwohl (genauer: des *Demos)* verpflichten. Die Amtspersonen müssen sich für ihre Entscheidungen verantworten (Kielmansegg

2013a, S. 54). Wären nicht das Allgemeinwohl des *Demos* und die Verfassungswerte, sondern nur der Mehrheitswille ausschlaggebend, dann wären Entscheidungen möglich, die jeden Minderheitenschutz aus den Augen verlieren. Nur die rechtliche Eingrenzung und die Orientierung am Allgemeinwohl des *Demos* machen den Akt der Gewalt, den eine Entscheidung über andere und gegen deren Willen darstellt, zu einem legitimen Akt. Wie wir ergänzen müssen, reicht es nicht aus, sich am Allgemeinwohl des *Demos* zu orientieren, um eine Entscheidung zu einer moralisch legitimen Entscheidung zu machen, aber das ist ein anderes Problem. Jedenfalls: Basisdemokratie allein wird diesen komplexen Überlegungen nicht gerecht und ihre Defizite werden erkennbar.

Selbstverständlich hat mehr Basisdemokratie auch weitere Vorteile. Die Bürger werden durch Elemente direkter Demokratie veranlasst, sich stärker mit dem politischen System *zu identifizieren und sich aktiv einzubringen*. Das könnte das „innere Absterben" der Demokratie bekämpfen, das wir derzeit erleben. Um die Vorteile der Basisdemokratie zu realisieren und die Nachteile zu vermeiden, gilt es, genauere Konzepte zu entwickeln, was hier nicht unsere Aufgabe ist.

Ideal wäre es, mehr direkte Demokratie mit einer institutionellen Absicherung der Zukunftsinteressen zu *verbinden*, dann kann die Basisdemokratie nicht zu Lasten der Zukunft gehen. Anwälte zukünftiger Generationen institutionell zu verankern, wie es ab den übernächsten Abschnitten vorgeschlagen wird, ist gerade eine *Voraussetzung* einer erfolgreichen Beteiligung der Bürger. Erstens, weil so die ganze Basis erfasst wird, inklusive der noch nicht existierenden Stimmen, die sonst nicht gehört werden. Zweitens, weil so eine problematische Tendenz im Denken vieler Bürger – kurzfristige Eigeninteressen zum alleinigen Maßstab zu nehmen – korrigiert wird.

5 „Führerschein für Politiker"

Eine Grundausbildung für Politiker, die sich zur Wahl stellen, ist in unseren vernetzten Zeiten dringend geboten und ein weiteres Instrument einer Demokratiereform. Wer Systeme schlecht einschätzen kann, sollte nicht an ihnen herumpfuschen. In Computersimulationen kann man vernetztes Denken lernen und genau das sollte man getan haben, ehe man gewählt werden darf. Immerhin fordern wir heute schon von jedem Piloten einen Persönlichkeitstest, da er Verantwortung für andere trägt. Wieso nicht Ähnliches für Politiker, die noch mehr Verantwortung tragen? Auch in ethischer Hinsicht kann man so etwas versuchen. Zwar klappt es immer noch nicht, jemandem ein gutes Herz anzuerziehen, wenn er es nicht hat. Aber Konflikte so aufzudröseln, dass man alle betroffenen Interessengruppen erfasst, auch die entfernten und verborgenen, kann man lernen. Auch das Persönlichkeits- und Werteprofil eines Kandidaten ließe sich so ermitteln und öffentlich machen. Natürlich würden die Kandidaten versuchen, den Test auszutricksen, aber schlaue Tester sehen dies vorher. Jedenfalls ließe sich die Sicherheit auf der Welt erheblich erhöhen, wenn man amokfahrende Politiker, die sich für hohe Ämter bewerben, wie Trump, Berlusconi, Bush etc., vielleicht schon anhand ihrer eigenen Dummheit und Arroganz verhindern könnte.

Wie setzt man das um? Drei Wege sind zu unterscheiden: 1) Der interne Weg: Politische Parteien nominieren nur den zur Wahl, der intern vorgenommene Schulungen und Tests bestanden hat, um für ein Amt aufgestellte Kandidaten schon vor der Wahl selektieren zu können. Vorteil: Keine Verfassungsänderung wäre nötig und die wäre ebenfalls überflüssig, wenn 2) (der sanfte Weg) die Wähler darauf achten würden, nur zertifizierte Politiker zu wählen. Der Test selbst wäre freiwillig. Die Testergebnisse würden öffentlich gemacht, der Rest wäre Bürgersache. Oder aber man realisiert die strengere Variante 3) (der harte Weg), Politiker von Seiten des Staates nur zur Wahl zuzulassen, wenn sie den Test bestehen. Nachteil: Eine Verfassungsänderung wäre nötig. Aber das wäre doch mal was, auch wenn bei Trump, Berlusconi und Johnson bekannt war, dass sie dumme Egomanen sind und sie trotzdem gewählt wurden, was gegen den sanften Weg spricht. Der interne Weg wäre zweifellos der eleganteste.

Zwar kommt schnell der Einwand, in eine *Expertokratie* abzudriften, aber ich möchte dagegenhalten, dass wir unsere Welt derartig verkompliziert haben, dass ein gutes Herz für gute Politik nicht mehr ausreicht. Heutzutage ist es ein riesiger Vorteil, wenn Politiker auch Experten sind, die neben ihrer Expertise jedoch interdisziplinär und auch gegenüber Laien lern- und kommunikationsfähig sind, sowie eine große Empathie und eine gehörige Portion Moral ins Amt mitbringen. Natürlich ist das keine Garantie für besseres Regieren, aber es erhöht die Wahrscheinlichkeit. Ein weiterer Einwand ist: Wird hier nicht das *Bürgerrecht eingeschränkt, sich aktiv in die Politik einzumischen*? Ist es nicht gerade eine Stärke der Demokratie, auch zum Beispiel intellektuell schwache Menschen zu repräsentieren und zwar durch ihresgleichen? Machen Akademiker nicht doch Politik für Akademiker?

Hier lässt sich antworten, dass politische Ämter nach wie vor jedem offen stünden und dass prinzipiell jeder die Eignung für solche Ämter selbst nach dem harten Weg erwerben könnte, bzw. beim internen und sanften Verfahren auch ohne dies wählbar wäre. Letztlich schränkt auch ein Eignungstest für Medizinstudenten die Wahlfreiheit des Studienplatzes ein, aber das ist trotzdem gerechtfertigt. Gerade intellektuell benachteiligte Menschen, sollten hoffen, dass ihre Interessen effektiv und daher mit viel Intelligenz repräsentiert werden.

Ein letzter Einwand wäre, dass unklar ist, welche Schulung bzw. welche Tests für Politiker wichtig sind. Wer definiert, welchen Anforderungen sie genügen müssen? Die erste Frage kann ich nicht detailliert beantworten, es käme darauf an, konkret eine Schulung und eventuelle Prüfungen zu konzipieren. Wer beim harten und beim sanften Weg die Entscheidungshoheit hat? Natürlich die demokratisch gewählten Organe, die auch andere Spielregeln in der Demokratie festlegen, oder eben die politischen Parteien beim internen Weg.

6 *Zukunftsräte als Hoffnungsträger?*

Seit Jahren werden „Zukunftsräte“ als neue Institutionen diskutiert.[3] Gemeint sind dritte Kammern im parlamentarischen System, in denen Personen sitzen, die in der Öffentlichkeit bereits durch Engagement für eine zukunftsfähige Lebensweise aufgefallen sind. Ideal wäre wohl ein Rat, der sich aus bekannten Wissenschaftlern, Künstlern, Literaten, Journalisten usw. zusammensetzt. Die Ergänzung verschiedener Perspektiven auf das Umweltproblem wäre bewusst zu suchen, so dass eine ganzheitliche Ausrichtung des Rates entsteht. Die Personen könnten von Umweltverbänden, Universitäten, Forschungsinstituten, Journalistenverbänden, Schriftstellerverbänden etc. nominiert und vom Volk direkt und für längere *einmalige Perioden* (acht bis zehn Jahre) gewählt werden.[4] So wird der Anreiz verhindert, die eigene Wiederwahl zu betreiben. Da eine direkte Wahl aber wahrscheinlich nicht von Wählern und Parteien befürwortet wird, wenn meine Anreizanalyse stimmt, gibt es die Möglichkeit, den Rat vom Parlament oder von der Regierung einsetzen zu lassen.

Die Ratsmitglieder hätten den Auftrag, als Anwälte der Zukunft die Interessen der Zukunft in den heutigen Gesetzgebungsprozess einzubringen. Daher benötigen sie ein Recht, Gesetzesinitiativen und Volksentscheide zu starten sowie Informationen zu sammeln und an die Öffentlichkeit

---

3 Zu einem durchdachten und juristisch ausgefeilten kompletten Entwurf für eine diesbezügliche Änderung des Grundgesetzes siehe Rux 2003.

4 Die Position des Chefs der Europäischen Zentralbank wird auch vom Einfluss der aktuellen Politik befreit gewählt.

weiterzuleiten. Damit wäre auch die Aufgabe verbunden, das öffentliche Bewusstsein zu formen und zu organisieren. Eine weitere Kompetenz wäre ein suspensives oder umfassendes Vetorecht bei Gesetzen, welche die Nachhaltigkeit betreffen. Dabei würde es nicht ausreichen, wenn das Veto sich nur auf Vorbehalte bezüglich der Legalität eines Gesetzes bezöge. Es müsste ein inhaltliches Veto möglich sein, welches auf der fehlenden Zukunftsfähigkeit eines Gesetzes fußt. Hätten mehrere Länder solche Institutionen, ließe sich der Klimawandel verlangsamen, denn Gesetze, die das Klima unangemessen belasten, kämen nicht mehr durch die Parlamente. *Ein Zukunftsrat oder eine Ombudsperson (s.u.) ohne Machtbefugnisse erwiese der Idee einer neuen Institution jedoch einen Bärendienst.*

Vorteile einer solchen Institution wären: Ein ganzheitlich ausgerichtetes Gremium von Experten, also ein „Hort der Qualifikation“, erhält so mehr Gewicht. Falsche Anreize und kurzfristige Interessen werden durch das Mandat der Zukunftsanwälte, durch einmalige langfristige Wahlperioden und die Unabhängigkeit der Kandidaten eingedämmt. Eine unabhängige Kammer hat weniger Angriffsflächen für den Lobbyismus. Sie hätte eine Verpflichtung auf ein „richtigeres“ Allgemeinwohlverständnis und sie würde den Interessen zukünftiger Generationen mehr Macht verleihen.

Aber es fehlt am Willen der Politiker, Macht abzugeben und die Verfassung demgemäß zu ändern. Zudem ist aktuell in der Bevölkerung keine Mehrheit für die Idee eines Zukunftsrates zu gewinnen. Allerdings könnte man die Politiker vielleicht zwingen, in diese Richtung zu gehen, wenn man einen Volksentscheid auf Bundesebene (und möglicherweise Europaebene) möglich macht. *Dabei können auch Minderheitenpositionen erheblichen Druck aufbauen*, wie man bei Aktiengesellschaften sehen kann, die unter dem Druck der Presse und kritischer Aktionäre stehen. Schon mit elf Prozent der Stimmberechtigten konnte PIRC, ein amerikanischer kritischer Aktionärsverband, den Shell-Konzern in die Knie zwingen (Kahlenborn 1997, S. 66). Man könnte die Politik durch einen medienwirksamen Kampf für Zukunftsräte und entsprechende Volksentscheide nötigen, so eine Institution einzusetzen, um das eigene Image zu wahren.

In der Demokratie gibt es sowieso Wege an der Mehrheit vorbei, Institutionen zu schaffen und Weichen zu stellen. Die meisten europäischen Institutionen würden keine Mehrheit bei den Wählern erhalten, aber es gibt sie. Zu den Institutionen, die nie durch direkte Wahl eingesetzt wurden, zählen: die Europäische Zentralbank, der Bundesrat, die EU-Kommission, etc. (Rux 1999, Abschnitt III. 2, c).[5] In Ungarn und Israel war es einige Jahre möglich, Anwälte für die Zukunft zu bestellen, obwohl sich die Mehrheit vielleicht gegen diese Institution ausgesprochen hätte, wäre sie direkt befragt worden. Auch die nationalen Parteien bedienen sich von jeher einer Praxis, bestimmte Maßnahmen zu Paketen zu verschnüren, für die sie insgesamt eine Mehrheit erhalten, während das für die einzelnen Teile niemals der Fall wäre. Auf Dauer wird eine neue Institution jedoch nicht gegen den Willen der Mehrheit bestehen, wenn diese Institution ihre Aufgabe ernst nimmt und eine Vielzahl der Gesetze beeinflusst. Dann wird sie eben zu einer unübersehbaren und mächtigen Störvariablen im politischen System. Daher ergibt sich die einzige Hoffnung auf ihren dauerhaften Bestand dadurch, dass man nach der Einführung einer solchen Institution eine Mehrheit hinter dieser Politik versammelt – nicht zuletzt durch bewusstseinsbildende Prozesse, die diese Institution selbst mit geschickter Medienarbeit usw. anstoßen kann.

Wenn die Einrichtung eines Rates fehlschlägt, könnte man ihn erst einmal auf Ebene von Nichtregierungsorganisationen (NROs) etablieren. Er sollte dann die aktuelle Politik kommentieren und alternative Maßnahmen fiktional beschließen und protokollieren. Dann könnte man im Laufe der Zeit gut dokumentieren, wie sich eine Politik mit und ohne Zukunftsrat unterscheidet, und das könnte zur Profilierung dieser Institution beitragen und den nötigen Meinungsumschwung der Mehrheit bewerkstelligen. Auch auf Ebene einzelner Bundesländer könnte man ein „Pilotprojekt Zukunftsanwälte" starten, um Akzeptanz für die Institution zu erzielen.

Was könnten Argumente gegen diese Idee sein?

> 1) *Ökodiktatur und Legitimation*: Wird hier nicht doch ein verkappt diktatorisches Instrument befürwortet? Droht nicht eine „Expertokratie", eine Herrschaft von Wissenschaftlern und Fachidioten?

Der Aufbau des Zukunftsrates wäre demokratisch, wenn ihm Vertreter angehören, die durch Direktwahl oder die von auf Wahlen zurückführbaren Verfassungsorganen legitimiert wurden. Er unterläge genau auszubuchstabierenden thematischen Eingrenzungen auf Fragen der Zukunftsfähigkeit und wäre wie jedes Verfassungsorgan gerichtlicher Kontrolle unterworfen, denn die Gewaltenteilung bliebe unangefochten. Zudem ist die Idee unter Zuhilfenahme des *all affected principle* demokratietheoretisch (als einziges

5 Rux führt hier aus, dass auch das Bundesverfassungsgericht mit Bezug auf die Errichtung der Europäischen Zentralbank „Modifikationen des demokratischen Legitimationsprinzips" zulässt (ähnlich: Kielmansegg 2013b, S. 648).

Prinzip, den Demos zu konstituieren?) gerechtfertigt, während das Fehlen jeder „Schutzinstanz" für die Zukunft manche Interessengruppen machtlos belässt.

Hat aber nicht jeder Angehörige des *Demos* in einer Demokratie ein *Recht auf gleiche Repräsentation* und würde dieses Recht nicht durch eine besondere Repräsentation zukünftiger Generationen verletzt? Selbst wenn man den *Demos* um die zukünftigen Generationen des Staatsvolks erweitert, wären deren Interessen nicht durch normale Parlamentarier schon erfasst, wenn diese sich um das Wohl des *Demos* sorgen müssen?

So kann man argumentieren, wenn man rein theoretisch urteilt und die empirische Erkenntnis außer Acht lässt, dass diese gleiche Repräsentation aufgrund anthropologischer Barrieren nicht funktioniert. Gerade um die „Zukunftslobby" ähnlich stark wie die Gegenwartslobby zu machen, ist eine Art „umgekehrte Diskriminierung", also eine institutionelle Bevorzugung, nötig (siehe dazu ein Plädoyer für umgekehrte Diskriminierung aus Perspektive des Utilitarismus: Singer 1984/2013, S. 129–136). Dass man so das leidige Lobbysystem nicht verlässt und das Problem der Nachhaltigkeit nicht völlig löst, da es eine Querschnittsaufgabe aller Politik sein muss, ist wahr, aber kein Hinderungsgrund.

Müsste man dann aber nicht die Kinder, die Obdachlosen und Behinderten als ohnmächtige Gruppen im Demos *besonders* repräsentieren?[6] Nein, wenn wir ein Argument übernehmen, das die Summe zukünftiger Gleichheit thematisiert: Wenn Nachhaltigkeit in Gegenwart und Zukunft nicht erreicht wird, ist die Demokratie selbst global in großer Gefahr. In einer Welt, in der Migration, Kriege und Katastrophen vorherrschen, ist der Nährboden für die Demokratie und ihr Gleichheitsideal denkbar ungünstig. Es wird also weniger Gleichheit auf der Welt geben, wenn die Demokratie in naher und ferner Zukunft aufgrund der beschriebenen Mechanismen weniger Einfluss hat. Wenn wir die *Menge an Gleichheit in der Zukunft* betrachten, würde diese sich also erhöhen, wenn wir jetzt umgekehrt zugunsten der Zukunft diskriminieren, denn das würde die demokratiezerstörenden Mechanismen aufhalten. Für möglichst viel Gleichheit zu sein, heißt momentan etwas Gleichheit hintanzustellen. Wenn wir nahe und ferne zukünftige Generationen schützen, wird das der Demokratie insgesamt guttun. Dieses Argument können andere Minoritäten, die vielleicht ebenfalls eine Ombudsperson für ihre Interessen fordern könnten, übrigens nicht für ihre Zwecke nutzen. Zudem sind ihre Interessen immer

6 Wohlgemerkt: Beachten muss man diese Interessen natürlich. Die Frage ist nur, ob eine besondere Repräsentation das richtige Mittel dazu ist.

stärker vertreten als die der Zukunft, denn ihr Eigeninteresse treibt sie in die Politik, während die zukünftigen Menschen einfach noch nicht existieren.

Um die Debatte um den vorliegenden Einwand abzuschließen, muss zugestanden werden, dass ein Zukunftsrat die Möglichkeit zu Machtmissbrauch bietet. Auch das vorgeschlagene Nominierungs- und Wahlverfahren schließt nicht aus, dass es Einzelnen oder vielleicht einer Gruppe gelingt, eine Machtposition zu erringen und zu missbrauchen. Weil aber die Gewaltenteilung gewahrt bleibt, ist das Risiko hier nicht größer oder kleiner als bei jeder anderen staatlichen Institution. In unseren bestehenden Parlamenten und Regierungen ist Machtmissbrauch ebenfalls möglich. Dass aber ein Zukunftsrat eine Institution wäre, die Machtmissbrauch besonders leicht ermöglicht, ist nicht plausibel. Eine Verfassung wie die russische, in welcher der Präsident sehr große Befugnisse hat, ist viel anfälliger für diktatorischen Missbrauch. Diktaturen setzen meist an der Exekutive an. Auf diese hätte ein Zukunftsrat aber keinen oder nur wenig (s.u.) direkten Einfluss.

> 2) *Blockade der Politik und Entfremdung der Entscheidung*: Viele werden meinen, die angesprochenen Befugnisse des Zukunftsrates seien viel zu groß. So würden die meisten Gesetze im Sektor Wirtschaft von möglichen Einsprüchen betroffen sein. Eine geregelte und effektive Politik sei mit einem Zukunftsrat nicht zu machen. Vielmehr sei zu befürchten, dass sich die Verfassungsorgane gegenseitig blockieren würden. Das Vetorecht könnte dazu führen, dass einfach kaum mehr Gesetze verabschiedet werden würden. Dies war ja gegen Ende der Ära Kohl der Fall, als die sogenannte „Bundesrats-Blockade“ der SPD Gesetzesinitiativen verhinderte. Der Zukunftsrat würde nur zu einem unübersehbaren Gesetzesstau führen, der den „Standort Deutschland“ gefährde.

Erst einmal ist es korrekt, dass die Mehrzahl der konventionellen Wirtschaftsgesetze am Zukunftsrat scheitern könnte. Darin besteht sein Zweck, denn dieser Rat soll eine nachhaltige Wirtschaftsweise fördern. Die konventionell „geregelte“ Politik hat uns an den Rand des Abgrunds geführt. Diesen Weg soll ein Zukunftsrat nicht fortsetzen. Trotzdem ist das Blockadeproblem ernst zu nehmen. Jede Politik ist auf Handlungsfähigkeit angewiesen. Es ist allerdings nicht zu befürchten, dass ein Zukunftsrat die Handlungsfähigkeit der Politik zerstören würde. Man sollte nicht davon ausgehen, dass dieser Rat permanente Vetos nötig hätte. Die politische Praxis verläuft in der Regel anders. Politiker sind pragmatisch genug, um den Einsatz von Vetos zu vermeiden und von vornherein konsensfähige Gesetze zu entwerfen. Ein Blick auf die USA lehrt, dass das dort mögliche Veto des Präsidenten gegenüber dem Kongress nur selten zustande kommt. Man lässt es gar nicht so weit kommen, sondern sucht den Kompromiss. So war es auch in Ungarn, als S. Fülöp *Kommissar für Rechte zukünftiger Generationen* war (Fülöp 2014, S. 74). In der Tat wäre zu erwarten, dass sich nach der Einrichtung eines Zukunftsrates auch die Programme der konventionellen Parteien ändern, denn mit einem Programm, das von vornherein die Zusammenarbeit mit dem Zukunftsrat verbaut, wäre eine Partei nicht mehr regierungsfähig. Zudem kann man wie beim „Veto“ des Bundesrates ein Vermittlungsverfahren zwischen den Kammern einführen. Hier könnte das Votum des Zukunftsrates mit entsprechend großen Mehrheiten überstimmt werden.[7]

> 3) *Wissen um die Zukunft*: Ist es nicht unmöglich, die Interessen von Menschen zu kennen, die beispielsweise in hundert Jahren leben? Hat die Technik deren Lebenswelt nicht so weit verändert, dass sie ganz andere Bedürfnisse haben als wir heute?

Um diese Gefahr zu bannen, sollen Zukunftsräte sich an den *Grundbedürfnissen* der Menschen orientieren. Niemand weiß, ob man in 100 Jahren noch „süchtig“ nach Handys ist, aber jeder weiß, dass Menschen noch atmen, essen und trinken müssen. Eine Konzentration auf diese Basis, gepaart mit dem Anspruch, dass man wenigstens um mögliche *Katastrophen in der Zukunft* wissen kann, die solche Bedürfnisse gefährden, macht sinnvolles Agieren des Rates möglich. Jede Politik, auch das reine Nichtstun, wirkt auf die Zukunft und ist zu verantworten, also auf ihre Folgen zu befragen, was deren Kenntnis voraussetzt.

> 4) *Hat die Zukunft immer die Mehrheit?* Wenn man aber annimmt, dass die Zukunft wirklich ein gleiches Stimmrecht wie die Gegenwart erhält, hätten die vielen Bürger der Zukunft nicht automatisch immer die Mehrheit im Parlament? Müssten wir heute lebenden uns nicht als Minderheit ständig deren Willen beugen?

Das Argument hat einen Pferdefuß, wenn man es so versteht, dass die Zukunft ganz normal mit Abgeordneten im Verhältnis zur Populationsgröße

7 Man kann Zukunftsräte auch ablehnen, da man meint, Politik müsse dort entschieden werden, wo die Bürger auch überzeugt und „mitgenommen“ werden. Einsame Entscheide jenseits des Politikbetriebs würden nicht akzeptiert werden. Das ist sicher richtig, aber so, dass sie in diese Grube fällt, müsste eine neue Institution auch nicht gestaltet werden. Sie könnte öffentliche Debatten anstoßen und aktiv versuchen, die Bürger „mitzunehmen“.

vertreten sein solle. Welche Zukunft hätte die Mehrheit gegenüber der Gegenwart? In 100 Jahren gibt es vielleicht aufgrund der Demographie weniger Menschen in Deutschland als heute. In 200 Jahren gibt es aber eventuell wieder mehr Menschen als in 100 Jahren und in 400 Jahren erst recht. Welche Zukunft ist gemeint? Wenn die Interessen in 300 Jahren unsere heutige Politik dominieren sollen, kann man nicht ausschließen, dass in 500 Jahren noch mehr Menschen leben werden, die wieder andere Interessen als die in 300 Jahren Lebenden verfolgen werden und so *ad infinitum*. Jeder Zeitpunkt in der Zukunft, dessen dort vorherrschende Interessenkonstellation als maßgeblich für die Gegenwart ausgezeichnet werden soll, kann durch einen anderen Zeitpunkt in der Zukunft in seiner Maßgeblichkeit in Frage gestellt werden.

Es bleibt uns nur, die strikte Repräsentation in Proportion zur Populationsgröße als Möglichkeit aufzugeben, allein deswegen, weil niemand die Anzahl der zukünftigen Deutschen kennt. Wir können lediglich die in allen Zukünften gemeinsamen, basalen Interessen identifizieren, wie unter 3) beschrieben. Mit welchen konkreten Mengen an Repräsentanten diese Interessen ausgestattet werden müssten, ist eine spekulative Frage. Um den zukünftigen Interessen beim Schutz vor Katastrophen Rechnung zu tragen, scheint mir ein Vetorecht ein adäquateres Mittel darzustellen. Ein Vetorecht ist nicht von Mehrheiten oder Mengen abhängig und ist eine wirkungsvollere Waffe, als eine Stimmmehrheit für die Zukunft zu schaffen. Letzterem Verfahren würden sich die gegenwärtigen Generationen sicher nicht unterwerfen, denn es könnte beliebig hohe Opfer zugunsten der Zukunft bedeuten, da eine Mehrheit Dinge gestalten, nicht nur verhindern kann. Und wir sollten in unseren Planungen so durchsetzbar wie möglich verbleiben, gerade weil die meisten hier gemachten Vorschläge ohnehin schon nur sehr schwer durchsetzbar sind.

5) *Entscheidungsdilemmata*: Gerade, wenn ein Zukunftsrat mit Kompetenz für Finanz-, Bildungs- und Umweltpolitik der Zukunft (ähnlich wie in Israel) aufgestellt wird, kann es zu Konflikten verschiedener Ansprüche zukünftiger Generationen kommen. Was, wenn die Umweltschutzmaßnahme A erfordert, dass weiter Schulden gemacht werden, aufgrund derer Bildungsmaßnahme B nicht mehr bezahlbar ist? Das sind in der Tat Probleme. So könnte natürlich fast jede Umweltschutzmaßnahme ausgebremst werden. Um die Konflikte zu verringern, die innerhalb des Rates bezüglich zukünftiger Interessen entstehen, plädiere ich dafür, das *Mandat auf umweltökonomische Fragen zu begrenzen*. Ähnlich war dies in Ungarn der Fall (Fülöp 2014, S. 72). Zudem baut dies die Konflikte des Rates mit der normalen Legislative ab. Ein Zu-

kunftsrat kann nicht alle zukünftigen Interessen kennen, sondern versucht, Katastrophen von der Zukunft abzuwenden. Katastrophen sind Zustände, in denen die Basisbedürfnisse vieler Menschen nicht erfüllt werden. Diese Bedürfnisse werden von Umweltproblemen am direktesten betroffen. Oder mit Stein gesprochen:

> „Gewiss lässt sich allgemein noch sagen, dass (...) unmittelbare Überlebensinteressen, die mit der Sicherung von Kollektivgütern wie den natürlichen Lebensgrundlagen verbunden sind, einen Vorrang gegenüber bloßen Besitzstandswahrungsinteressen haben, mit denen ein Wohlstandsniveau erhalten werden soll, welches moralisch und materiell nicht verallgemeinerbar ist." (Stein 2014, S. 54).

Stein weist weiterhin darauf hin, dass kein abstraktes Entscheidungsverfahren zur Lösung dieser Probleme verordnet werden kann, sondern dass diese Konflikte politisch zu lösen sind. Das heißt, es gilt dann mehrheitsfähige Kompromisse auszuhandeln, aber eben unter Beteiligung einer starken Zukunftslobby.

Allerdings sind nach dieser Hierarchisierung von Bedürfnissen immer noch Interessenkonflikte zwischen den Vertretern der zukünftigen Generationen möglich: Die zukünftigen Bewohner von Bangladesch hätten sicher gerne einen Primat vor den zukünftigen Deutschen, wenn es darum geht, die Anpassung an Klimaveränderungen zu fördern. Und das ist nachvollziehbar und schon aus dem Prinzip des abnehmenden Grenznutzens begründbar. Allerdings sehe ich nicht, wie dieser Primat in unseren national orientierten Demokratien gerechtfertigt werden kann. Der schon bei der Diskussion um Goodins Position vorgeschlagene Mittelweg ist zu suchen: Nationaler Primat bei weltbürgerlicher Verantwortung, d.h. beispielsweise bei „Entschädigung" der Schwachen.

Ich hatte schon dafür plädiert, die Verantwortung von heutigen auf zukünftige Staatsbürger des *Demos* auszudehnen. Auf aktuelle oder zukünftige Weltbürger aber, die nicht deutsche Staatsbürger sind, wird es kaum zu rechtfertigen sein, die Verantwortung *im gleichen Maße* auszudehnen. Grund ist der oben benannte Wert der Autonomie. Das heißt, hier wird man zwischen dem *Universalismus der Moral* und dem *Partikularismus der nationalstaatlichen Demokratie* vermitteln (s.o.) bzw. auf Entscheide in Richtung einer *Absolute Border-Economy*[8] setzen müssen, die Zukunft und

8 So nenne ich eine Ökonomie, die innerhalb durch spezifische Caps definierter Spielräume, in Einklang mit den Grenzen des Wachstums wächst. Ich übertrage

Gegenwart oder Zukunft hier und Zukunft anderswo nicht gegeneinander ausspielt (Gesang 2016, Kpt. 3).

6) *Kommt zu spät*: Den pauschalen Einwand, dass neue Institutionen zu spät für die Rettung des Klimas kämen, kann ich nicht teilen. Erstens ist die Aufgabe der neuen Institutionen nicht auf den Klimaschutz begrenzt. Zweitens ist eine verbindliche und gehaltvolle Klimakonvention in den nächsten Jahren nicht zu erwarten. Da das Klimaproblem wahrscheinlich ein graduelles Problem ist, ist aber späte Abhilfe immer noch besser als gar keine. Gleichwohl bemüht man sich selbstverständlich, so schnell wie eben möglich etwas zu erreichen. Was schneller zu erreichen ist, ob so ein Abkommen oder eine neue Institution, ist offen, zumal für den Klimaschutz unter Staatsoberhäuptern wie Trump immer wieder herbe Rückschläge zu erwarten sind. Wenn es also sinnvoll ist, sich für ein Abkommen einzusetzen, dann auch für neue Institutionen. Man kann daraus pessimistisch schließen, dass eben jede Rettung für das Klima zu spät kommt. Jedoch, bis kein Zweifel an der Richtigkeit dieser These mehr besteht, sollte man das vermeiden. „Die Flinte zu früh ins Korn zu werfen“ kann immensen Schaden verursachen. Daher ist es keine schlechte Option, gerade jetzt auf neue (nationale und europäische) Institutionen zu setzen.

7 *Eine andere Variante der Idee – Ombudsmänner für zukünftige Generationen*

Ein anderer Vorschlag ist es, eine Ombudsperson einzusetzen. So etwas gibt es in Ungarn und es gab Ähnliches in Israel und anderen Ländern. Die Funktionen dieses Zukunftsanwalts und seines Stabes sind vergleichbar mit denen des Zukunftsrates. Sie können von bloßer Aufklärung der Öffentlichkeit bis zur Verzögerung von Gesetzen (suspensives Veto) und einem Vetorecht (so einst in Ungarn) reichen. Bislang wurden solche Anwälte vom Parlament (zum ungarischen Beispiel: Fülöp 2014, S. 70f) oder von der Regierung ein- bzw. abgesetzt. Damit könnte das Parlament mehr Kontrolle behalten. Die etablierten Politiker könnten sich so vielleicht eher durchringen, eine solche Institution zu schaffen, da sie nicht so viel Macht abgeben wie bei einem direkt vom Volk gewählten Zukunftsrat. Das oben beschriebene unabhängige Nominierungsverfahren der Anwälte wäre auch für Wahlen durch das Parlament beizubehalten.

---

den „Cap and Trade“ Ansatz der Klimapolitik auf das Wirtschaftswachstum generell.

Der eventuell höheren Durchsetzbarkeit steht, verglichen mit vom Volk gewählten Zukunftsräten, die geringere Wirkung eines eingesetzten Anwaltes gegenüber. Wenn der Anwalt vom Parlament eingesetzt wird, wird er kaum eine radikale Opposition zur Parlamentsmehrheit einnehmen, seine Unabhängigkeit ist folglich unter Druck. Ebenso macht die Möglichkeit, den Anwalt schnell abzusetzen, diesen nicht gerade zu einer unabhängig operierenden Instanz. Aber man könnte vorbeugen und den Anwalt nur durch eine Zweidrittelmehrheit des Parlaments absetzbar machen. Ansonsten würden dieselben Kontrollinstanzen wie beim Zukunftsrat gelten: Klare Definition des Zuständigkeitsbereichs der Institution in der Verfassung und Möglichkeit der Klage, wenn dieser überschritten wird.

Wenn man den Anwalt jedoch direkt vom Volk wählen lassen würde, wären diese Abhängigkeiten nicht gegeben. Beispielsweise in der Bundesrepublik, wo kein Politiker direkt gewählt wird, wäre seine Autorität sehr groß – manchen zu groß. Wenn eine Einzelperson auf diese Weise ins Amt kommt, wären ihr Einfluss und ihre Wahrnehmbarkeit vielleicht sogar noch größer als die einer ganzen so gewählten Kammer. Hier kann eine Ombudsperson gegenüber einem Zukunftsrat punkten. Allerdings hängt damit die Institution auch von der Integrität und Effektivität einer Person ab.

Letztlich ist es relativ gleichgültig, ob man für einen Zukunftsrat oder einen einzigen Zukunftsanwalt (mit einer entsprechenden interdisziplinär ausgerichteten Behörde) plädiert. Beide Modelle können große Ähnlichkeiten aufweisen. Aber meistens dürften Ombudspersonen der schon in Ungarn bekannten Form intendiert sein, wenn NROs Anwälte fordern. Dann ist die Frage der Neutralität der größte Angriffspunkt der Institution. Letztlich kann ein Anwalt der Zukunft in den heutigen Entscheidungsgremien mit der ihm vorgegebenen Zielsetzung sicher nicht viel Unheil anrichten. Im schlimmsten Fall hätte man eine wirkungslose neue Institution geschaffen, welche dem *Greenwashing* der etablierten Politik dient. Dieses Risiko ist es jedenfalls wert, eingegangen zu werden.

Gerade während wir eine Krise der europäischen Institutionen durchleben, sollten Initiativen aufkommen, zusätzlich eine der vorgeschlagenen neuen Institutionen auch auf europäischer Ebene zu verankern. Wir erleben augenblicklich, dass Europa als reine Währungsgemeinschaft nicht funktionieren kann. Wir brauchen eine vereinheitlichte europäische Politik und ein Anwalt der Zukunft könnte ein entscheidendes Merkmal dieser Politik werden. *Der in Europa anstehende Reformprozess sollte ein Klima schaffen, in dem die Bürger und Politiker für institutionelle Neuerungen aufgeschlossen sind.* Wenn sowieso Vertragsveränderungen beschlossen werden, dann sollte man den Schutz zukünftiger Generationen im gleichen

Arbeitsgang miterledigen. Es bietet sich an, mit einem europäischen Zukunftsrat zu beginnen und dann Pendants auf Ebene der Nationalstaaten zu schaffen.

Jedenfalls gilt für alle Europäer, die nicht angesichts der Übermacht der Probleme resignieren wollen: Eine institutionelle Reform der europäischen Demokratien ist die Front, an der es sich zu kämpfen lohnt. Um mit den Worten von Tine Stein zu schließen: „Riskant ist nicht eine ökologisch motivierte Verfassungsreform, sondern riskant ist es, diese zu unterlassen." (Stein 1998, S. 165f).

8 Literatur

Beckmann, Ludvig. 2008. „Democratic Inclusion, Law, and Causes". *Ratio Juris* 21 (3): 348–364.

Bonoli, Giuliano, und Silja Häusermann. 2009. „Who wants what from the welfare state? Socio-structural cleavages in distributional politics: Evidence from Swiss referendum votes". In Tremmel, Jörg (Hrsg.). *A Young Generation under Pressure? The Financial Situation and the "Rush Hour" of the Cohorts 1970–1985 in a Generational Comparison*. Berlin: Springer Berlin Heidelberg, 201.

BUND – Bund für Umwelt und Naturschutz Deutschland, und MISEREOR (Hrsg.). 1996/1998. *Zukunftsfähiges Deutschland*. Basel: Birkhäuser.

Dörner, Dietrich, und Franz Reither. 1978. „Über das Problemlösen in sehr komplexen Realitätsbereichen". *Zeitschrift für experimentelle und angewandte Psychologie* XXV/4: 527.

Dahl, Robert A. 1971. *Polyarchy: participation and opposition*. New Haven: Yale University Press.

Downs, Anthony. 1957. *An Economic Theory of Democracy*. New York: Harper and Row.

Fülöp, Sándor. 2014. „Die Rechte, Pflichten und Tätigkeiten des ungarischen Parlamentsbeauftragten für zukünftige Generationen". In Gesang, Bernward (Hrsg.). *Kann Demokratie Nachhaltigkeit?*. Wiesbaden: Springer VS, 67–84.

Geißler, Heiner. 2012. *Sapere Aude! Warum wir eine neue Aufklärung brauchen*. Berlin: Ullstein.

Gesang, Bernward. 2003. *Eine Verteidigung des Utilitarismus*. Stuttgart: Reclam.

Gesang, Bernward. 2011. *Klimaethik*. Berlin: Suhrkamp.

Gesang, Bernward. 2016. *Wirtschaftsethik und Menschenrechte*. Tübingen: Mohr Siebeck.

Göpel, Maja. 2014. „Ombudspersonen für zukünftige Generationen: Diktatoren oder Bürgervertreter?". In Gesang, Bernward (Hrsg.). *Kann Demokratie Nachhaltigkeit?*. Wiesbaden: Springer VS, 89–110.

Goodin, Robert E. 2007. „Enfranchising All Affected Interests, and Its Alternatives". *Philosophy and Public Affairs* 35 (1): 40–68.

Kahlenborn, Walter. 1997. „Stimmen für die Natur". *Politische Ökologie* 53: 65–66.

Kielmansegg, Peter Graf. 2013a. *Die Grammatik der Freiheit. Acht Versuche über den demokratischen Verfassungsstaat.* Baden-Baden: Nomos.

Kielmansegg, Peter Graf. 2013b. „Demokratische Legitimation". In Kube, Hanno; Mellinghoff, Rudolf; Morgenthaler, Gerd; Palm, Ulrich; Puhl, Thomas, und Christian Seiler (Hrsg.). *Leitgedanken des Rechts: Paul Kirchhof zum 70. Geburtstag.* 1. Bd. Heidelberg: Müller, 641–650.

Kutschera, Franz von. 1982. *Grundlagen der Ethik.* Berlin: de Gruyter.

Meadows, Donella H.; Meadows, Dennis L.; Randers, Jørgen, und William W. Behrens III. 1972. *The Limits to Growth.* New York: Universe Books.

Myers, Norman, und Julian Lincoln Simon. 1994. *Scarcity or Abundance?: A Debate on the Environment.* New York: W. W. Norton.

Platon. 1986. *Platon Sämtliche Werke.* In Otto, Walter F.; Schleiermacher, Friedrich; Müller, Hieronymus; Grassi, Ernesto, und Gert Plamböck (Hrsg.). 3. Bd. Reinbek bei Hamburg: Rowolt.

Precht, Richard David. 2010. *Die Kunst kein Egoist zu sein.* München: Goldmann.

Randers, Jørgen. 2012. *2052: A Global Forecast for the Next Forty Years.* Vermont: Chelsea Green Publishing.

Rux, Johannes. 1999. „Intertemporale Strukturprobleme der Demokratie". In Bertschi, Martin et al. (Hrsg.). *Freiheit und Recht.* Stuttgart: Richard Boorberg Verlag, 301–333.

Rux, Johannes. 2003. „Der ökologische Rat – Ein Vorschlag zur Änderung des Grundgesetzes mit Begründung". In Stiftung für die Rechte der zukünftigen Generationen (Hrsg.). *Handbuch Generationengerechtigkeit.* München: oekom Verlag, 471–490.

Sartori, Giovanni. 1975. „Demokratie als Elitenherrschaft". In Grube, Frank, und Gerhard Richter (Hrsg.). *Demokratietheorien.* Hamburg: Hoffmann und Campe, 67–75.

Singer, Peter. 1984/2013. *Praktische Ethik.* Stuttgart: Reclam.

Stein, Tine. 1998. *Demokratie und Verfassung an den Grenzen des Wachstums.* Opladen: Westdeutscher Verlag.

Stein, Tine. 2014. „Zum Problem der Zukunftsfähigkeit der Demokratie". In Gesang, Bernward (Hrsg.). *Kann Demokratie Nachhaltigkeit?.* Wiesbaden: Springer VS, 47–66.

Thompson, Dennis F. 2010. „Representing Future Generations: Political Presentism and Democratic Trusteeship, Democracy, Equality, and Justice". *Critical Review of International Social and Political Philosophy* 13 (1): 17–37.

Traufetter, Gerald. 07.12.2010. „Kopenhagener Klimagipfel: USA und China verbrüderten sich gegen Europa". *Spiegel Online.* Online zugänglich unter: http://www.spiegel.de/wissenschaft/mensch/0,1518,733230,00.html Letzter Zugriff: 02.05.2013.

Whelan, Frederick G. 1983. „Prologue: Democratic Theory And The Boundary Problem". In Pennock, James Roland und J. W. Chapman (Hrsg.). *Liberal Democracy*. New York: New York University Press, 13–47.

Winter, Thomas von. 1995. „Interessenverbände im gesellschaftlichen Wandel". In Jäger, Thomas und Dieter Hoffmann. (Hrsg.). *Demokratie in der Krise? Zukunft der Demokratie*. Opladen: VS Verlag für Sozialwissenschaften, 145–168.

Der Übergang ins Anthropozän erfordert eine Weiterentwicklung der Demokratie[1]

Jörg Tremmel

1 *Anthropozän und Ethik – Die Einteilung der Erdgeschichte in der Geochronologie*

Das Bedürfnis, geologische Epochen zu benennen, kam erstmals auf, als im Zeitalter der Aufklärung die theologische Lehrmeinung widerlegt wurde, dass die Erde laut Bibel höchstens 6.000 Jahre alt sein könne.[2] Dies war ein Wendepunkt im menschlichen Selbstverständnis. Die Erfassung grundlegender geologischer Fakten seit dem Ende des 17. Jahrhunderts, vor allem die Einsicht in das auffallend hohe Alter der Erde, zählt zu den wichtigsten Errungenschaften des menschlichen Denkens. Die Erfindung und Verfeinerung einer geologischen Zeitskala zur Unterteilung von 4,6 Milliarden Jahren Erdgeschichte hat dem Menschen die Kürze seiner Existenz verdeutlicht; sie war somit ein Dämpfer für Allmachtsphantasien.

Nach der derzeit gültigen geologischen Zeitskala leben wir seit etwa 11.700 Jahren im Holozän. Die bevorstehende Ausrufung des Anthropozäns kann das menschliche Selbstverständnis erneut erheblich verändern. Nicht umsonst stößt die Idee, unser gegenwärtiges Zeitalter als „Anthropozän“ zu bezeichnen, auf immer mehr Interesse. Eine Google-Scholar-Suche

---

1 Der vorliegende Beitrag wurde durch Nils Blossey aus dem Englischen übersetzt und von Jörg Tremmel weiter ausgearbeitet. Der englische Originaltext ist erschienen unter: Tremmel, Jörg. 2018. „The Anthropocene Concept as a Wake-Up Call for Reforming Democracy“. In Hickmann, Thomas; Partzsch, Lena; Pattberg, Philipp, und Sabine Weiland (Hrsg.). *The Anthropocene Debate and Political Science*. London: Routledge, 219–236.

2 Die „Sechs-Weltzeitalter-Lehre“ (lateinisch: sex aetates mundi) war eine christliche Periodisierung des Kirchenvaters Augustinus von Hippo (354–430), die sich bis weit ins Mittelalter hinein hielt. Im Zuge der Aufklärung wurde sie verworfen. Die geologischen Pionierarbeiten von Georges-Louis Leclerc de Buffon (1707–1788) und Charles Lyell (1797–1875) ebneten den Weg zum modernen Weltbild, das auf wissenschaftlichen Erkenntnissen und nicht auf Behauptungen der Heiligen Schrift beruht.

im Februar 2018 mit dem Begriff „Anthropozän“ lieferte rund 51.500 Ergebnisse, vier Jahre später sind es schon 334.000 Ergebnisse.

Wörtlich lässt sich der Begriff „Anthropozän“ als „Epoche der Menschen“ oder „Zeitalter der Menschen“ übersetzen, wobei „anthropos“ (altgriechisch: „Mensch“) mit dem Suffix „-cene“ verbunden wird, das zur Bezeichnung neuer geologischer Epochen verwendet wird. Geprägt wurde Begriff „Anthropozän“ wurde vor allem vom Chemie-Nobelpreisträger Paul J. Crutzen, dem Entdecker des Ozonlochs (Crutzen 2002, S. 23).[3] Er veröffentlichte 2002 in der Zeitschrift Nature einen kurzen Artikel mit dem Titel „Geology of Mankind“ (Geologie der Menschheit), der mehrere Fachdisziplinen inspirierte. In der Stratigraphie (die Wissenschaft von den Schichten) wurde 2008 eine Unterkommission für Quartärstratigraphie (*Subcommission on Quaternary Stratigraphy*) eingerichtet, um Beweise in hauptsächlich drei verschiedenen Bereichen zu sammeln: lithostratigraphisch (neuartige Sedimente, Minerale und Mineralmagnetismus), biostratigraphisch (makro- und mikropaläontologische Sukzessionen und anthropogene Spuren des Lebens) und chemostratigraphisch (organisch, anorganisch und radiogen). Aufgabe der Kommission ist es, mit wissenschaftlichen Mitteln die Frage zu klären, ob der Mensch zu einem Faktor geworden ist, der geologische Veränderungen in einem Ausmaß hervorruft, das in der Vergangenheit als ausreichend angesehen wurde, um das Ende einer Epoche und den Beginn einer neuen auszurufen (Waters et al. 2016). Auf dem 35. Internationalen Geologenkongress in Kapstadt (September 2016) stimmten die Mitglieder der Unterkommission fast einstimmig dafür, die Einteilung der geologischen Epochen zu ändern und ein neues Weltzeitalter auszurufen – das Anthropozän. Dies bedeutet jedoch nicht, dass die offizielle Klassifizierung der geologischen Epochen beschlossene Sache ist oder dass Schulbuchverlage anfangen sollten, ihre Lehrbücher umzuschreiben.[4] Der Grund dafür ist, dass innerhalb der Geologie eine Reihe von Teildisziplinen für die geologische Klassifizierung zuständig sind. Die Chronostratigraphie klassifiziert Schichten nach ihrem Entstehungsalter.

---

3 Andere haben ähnliche Konzepte schon viel früher vorgeschlagen, z. B. „Anthropolithikum“ (Haeckel 1870), „Anthropozoikum“ (Stoppani 1873) und „Noosphäre“ (Teilhard de Chardin 1923).

4 Das Potenzial des folgenden neuen Leitbildes wäre insbesondere für Schulcurricula relevant (Crutzen/Schwägerl 2011). Der Begriff „Anthropozän“ könnte Schülern helfen, die Idee des enormen Einflusses des Menschen auf die Natur zu begreifen. Der Schüler, der früher achtlos sein Bonbonpapier in der Natur entsorgt hat, weil er dachte, dass es sich dort schnell zersetzen würde, könnte durch das Konzept eines Anthropozäns zu einer Änderung seines Verhaltens angeregt werden.

Die Geochronologie geht interpretativer vor und setzt ungefilterte Fakten zu einer geologischen Zeitskala zusammen, also zu einer Einteilung der Erdgeschichte in sinnvolle Abschnitte. Zu den übergeordneten Gremien, die noch zustimmen müssen, gehören die International Commission on Stratigraphy (ICS) und als letzter Schritt das Exekutivkomitee der International Union of Geological Sciences (IUGS). Auch wenn des vielleicht noch etwas dauert – die Chancen stehen gut, dass das Anthropozän in den nächsten Jahren auch offiziell proklamiert wird.

1.1 Beweise für eine Verschiebung der geologischen Epoche

Was die lithostratigraphischen Belege betrifft, sind die urbanen Strukturen, die derzeit etwa drei bis fünf Prozent der Landoberfläche der Erde bedecken, ein Indiz. Durch die Verstädterung sind große Flächen mittlerweile mit einer Mischung aus Beton, Glas und Metallen bedeckt. Selbst wenn die Menschheit morgen ausstürbe, würden diese Strukturen noch Jahrtausende lang bestehen bleiben. Wenn Geologen in ein paar tausend Jahren das Gebiet besuchen würden, auf dem heute eine Großstadt steht, würden sie Betonfragmente, verrostetes Eisen, den Asphalt von Straßen, Glas von Glasfaserkabeln und eine enorme Menge an Aluminium entdecken, das als solches in der Natur nicht vorkommt.

Eine weitere Signatur des Menschen ist in den sich nicht zersetzenden Schichten von Plastikmüll zu sehen, die derzeit im Sog bestimmter Meeresströmungen treiben. Es gibt Hinweise darauf, dass sie nach dem Absinken sedimentäre Ablagerungen bilden. Mitte 2014 entdeckten Geologen vor der Küste von Hawai'i Strukturen aus Plastik, Vulkaniten, Korallenfragmenten und Sandkörnern, die sie aufgrund ihrer Festigkeit als Gestein eigener Art bezeichneten – als Plastiglomerat (Chen 2014). Der Mensch schafft aber auch neue Sedimentstrukturen, indem er Berge abträgt, Täler auffüllt und riesige Meere aufstaut. Drei Viertel des eisfreien Festlandes sind nicht mehr in dem Zustand, in dem sie sich zur Zeit des Auftauchens der menschlichen Spezies befanden (Leinfelder 2017). Insbesondere die Verschiebung von Wildnis zu Grasland ist ein wichtiger Marker für die enormen Veränderungen, die der Mensch auf der Erdoberfläche bewirkt hat. Während der Anteil der Nicht-Wildnis vor 12.000 Jahren minimal war, wird heute bereits mehr als ein Drittel der Erdoberfläche als Grünland für die Viehhaltung genutzt. Würde man alle Säugetiere auf eine riesige Waage legen, könnte man ausrechnen, dass der Mensch und sein Vieh zu Beginn des Holozäns 0,1 Prozent der gesamten Biomasse ausmachten, während dieser Anteil heute auf 90 Prozent der gesamten Biomasse angewachsen ist (Vince 2011).

Weitere Beispiele für die beispiellose Tiefe und Langfristigkeit menschlicher Eingriffe sind:

1. Die Abholzung der unterirdischen Wälder, d. h. die Gewinnung von Kohle, Öl und Gas aus der Lithosphäre. Wenn überhaupt, würde es Hunderte von Millionen Jahren dauern, bis sich diese Ressourcen regenerieren.
2. Die anthropogene Verseuchung durch Radioaktivität. Die Zeit, die vergeht, bis nuklearer Abfall die Hälfte seiner Radioaktivität abgebaut hat (Halbwertszeit) ist bei Plutonium-239 mit 24.110 Jahren, Plutonium-242 mit 376.000 Jahren oder Uran-235 mit 704 Millionen Jahren extrem lang. Es werden also mehrere Millionen Jahre vergehen, bis die Hinterlassenschaften von nur zwei Generationen keine Gefahr mehr für zukünftige Generationen darstellen.
3. Das durch den Menschen verursachte weltweite Artensterben in Flora und Fauna. Die Natur ist immer dabei, neue Arten zu schaffen, so dass es in der Tat nur eine Frage der Zeit ist, bis die Auswirkungen des vom Menschen verursachten Massenaussterbens von der Natur „verarbeitet" sein werden. Aber zwischen den bisherigen fünf Massenaussterben lagen stets Jahrmillionen.
4. Der Klimawandel – induziert durch einen menschengemachten Anstieg der CO2-Konzentration in der Atmosphäre von 280 auf 420 ppm – ist im Vergleich dazu in einem viel kürzeren Zeitrahmen umkehrbar, aber auch hier haben wir es mit Zehntausenden von Jahren zu tun.
5. Weltraummüll sammelt sich seit Beginn der Raumfahrt in der Erdumlaufbahn an, und die Naturkräfte allein werden ihn in den nächsten paar tausend Jahren nicht beseitigen können.

Wann soll der Beginn des Anthropozäns angesetzt werden? Denkbare, aber inzwischen verworfene Zeitpunkte sind der Beginn der Landwirtschaft sowie der Beginn der industriellen Revolution. Viele Forscher plädieren für die 1950er Jahre, da seither zahlreiche Indikatoren in die Höhe geschossen sind. Sei es die Urbanisierung,[5] der Primärenergieverbrauch oder der internationale Flugverkehr – man kann den Beginn einiger exponentieller Wachstumsprozesse auf die Zeit nach dem Zweiten Weltkrieg datieren,

5 Haber (2016, S. 29) beschreibt die Urbanisierung als konstitutives Merkmal des Anthropozäns. Demnach sind „Städte" die größtmögliche Transformation des Systems ‚Natur' in das System ‚Kultur'.

die deshalb auch als „Große Beschleunigung" bekannt geworden ist (Steffen et al. 2016). Einige Indikatoren – wie z.B. die Weltbevölkerung – begannen schon etwas früher anzusteigen, während andere Indikatoren des Erdsystems – wie z.B. der Abbau der stratosphärischen Ozonschicht – erst in jüngerer Zeit zu steigen begannen. Eine vorläufige Mehrheitsentscheidung der 37-köpfigen Unterkommission erklärte den 16. Juli 1945 – den Tag des ersten Atombombentests – zum Beginn des Anthropozäns. Die Signatur des langlebigen Plutoniums aus den Bombenexplosionen Mitte des 20. Jahrhunderts wird für Tausende von Jahren in den Sedimenten der Erde sichtbar bleiben. Dies ist ein eindeutiger wissenschaftlicher Marker für den menschlichen Einfluss auf die Umwelt.

Gibt es Gegenargumente gegen die Ausrufung des Anthropozäns? Sicherlich ist der Einfluss des Menschen auf die Länge der Erdgeschichte verschwindend gering. Dies lässt sich durch ein Gedankenexperiment verdeutlichen, bei dem die Geschichte des Planeten Erde in ein Kalenderjahr umgerechnet wird. Die Erde ist etwa 4,6 Milliarden Jahre alt. Umgerechnet auf ein Kalenderjahr entspricht eine Stunde 525.114 Jahren, eine Minute 8.752 Jahren und eine Sekunde 145 Jahren. In dieser Skala erschienen zwischen dem 1. Januar und dem 30. Dezember keine Menschen auf der Erdoberfläche. In den ersten Stunden des 31. Dezember tauchten die ersten Menschenaffen auf. Das zweibeinige Gehen war noch Stunden (d.h. Millionen von Jahren) entfernt. Gegen 20:30 Uhr gelang es Mitgliedern der Spezies homo erectus, Afrika zu verlassen. Um 48 Minuten vor Mitternacht lernten sie, das Feuer zu bändigen; einige Minuten später begannen sie zu kochen, und wiederum einige Minuten später begannen sie, Kleidung zu tragen. Anatomisch moderne Menschen erschienen um 23:36 Uhr und sie entwickelten eine Reihe von hochentwickelten Sprachen an verschiedenen Orten der Erde. Die ersten Skulpturen und Malereien entstanden um 23:54 Uhr. Die neolithische Revolution (der Beginn der Landwirtschaft) fand um 81 Sekunden vor Mitternacht statt. Um 23:59:24 Uhr wurden die ersten großen Städte in Ägypten und im Indus-Tal gebaut; das Alphabet und das Rad waren jedoch noch nicht erfunden worden. Um 18 Sekunden vor Mitternacht am 31. Dezember wurden die ersten Staaten und Reiche gegründet (Klassisches Griechenland, Römische Republik, Qin-Dynastie, Ashoka-Reich), und die Menschheit begann, Geschichte aufzuzeichnen. Die Quintessenz: Die große Beschleunigung in den 1950er Jahren geschah weniger als eine Sekunde vor Mitternacht auf dieser Zeitskala! So betrachtet ist das menschliche Tun nur ein Wimpernschlag.

Ein weiteres Argument gegen die offizielle Proklamation des Anthropozäns ist die bisherige Einteilung der Erdgeschichte in ähnlich lange Zeitalter, von denen jedes einen Zeitraum von mehreren Millionen Jahren umfasst. Das Pliozän umfasst 2,745 Millionen Jahre, das Pleistozän 2,5763 Millionen Jahre, das Holozän bisher nur 0,0117 Millionen Jahre. Das spricht für die Beibehaltung des Holozäns. Solange nicht viel mehr Zeit vergangen ist, ist nach der etablierten Nomenklatur einfach kein Platz für ein neues Zeitalter. Doch das scheint ein konstruiertes Argument zu sein. Wenn sich die realen Phänomene schneller ändern als bisher, ist es auch legitim, die Nomenklatur der Geologen entsprechend anzupassen.

In der Debatte um das Anthropozän ist es wichtig, empirische von bewertenden Fragen zu trennen. Die oben diskutierten Fragen (Wenn wir Menschen ausstürben, würden dann die Spuren unserer Existenz noch lange Zeit bestehen bleiben? Oder würde alles schnell wieder so werden, wie es vor unserer Entstehung war?) sind zunächst einmal empirische Fragen. Aber diese Fragen haben auch eine evaluative Dimension. Der Begriff des Anthropozäns zwingt uns dazu, unseren Platz in der Welt neu zu definieren, da er die Menschheit auf eine völlig neue Art und Weise betrifft.

1.2 *Holozän-Ethik und Anthropozän-Ethik*

Die Gedanken der Alten, insbesondere in Fragen der Ethik, galten mehr als zweitausend Jahre lang als zeitlos und stets wieder neu. Dass dies auch heute noch, zumindest in Teilen, zutrifft, kommt in dem Bonmot zum Ausdruck, dass „in Fragen des richtigen Lebens nur das Falsche wirklich neu sein kann" (Spaemann 1989, S. 9). Dieser Gedanke wird jedoch gegenwärtig durch das Konzept des Anthropozäns in Frage gestellt. Die im antiken Griechenland entwickelte Ethik beschäftigte sich mit dem Nahbereich, mit dem Umgang mit Nachbarn, anderen Ständen, dem anderen Geschlecht. Man könnte es eine „ Nachbarschaftsethik" nennen (Tremmel 2012, S. 20).

In diesem ethischen Bereich waren Menschen, die auf der anderen Seite der Welt lebten, ebenso wenig Gegenstand ethischer Überlegungen wie Menschen, die 500 Jahre in der Zukunft lebten. Um es pointiert zu formulieren: Platon kannte kein Plutonium. In seinem epochalen Buch *Der Imperativ der Verantwortung: Auf der Suche nach einer Ethik für das technologische Zeitalter* charakterisiert der Philosoph Hans Jonas das ursprüngliche Mensch-Natur-Verhältnis folgendermaßen:

> „[…] dass aller Größe seiner schrankenlosen Erfindsamkeit ungeachtet der Mensch, gemessen an den Elementen, immer noch klein ist: eben dies macht seine Ausfälle in sie so verwegen und erlaubt es jenen,

> seinen Vorwitz zu dulden. Alle Freiheiten, die er sich mit den Bewohnern des Landes, des Meeres und der Luft herausnimmt, lassen doch die umgreifende Natur dieser Bereiche unverändert und ihre zeugenden Kräfte unvermindert. Ihnen tut er nicht wirklich weh, wenn er sein kleines Königreich aus ihrem großen herausschneidet. Sie dauern, während seine Unternehmen ihren kurzlebigen Lauf nehmen. So sehr er auch die Erde Jahr um Jahr mit seinem Pfluge plagt – sie ist alterslos und unermüdbar; ihrer ausdauernden Geduld kann und muß er trauen und ihrem Zyklus muß er sich anpassen.“ (Jonas 1979, S 19)

Angesichts der Tatsache, dass eine solche Zustandsbeschreibung in der zweiten Hälfte des 20. Jahrhunderts ihre Gültigkeit verloren hat, drängte Jonas auf eine neue Ethik, die die räumliche und zeitliche Nähe transzendiert. Die seither zunehmend als eigene ethische Teildisziplinen etablierten Felder der „globalen Ethik“ und der „Zukunftsethik“ sind daher ausgesprochen neue Phänomene.[6] Ethische Theorien, die *vor* dem Anthropozän entwickelt wurden, könnten zunehmend überholt sein. Jedenfalls aber benötigt das Haus der Ethik einige neue Zimmer.

1.3 Herkules im Olymp oder Gulliver in Lilliput?

Der Narzissmus des mittelalterlichen Menschen hat durch den wissenschaftlichen Fortschritt zwei große Wunden erlitten, wie Sigmund Freud es in seiner Allgemeinen Einführung in die Psychoanalyse formulierte (Freud 1920, S. 246). Die erste Wunde, bekannt als „kosmologische Kränkung“, war die Entdeckung, dass sich die Erde in Wirklichkeit nicht im Zentrum des Universums befindet (Kopernikanische Revolution 1543). Damit verlor der Mensch seine zentrale Stellung im Kosmos. Rund dreihundert Jahre später erfolgte die sogenannte „biologische Kränkung“, als entdeckt wurde, dass der Mensch in das Entwicklungssystem der Organismen eingebettet ist (Charles Darwin 1859 u.a.). Die Spezies Homo sapiens ist ein Produkt der Evolution, so wie Millionen anderer Arten auch. In beiden Fällen wurde der Glaube des Menschen an seine zentrale Stellung innerhalb des Kosmos bzw. innerhalb der belebten Natur durch die Erkenntnisse der modernen Naturwissenschaft tief erschüttert.

---

6 Wobei hinzuzufügen ist, dass die Zukunft kein moralisches Objekt an sich ist, sondern dass es hier um die in der Zukunft lebenden Menschen geht – daher ist für eine diachrone, zeitliche Ethik der Begriff „Generationenethik“ angemessener als der Begriff „Zukunftsethik“.

Der Anthropozän-Diskurs fügt *keine* weitere Kränkung hinzu. Im Gegenteil, die Vorstellung von einem „Zeitalter des Menschen" hat die Konnotation, dass die Menschheit als Kollektiv viel mächtiger ist als bisher angenommen. Die menschliche Hebelwirkung ist viel größer, als man in den Anfängen der Umweltbewegung zu denken pflegte.

Das Neue am Anthropozän ist nicht die Erkenntnis, dass der Mensch die Natur auf vielfältige Weise verändert – das war schon im 20. Jahrhundert bekannt. Vielmehr impliziert das Konzept des Anthropozäns, dass die menschliche Spezies ihre Umwelt durch unbewusste, fast beiläufige Handlungen auf eine tiefgreifende und langfristige Weise beeinflusst. Dazu muss lediglich an das Ozonloch erinnert werden. Bekanntlich kamen Fluorchlorkohlenwasserstoffe (FCKW) früher vor allem in Deodorants, Klimaanlagen und Kühlschränken vor. Es ist beunruhigend, dass ein paar Erfindungen, die den menschlichen Komfort nur ein wenig erhöhen sollten, so gravierende Auswirkungen auf die stratosphärische Ozonschicht hatten.

Ebenso überrascht war die Menschheit über das Ausmaß ihrer Auswirkungen in Bezug auf das Problem des Plastikmülls in den Meeresströmungen. In den 1980er Jahren war die Wissenschaft noch in dem Glauben, dass die Plastikteilchen für die Umwelt irrelevant waren, da man die Ozeane für – wie Hans Jonas es ausgedrückt hätte – „unermüdbar" hielt. Heute wissen wir, dass in den Weiten des Pazifischen Ozeans eine riesige Plastikschicht (manche sprechen von einem Plastikkontinent) herumtreibt. Und dass Plastik an abgelegenen Orten nachweisbar ist, die die Menschheit kaum je besucht hat.

Für das Selbstbild der Menschheit und ihre Sicht auf das Mensch-Natur-Verhältnis offeriert das Anthropozän-Konzept zwei alternative Interpretationen. Die erste ist, dass die Menschheit zu einem neuen Herkules geworden ist. Die andere – und meiner Ansicht nach bessere – Interpretation vergleicht sie mit der Rolle des Gulliver. Herkules ist der große, unbesiegbare Held, durchsetzungsfähig und oft rücksichtslos, jemand, der in der Lage ist, die schwierigsten Arbeiten mit Leichtigkeit zu erledigen. Gulliver hingegen muss sich in einer neuen Umgebung zurechtfinden, die nur auf den ersten Blick seiner gewohnten Umgebung ähnelt. In dem gesellschaftskritischen Roman von Jonathan Swift aus dem Jahr 1726 wird Gulliver von den Liliputanern als „Menschenberg" bezeichnet. Gulliver selbst muss schnell lernen, sich in dem für ihn unbekannten Land Lilliput langsam zu bewegen. Gulliver weiß, dass es vieles gibt, was er nicht kennt; und er ist sich auch bewusst, dass aufgrund seiner Körpergröße jeder Fehltritt (im wahrsten Sinne des Wortes) katastrophale Folgen für seine Umwelt haben kann. Er merkt bald, dass er trotz seiner Größe auch selbst in Gefahr ist, eben weil er Schwierigkeiten hat, sich an seine Umgebung anzupassen. Die Geschichte von Gulliver scheint perfekt geeignet, um als zentrale Erzählung des Anthropozäns zu dienen. Diese Geschichte könnte die Idee repräsentieren, dass die menschliche Spezies die sie umgebende Natur zunehmend verändert, ohne (bisher) in der Lage zu sein, die negativen Folgen dieser Veränderungen zu kontrollieren.

2 *Demokratie reformieren*

Die ökologische Krise führt uns das Versagen unserer bisherigen Lebensweise vor Augen. Alle politischen Bemühungen seit dem Beginn einer expliziten Umwelt- und Nachhaltigkeitspolitik in den 1970er Jahren sind hinter dem Notwendigen zurückgeblieben:

> „Die ergriffenen Maßnahmen, so wichtig sie für einzelne Regionen und Sektoren auch gewesen sein mögen, haben die great acceleration in globaler Perspektive nicht aufhalten können, sondern oft nur zu einer räumlichen oder zeitlichen Verlagerung geführt. Eine Nachhaltigkeitswissenschaft, die die Provokation des Anthropozäns ernst nimmt, müsste sich mit diesem Skandalon auseinandersetzen. Es verweist auf die Grenzen der Gestaltbarkeit gesellschaftlicher Entwicklung und damit auf die Grenzen des bestehenden Sets umweltpolitischer Institutionen und Maßnahmen, die globale Dynamik des Ressourcenverbrauchs und ihre Folgen wirksam zu bekämpfen." (Görg 2016, S. 10f).

Fast alle wichtigen ökologischen Indikatoren entwickeln sich in die falsche Richtung. Nehmen wir zum Beispiel den menschengemachten Klimawandel: Die Kurve der globalen Treibhausgasemissionen zeigt weiterhin steil nach oben, trotz enormer Anstrengungen, die anthropogenen Emissionen zu reduzieren. Die einzigen nachvollziehbaren Rückgänge treten während Kriegen und Wirtschaftskrisen auf. Im Jahr 2009 führte die globale Finanz- und Wirtschaftskrise zu einem Rückgang der weltweiten Treibhausgasemissionen um 1,3 Prozent. Bereits im Folgejahr stiegen die Emissionen jedoch wieder um 5,9 Prozent an. Ähnlich bei der Covid-19-Pandemie bzw. der daraus resultierenden Wirtschaftskrise: 2020 sanken die globalen energiebezogenen CO2-Emissionen um 5,8 Prozent, was den stärksten in einem Jahr gemessenen Rückgang der weltweiten Emissionen seit dem Zweiten Weltkrieg darstellt. Aber bereits 2021 holten die globalen CO2-Emissionen fast den gesamten Rückgang des Jahres 2020 wieder auf und erreichten 36,4 Milliarden Tonnen, nur 0,8 % unter dem Rekordwert von 36,7 Milliarden im Jahr 2019.

Kurzum: „Das „politisch Mögliche“ bleibt kontinuierlich hinter dem „physikalisch Notwendigen“ zurück.“ Da man die physikalischen Gesetze aber nun mal nicht ändern kann, gilt es darüber nachzudenken, was bei den politischen Institutionen geändert werden kann.

Es ist in der *Ethik* kaum noch umstritten, dass die „Nachbarschaftsethik“, die im Holozän sehr nützlich war, in dieser neuen Ära für die Zukunft nur noch begrenzt brauchbar ist. Hingegen hat sich in der *Politikwissenschaft* noch nicht die Einsicht durchgesetzt, dass das Anthropozän mit seinen multiplen ökologischen Krise auch eine Krise der Demokratie als Regierungsform ist. Unsere politischen Institutionen, wie wir sie kennen, wurden im und für das Holozän entworfen. Der Übergang in eine neue Phase der Geologie erfordert eine Weiterentwicklung dieser Institutionen, namentlich des Parlamentarismus. Wenn wir uns künftig wie Gulliver verhalten sollten, dann geht das nicht mit den politischen Institutionen, die im 19. Jahrhundert entwickelt wurden. Das „Anthropozän-Konzept“ ist nicht nur eine interne Debatte der Geologen, sondern ist Augenöffner und Weckruf für eine Reform der Demokratie.

Bevor skizziert wird, wie eine solche Reform aussehen könnte, zwei kurze Anmerkungen: eine im Hinblick auf die Überlegenheit der Demokratie gegenüber allen anderen politischen Herrschaftsformen; der zweite im Hinblick auf die begrenzte Verwendung von Nachweltschutzklauseln („posterity protection clauses“) in Verfassungen.

2.1 Demokratie als wertvolles Erbe für zukünftige Generationen

Die Demokratie weiterentwickeln zu wollen, bedeutet nicht, ihren wesentlichen Wert in Frage zu stellen. Seit den 1970er Jahren (z.B. Ophuls 1977) gab es immer wieder Stimmen, die für eine öko-autoritäre „Lösung“ plädierten (für eine Zusammenfassung siehe Hammond/Smith 2017). Insbesondere nach der Reihe gescheiterter internationaler Klimakonferenzen zwischen 2009 und 2014, also vor dem Erfolg in Paris 2015 (und dann wieder, als US-Präsident Donald Trump 2017 aus diesem Abkommen ausstieg), wurde die Frage gestellt, ob die Demokratie die beste Regierungsform zur Bewältigung ökologischer Herausforderungen sei (Shearman/Smith 2007, Randers 2012).

Diese provokante Frage ist irreführend, ob sie nun bejaht wird oder nicht. Internationale Klimakonferenzen sind jedenfalls ein schlechtes Beispiel, da nicht nur demokratische, sondern auch nicht-demokratische

Nationalstaaten zum Scheitern der Verhandlungen beigetragen haben. Vergleichende Studien haben gezeigt, dass die Umweltperformance von autoritären Regimen schlechter ist als die von Demokratien (Jänicke 1996). Autoritäre Regime kümmern sich im Durchschnitt weniger um die zukünftigen Interessen ihrer Bürger, und sie erzeugen typischerweise Klientelismus und Korruption (Boston 2017). Befürworter von Öko-Autokratien könnten im Gegenzug erwidern, dass sie nicht den Autoritarismus an sich befürworten, sondern eine aufgeklärte, nicht-demokratische Herrschaft. Eine Lehre aus der Geschichte ist jedoch, dass es keinen Weg gibt, um sicherzustellen, dass ein wohlwollender Diktator nicht irgendwann sein Wohlwollen aufgibt. Vor etwa 150 Jahren, zu einer Zeit, als Intellektuelle offen darüber diskutierten, ob die Demokratie besser ist als die Monarchie oder Aristokratie, schrieb Mill die folgenden vernünftigen und auch heute noch (oder wieder) lesenswerten Worte:

> „In no government will the interests of the people be the object, except where the people are able to dismiss their rulers as soon as the devotion of those rulers to the interests of the people becomes questionable" (Mill 1977, S. 73).

Langfristig ist keine andere Staatsform als die Demokratie besser geeignet, die globalen Umweltprobleme zu lösen.

2.2. *Nachweltschutzklauseln in Verfassungen reichen nicht aus*

Die wachsende Akzeptanz der Verantwortung für zukünftige Generationen hat zu dem Trend geführt, Nachweltschutzklauseln in Verfassungen aufzunehmen. Soweit Verfassungen neu verabschiedet wurden – zum Beispiel in Osteuropa und Zentralasien nach 1989 oder in Südafrika nach dem Ende der Apartheid – wurde in fast allen Fällen ein Generationenschutz festgeschrieben. Selbst etablierte Verfassungen wurden geändert, um der zunehmenden Zukunftsorientierung der Bürgerinnen und Bürger in aller Welt Rechnung zu tragen. Fünf Verfassungen sprechen explizit von „Rechten zukünftiger Generationen": Norwegen (Art. 110b), Japan (Art. 11), Iran (Art. 50), Bolivien (Art. 7) und Malawi (Art. 13, Art. 11). In anderen Verfassungstexten, zum Beispiel in Art. 37 (4) der georgischen Verfassung, werden die „Interessen" zukünftiger Generationen benannt, alternativ deren „Bedürfnisse", z.B. in der Verfassung von Uganda (Art. XXVII ii).

Die Zahl der Verfassungen mit Nachweltschutzklauseln ist bereits beachtlich, und sie wächst weiter an. Aber macht dies einen Unterschied? Ein ernüchterndes Fazit scheint angebracht. Die Etablierung solcher Klauseln hat weder zum Ausstieg aus der Atomkraft noch zu ernsthaften Klimaschutzmaßnahmen in den jeweiligen Ländern geführt. Verfassungsgerichte sprechen immer wieder bedeutsamen Einzelurteile zu Gunsten zukünftiger Generationen, aber sie wirken nicht systematisch als deren Hüter. Sie können die Interessen zukünftiger Staatsbürger nicht mit vollem Engagement vertreten, aus dem einfachen Grund, dass sie kein Mandat dazu haben (Tremmel 2021).

2.3 Paradigmenwechsel von einem Drei- zu einem Vier-Gewalten-Modell

Was im Anthropozän erforderlich ist, ist nichts weniger als ein Paradigmenwechsel. Das neue Paradigma würde eine „Zukunftsinstanz" („future branch") der Staatsgewalt beinhalten und diese als legitimen und notwendigen Teil eines demokratisch verfassten Gemeinwesens betrachten. Der Dreh- und Angelpunkt dieses Paradigmas wäre, dass die uralte Gewaltenteilung in Legislative, Exekutive und Judikative im Anthropozän nicht mehr ausreicht. Der heutige Demos des 21. Jahrhunderts kann die Lebensbedingungen eines zukünftigen Demos viel stärker beeinflussen als in früheren Zeiten. So wie im 18. Jahrhundert, als im Zuge der ersten Etablierung einer Demokratie in einem großen Flächenstaat in den Federalist Papers über ein System von Checks and Balances zum Schutz von Minderheiten vor der „Tyrannei der Mehrheit" (Tocqueville 1835/1840) nachgedacht wurde, so brauchen wir heute Checks and Balances gegen die Tyrannei der Gegenwart über die Zukunft.

Die historischen Wurzeln der Gewaltenteilung werden gewöhnlich mit den politischen Theoretikern John Locke und Charles de Montesquieu in Verbindung gebracht. Doch schon ein Denker wie Aristoteles empfahl eine gemischte Verfassung oder genauer gesagt eine Mischung aus Demokratie und Oligarchie, die er „Politie" nannte, um eine übermäßige Machtkonzentration zu verhindern. John Locke unterscheidet in seinen 1690 erschienenen Two Treatises of Government zwischen Legislative und Exekutive, lässt aber keinen Raum für eine unabhängige dritte richterliche Gewalt. Locke führt eine klare Hierarchie der Gewalten ein, wenn er schreibt: „this *legislative* is not only the *supreme* power of the common-wealth, but sacred and unalterable in the hands where the community has once placed it." (Locke 1823, Kapitel XI, § 134).

Montesquieu, der eigentliche Vater der dreigliedrigen Gewaltenteilungslehre, wendet die klassische Aufteilung von legislativer, exekutiver und judikativer Gewalt in seinem De l'esprit des lois von 1748 an. Im sechsten Kapitel des elften Buches (Montesquieu 2001), das sich hauptsächlich mit der englischen Verfassung beschäftigt, geht es ihm um die Aufteilung und den Ausgleich der Gewalten. Montesquieu (2001, S. 173) schreibt:

> „In every government there are three sorts of power: *the legislative; the executive, in respect to things dependent on the law of nations; and the executive, in regard to things that depend on the civil law.*"

Im Anschluss an diese Aussage erklärt Montesquieu, dass die letztgenannte Macht als die judikative Macht des Staates zu bezeichnen ist. Damit sind wir bei der klassischen Dreiteilung von legislativer, exekutiver und judikativer Gewalt.

Die *trias politica* wurde von Denkern im 17. und 18. Jahrhundert erdacht und ist heute in den westlichen Demokratien allgemein etabliert. Die wichtigste Lehre aus der Ideengeschichte ist jedoch, dass auch die vermeintlich endgültige Gegenwart nur ein Zwischenstadium zwischen Vergangenheit und Zukunft ist. Für die Vergangenheit reichte die Dreiteilung der Staatsgewaltaus; an der Schwelle zum 21. Jahrhundert reicht sie nicht mehr aus.

Das heutige System der Gewaltenteilung wird in eine vertikale und eine horizontale Dimension unterschieden. In föderalen Staaten wie Deutschland bedeutet die Föderalisierung der politischen Systeme beispielsweise die Arbeitsteilung zwischen einer kommunalen Ebene, einer Länderebene und einer nationalen Ebene, ergänzt durch die Europäische Union (EU). Die Länder haben Regierungen, Parlamente und Verfassungsgerichte. Die europäische Ebene hat ebenfalls ein Parlament (das EU-Parlament), ein Gericht (Europäischer Gerichtshof) und eine Art Regierung (die Europäische Kommission). In einem Vier-Gewalten-System sollten alle diese Ebenen Zukunftsinstanzen erhalten, um die „horizontale" Gewaltenteilung zu ergänzen.

Abgesehen von der horizontalen und vertikalen Gewaltenteilung ist eine weitere Überfrachtung des Begriffs wenig sinnvoll. Auch die Medien werden umgangssprachlich oft als ‚vierte Gewalt' bezeichnet. Das Gleiche gilt für Interessengruppen wie Gewerkschaften oder Arbeitgeberverbände. Zwar durchdringt die Gestaltungsmacht der Politik andere autonome Bereiche wie Wirtschaft, Wissenschaft, Medien, Religion oder private Beziehungen nicht vollständig; um Verwechslungen vorzubeugen, sollte sich der Begriff „Gewaltenteilung" aber weiterhin auf die Organisation der staatlichen Macht beziehen. Die hier verwendete Terminologie zählt nur Instanzen der Staatsgewalt (nicht der Gesellschaft) und fügt eine vierte solcher Instanzen zu den bestehenden drei hinzu.

Die Legislative verabschiedet die Gesetze, die Exekutive setzt sie um, und die Judikative kontrolliert ihre Einhaltung. Verfassungsgerichte prüfen auch die *Verfassungsmäßigkeit* von Gesetzen, nachdem die Legislative sie verabschiedet hat. Wo passt die Zukunftsinstanz hier hinein? Diese Instanz könnte als ein Gremium konzipiert sein, das die Nachhaltigkeit von Gesetzen überprüft und sie aufhebt, wenn sie zukünftigen Bürgern schaden. Alternativ ist es durchaus möglich, die Zukunftsinstanz etwas näher an der Legislative als an der Judikative zu sehen, nämlich als ein Gremium, das das Recht hat, Gesetze zu initiieren, statt sie zu verhindern.

Es sollte nicht vergessen werden, dass die Idee der *trias politica* derzeit von Land zu Land unterschiedlich ist, was auf unterschiedliche Traditionen des politischen Denkens zurückzuführen ist. Im Hinblick auf Institutionen für zukünftige Generationen kann es keine Einheitslösung geben; vielmehr erscheint es sinnvoll, ein solches Vertretungsorgan für jedes Land anders zu konzipieren (für einen Vorschlag für Deutschland, siehe Tremmel 2018). Zukunftsinstanz ist daher ein Oberbegriff, der kein bestimmtes Modell bezeichnet. Stattdessen bezieht er sich auf alle Institutionen für zukünftige Generationen, die stark genug sind, die Bedürfnisse und Interessen zukünftiger Bürger glaubwürdig zu vertreten. Weltweit gibt es inzwischen eine beträchtliche Anzahl von Organisationen mit einem Mandat für Nachhaltigkeit und Generationengerechtigkeit. Die meisten von ihnen genießen jedoch lediglich beratenden Status und üben wenig tatsächliche Gestaltungsmacht aus.

3 Die Legitimität von Institutionen für zukünftige Generationen

Die Idee einer vierten Gewalt ist neu und wurde bisher weder in der Politikwissenschaft noch in der Philosophie oder im Recht thematisiert. Als Reaktion auf die ökologische Krise haben eine Reihe von Wissenschaftlern und Institutionen (z.B. WBGU 2011) eine weitreichende Transformation unserer Gesellschaft jenseits geringfügiger Nachjustierung gefordert, nicht aber ein Vier-Gewalten-Modell. Aktuell ist die Diskussion über Institutionen zur Repräsentation zukünftiger Generationen in vollem Gange (Stein 1998; Barry 1999; Eckersley 2004; Thompson 2010; Read 2011; González-Ricoy/Gosseries 2016; Boston 2017; Tremmel 2006, 2015, 2018, 2021). Diese Institutionen haben verschiedene Namen erhalten. Ich nenne sie im Folgenden „Zukunftsräte". Zukunftsräte sind Verkörperungen der Vierten Gewalt, also der Zukunftsinstanz im erweiterten Gewaltenteilungsmodell, wenn sie durch ihre Statuten und in der Praxis Macht im Weber'schen Sinne haben: „Macht bedeutet jede Chance in einer sozialen Beziehung, den eigenen Willen auch gegen den Widerstand anderer durchzusetzen" (Weber 1972, § 16).

3.1 Die Zurückweisung des Vorwurfs der Diktatur

Mitglieder von Zukunftsräten können nicht auf die gleiche Weise wie Mitglieder von Parlamenten ins Amt kommen, sonst macht das ganze Modell keinen Sinn. Parlamentsangehörige werden bekanntlich durch allgemeine Wahlen in ihr Amt gebracht, wobei es recht große Unterschiede bei den Wahlverfahren gibt, selbst innerhalb von Demokratien.[7] Während Volkswahlen die formale Unabhängigkeit von Zukunftsratsmitgliedern – gegenüber der Legislative, Exekutive und Judikative – maximieren würden, würden sie die Wahlkandidaten unweigerlich dem gleichen kurzfristigen Druck, den man von Parlamentswahlen kennt, aussetzen und damit den Zweck, für den die neuen Ämter gedacht sind, zunichte machen. In Anbetracht der Tatsache, dass das Wahlvolk dazu neigt, die Gegenwart zu bevorzugen, wären diejenigen Zukunftsratskandidaten im Vorteil, die versprechen, sich um die kurzfristigen Wünsche ihrer Wählerschaft zu kümmern. Müssten die Kandidaten Wahlkämpfe führen und um Stimmen werben, würden sie de facto zu Politikern werden. Nicht mehr Wissen und Kompetenz wären die entscheidenden Eigenschaften, sondern Geschmeidigkeit und Glattheit würden ebenso wichtig. Statt einer Volkswahl wäre es aber denkbar, dass die Zukunftsratsmitglieder durch die „scientific community" gewählt würden.[8] Aktives und passives Wahlrecht müssten jedenfalls auf Sinn und Zweck zugeschnitten sein, ähnlich wie bei der Richterwahl bei der Judikative, der Dritten Gewalt im Staate.

Ohne ein Mandat des Volkes könnten die Zukunftsräte als nicht demokratisch kritisiert werden, oder, noch drastischer, als eine Form der „Expertokratie" (was wörtlich die Herrschaft von Experten bedeutet). Experten-Herrschaft wird in der politischen Theorie seit langem diskutiert,[9] wohl

7 Man denke nur an das „Electoral College", eine Besonderheit des US-amerikanischen Wahlsystems, die dazu führte, dass George W. Bush 2000 und Donald Trump 2016 Präsidenten wurden, obwohl sie deutlich weniger Stimmen erhielten als ihre jeweiligen direkten Konkurrenten.

8 Siehe https://generationengerechtigkeit.info/wp-content/uploads/2020/06/PP_7-Bausteine-fuer-eine-zukunftsgerechte-Demokratie.pdf.

9 Es gibt sie auch in der Praxis. Zwar sind Regierungen, die teils oder ganz aus parteiunabhängigen Experten bestehen, in der modernen parlamentarischen Demokratie Ausnahmeerscheinungen. Aber vor allem in Italien oder Tschechien kam

seit Platon sie für Kallipolis, die utopische Stadt in seinem Dialog Politeia, propagierte. Fischer (1990) hebt die Gefahren der „Technokratie" hervor, aber „Technokratie" und „Expertokratie" nicht miteinander vermengt werden. Es ist ziemlich wahrscheinlich, dass Experten in einem Zukunftsrat eher gegen rein technokratische Ansätze zur Lösung der ökologischen Probleme sein könnten. Terminologisch könnte das hier vorgeschlagene Modell als Wegbereiter einer „Zukunftsdiktatur" und nicht einer „Technokratiediktatur" kritisiert werden, wenn überhaupt.

Aber eine solche Kritik wäre unbegründet. Erinnern wir uns an die Rechte der dritten Gewalt im bestehenden Drei-Gewalten-Modell. In vielen Ländern entscheiden Verfassungsgerichte darüber, ob ein bestimmtes Gesetz mit der Verfassung vereinbar ist. Die Doktrin einer lebendigen Verfassung erlaubt es den Gerichten, das Parlament zu überstimmen, wenn die aktuelle Interpretation der Semantik einer Verfassung durch das Gericht im Widerspruch zu verabschiedeten Gesetzen steht. Dies ist natürlich länderspezifisch: die Volkssouveränität wird in einigen Ländern wesentlich enger mit der Parlamentssouveränität gleichgesetzt als in anderen. Auf globaler Ebene nimmt die Bereitschaft von Verfassungsgerichten, Gesetze als verfassungswidrig zu erklären, im Allgemeinen aber eher zu als ab (Rosanvallon 2011).

Die Debatte zwischen den Befürwortern der Volkssouveränität und ihrer wichtigsten Institution, nämlich den Parlamenten, auf der einen Seite und den Befürwortern des Konstitutionalismus und der Macht der Gerichte auf der anderen Seite, kann als Blaupause für eine Debatte über die demokratische Legitimität von Zukunftsräten dienen. Um es kurz zu machen: Die meisten Beobachter sind sich einig, dass Gerichte zwar nicht-gewählte Gremien sind, aber der Demokratie recht gut dienen. Wenn dem zugestimmt wird, dann kann der Vorwurf der „Diktatur" nicht vernünftigerweise gegen Zukunftsräten gerichtet werden, da ihre Kompetenzen (wenn sie sinnvoll konzipiert sind) nicht einmal in die Nähe der Kompetenzen von Verfassungsgerichten kommen. 'Expertokratie', wenn dieser Begriff sinnvoll sein soll, bezeichnet immer eine *autoritäre* Lösung der Umweltkrise. Als Ein-Gewalten-Modell im Hobbesschen Sinne[10] ist ein solches autoritäres Konstrukt per se unvereinbar mit dem

---

es in den letzten Jahrzehnten immer mal wieder vor, dass eine Experten-Regierung (berufen vom Staatspräsidenten) für mehr oder weniger lange Zeit ein Land führte.

10 Für Hobbes überwinden die Menschen den Naturzustand nur dann, wenn sie sich untereinander auf einen Gesellschaftsvertrag einigen, der sie der Herrschaft und Autorität einer abstrakten Instanz unterwirft. Im Leviathan (1651) schreibt

hier verteidigten Vier-Gewalten-Modell. Schließlich zielen alle Modelle der Gewaltenteilung darauf ab, staatliche Macht zu diffundieren, nicht sie zu konzentrieren. Dies wurde folgendermaßen formuliert:

> „Weil der Mensch, der Macht hat, die Neigung hat, Macht zu missbrauchen, wenn er nicht durch Grenzen daran gehindert wird, ist es notwendig, dass die Macht auf viele Instanzen verteilt wird, die sich gegenseitig am Missbrauch hindert" (Riklin 2006, S. 290).

Que le pouvoir arrête le pouvoir!

3.2 *Zukunftsräte sollten Impulsgeber sein, nicht Verhinderer*

Zukunftsräte stehen nicht im Widerspruch zum Prinzip der demokratischen Legitimation, solange sie *nicht* die Macht haben, den Gesetzgebungsprozess der Legislative zu stoppen (Vetorecht).[11] Ich habe an anderer Stelle (Tremmel 2018) ausführlich begründet, warum in Deutschland ein Zukunftsrat mit einem *Initiativrecht* ausgestattet sein sollte. Um dem neuen Gremium das Recht zu geben, eigene Gesetzesinitiativen einzubringen, müsste Artikel 76 des Grundgesetzes geändert werden. Zudem müsste der Bundestag seine Geschäftsordnung ändern. Anträge des Zukunftsrats würden dann wie interfraktionelle Anträge behandelt.

Das zentrale Kriterium, das hier für die Ausgestaltung von Zukunftsräten vorgeschlagen wird, ist also „Proaktivität" im Sinne eines Initiativrechts für die Gesetzgebung. Solche Zukunftsräte würden ihre Macht

---

Hobbes (2000, S. 105–106): „The only way to erect such a common power, as may be able to defend them from the invasion of foreigners, and the injuries of one another, and thereby to secure them in such sort as that by their own industry and by the fruits of the Earth they may nourish themselves and live contentedly, is to confer all their power and strength upon one man, or upon one assembly of men, that may reduce all their wills, by plurality of voices, unto one will: which is as much as to say, to appoint one man, or assembly of men, to bear their person; and every one to own and acknowledge himself to be author of whatsoever he that so beareth their person shall act, or cause to be acted, in those things which concern the common peace and safety; and therein to submit their wills, every one to his will, and their judgements to his judgement.". Auch die chinesische Staatsführung unter Xi JinPing progapiert in jüngster Zeit offensiv ein Ein-Gewalten-Modell (Strittmatter 2021).

11 Daher ist auch der Vorschlag für einen „Generationengerechtigkeits-Rat" mit suspensivem Vetorecht abzulehnen (siehe Sachverständigenrat für Umweltfragen 2019).

anders nutzen als Gerichte, da sie nicht das Recht hätten, Gesetze dauerhaft auszusetzen, sondern lediglich vorzuschlagen. Der Vorwurf einer „Zukunftsdiktatur" ist nicht auf einen solchen Zukunftsrat anwendbar, da dieser Vorwurf nur Sinn ergibt, wenn es sich um eine Organisation handelt, die Gesetze eigenständig entweder machen oder stoppen kann.

Die in meinem Vorschlag eingebrachte Stärkung der wissenschaftlichen und akademischen Elemente der parlamentarischen Debatten impliziert nicht, dass die Gesetzgeber zwangsläufig dem wissenschaftlichen Rat eines Zukunftsrates folgen müssten. Tatsächlich wäre es naiv zu glauben, dass die Legislative jeden Vorschlag des Zukunftsrats aufgreifen und umsetzen würde. Vielmehr würden die bisherigen Erfahrungen mit interfraktionellen Anträgen darauf hindeuten, dass das Parlament die meisten Gesetzesinitiativen des Zukunftsrats an Ausschüsse überweisen würde, wo sie einen stillen Tod durch Nichtbehandlung erleiden würden. Es besteht jedoch die begründete Hoffnung, dass zumindest in einigen Fällen die Gesetzesinitiativen des Zukunftsrats die Unterstützung zukunftsorientierter Gesetzgeber sowie der Presse und der öffentlichen Meinung finden könnten. Zukunftsräte wären damit im Vergleich zu Gerichten weniger durchsetzungsfähig sein, aber die Macht, am Agenda-Setting des Gesetzgebungsprozesses teilzunehmen, sollte nicht unterschätzt werden.

Allerdings geht das hier vorgestellte Modell eines Zukunftsrats über die dualistische Interpretation von Wissenschaft und Politik hinaus, die in ihren jeweiligen binären Codes von „Wissen" und „Macht" festgeschrieben ist. Anders als politische Berater würden die unabhängigen Mitglieder eines Zukunftsrats nicht als bloße Bittsteller an die Politik herantreten, in der Hoffnung auf ein bereitwilliges Ohr, das man vielleicht geliehen bekommt, vermutlich aber eher nicht. Während einerseits die Entscheidungsgewalt vollständig bei den Politikern verbleibt, wird andererseits das Element der langfristigen Rationalität durch die Verpflichtung des Parlaments gestärkt, die Vorschläge des Zukunftsrats zumindest zu prüfen. Das endemische Problem der Beratungsresistenz der Politik wird zwar nicht vollständig gelöst, aber abgemildert. In Zeiten wie diesen, in denen Politiker wie der ehemalige US-Präsident Trump ihre eigenen „alternativen Fakten" präsentieren, indem sie wissenschaftliche Erkenntnisse bewusst miss- oder gar verachten, bedarf es einer stärkeren Kopplung von Politik und Wissenschaft. Wissen *sollte* bei der politischen Entscheidungsfindung eine Rolle spielen.

3.3 Die Verhinderung eines weiteren Vetospielers

Die Logik der Proaktivität (und damit wohl in der Regel: Konstruktivität) macht nicht nur den Vorwurf einer Zukunftsdiktatur (oder „Ökodiktatur") hinfällig; sie verhindert auch einen weiteren „Vetospieler". Traditionell hat der Institutionalismus dichotome Klassifizierungen untersucht (unitär vs. föderalistisch, parlamentarisch vs. präsidial etc.). Im Gegensatz dazu fragt Tsebelis' Theorie der Vetospieler (Tsebelis 2002), wie viele Akteure einer Entscheidung zustimmen müssen oder ein Veto einlegen können. Im deutschen Mehrebenenparlamentarismus gibt es bereits eine große Anzahl von Vetospielern, wie die zweite gesetzgebende Kammer, das Verfassungsgericht, den Präsidenten (wenn er in parlamentarischen Systemen Gesetze formal unterzeichnen muss) und das Volk selbst, sofern es sich durch Referenden Gehör verschafft. Es muss vermieden werden, dass durch die Schaffung eines voll funktionsfähigen Zukunftsrates ein neuer Vetospieler hinzukommt und damit die Gefahr eines Reformstaus im politischen System steigt. Im Gegensatz zu einigen Theorien, die für eine Verlangsamung der Demokratie plädieren (Clark/Teachout 2012; Ekeli 2009), sehe ich politischen Stillstand als Nachteil in Zeiten, in denen Probleme wie der Klimawandel dringendes Handeln erfordern. Schnelligkeit ist bei der Klimakrise der entscheidende Schlüssel zur Problemlösung, und zugleich die am schwierigsten zu erreichende Komponente bei der notwendigen Transformation. Das politische System *nicht* zu verlangsamen ist ein starkes zusätzliches Argument dafür, den Zukunftsräten das Recht zu geben, Gesetze zu initiieren, aber nicht das Recht, sie zu verhindern.

Das Recht, die Gesetzgebung zu verzögern (für einen begrenzten Zeitraum, nicht auf unbestimmte Zeit), scheint irgendwo zwischen der Input- und der Output-Seite des politischen Prozesses zu liegen. Aber tatsächlich sind Aufschubrechte keine initialen oder konstruktiven Aktionen; sie sind Teil einer reaktiven Fähigkeit. Sie können auch ein scharfes Schwert sein, wie Shlomo Shoham, der einzige Knessetbeauftragte für zukünftige Generationen in Israel, erklärt:

> „The right to be given enough time to prepare an opinion is an implied authority to create a delay in the legislative process. Such a delay may be crucial for the parliamentary work when it comes to bills discussed in the framework of the state's budget. In that case, the time factor is vital since the implication of not voting on the state's budget for the next year (...) is that parliament must dissolve itself and go to elections" (Shoham/Lamay 2006, S. 248).

Die US-amerikanische Erfahrung mit Filibustering zeigt, dass auch in den USA „Verzögerungs-Rechte" eine sehr starke politische Waffe sein können.

Unabhängige Gremien sind seit dem klassischen Athen ein grundlegender Bestandteil der demokratischen Architektur – man denke nur an Kontrolleure, Rechnungsprüfer, Aufsichtsbehörden und später Verfassungsgerichte und öffentliche Ombudsleute. Die Rolle solcher Gremien ist für die Demokratie förderlich, da sie sie gegen die Schattenseiten des Mehrheitsprinzips wappnen. Zukunftsräte sind demokratisch legitimiert, solange sie ihren Status per Gesetz erhalten – und solange dieser Status auch per Gesetz widerrufen werden kann (Rosanvallon 2011; Pettit 2012, S. 306), sind ein notwendiges und legitimes Instrument gegen politischen Präsentismus.

4 *Fazit*

Zukunftsräte sind mehr als nur eine Vision oder Illusion. Der *zukunftsorientierte* Teil der politischen Klasse hat ein echtes Interesse daran, die Spielregeln so zu ändern, dass eine neue Selbstverpflichtung der *gesamten* politischen Klasse geschaffen wird. Dies nährt die Hoffnung darauf, dass Zukunftsräte, die sich durch ein Initiativrecht für die Gesetzgebung auszeichnen, irgendwann entstehen werden. Eine zunehmende Zahl von Experimenten mit solchen Gremien und die daraus gezogenen Lehren verändern die politischen Landschaften in immer mehr Ländern auf ebenso beherzte wie innovative Weise. Das Problem des politischen Präsentismus kann nicht gelöst, sondern nur gemildert werden. Aber das Ausmaß dieses Problems zu begrenzen wäre keine kleine Leistung. Sie ist sogar von größter Bedeutung für die Zukunft der Menschheit.

5 *Literatur*

Barry, John. 1999. *Greening political theory*. London: Sage.

Boston, Jonathan. 2017. *Governing for the future. Designing democratic institutions for a better tomorrow*. Bingley: Emerald.

Chen, Angus. 2014. „Rocks Made of Plastic Found on Hawaiian Beach". *Science.* 04.06.2014. Online unter: http://www.sciencemag.org/news/2014/06/rocks-made-plastic-found-hawaiian-beach. Letzter Zugriff: 16.04.2018.

Clark, Susan, und Woden Teachout. 2012. *Slow Democracy. Rediscovering community, bringing decision making back home*. White River Junction: Chelsea Green Publishing.

Crutzen, Paul J. 2002. „Geology of mankind". *Nature* 415: 23.

Crutzen, Paul J., und Christian Schwägerl. 2011. „Living in the Anthropocene: Toward a New Global Ethos". Online unter: http://e360.yale.edu/feature/living_in_the_anthropocene_toward_a_new_global_ethos/2363. Letzter Zugriff: 16.04.2018.

Eckersley, Robyn. 2004. *The green state: Rethinking democracy and sovereignty*. Cambridge, Massachusetts: MIT Press.

Ekeli, Kristian Skagen. 2009. „Constitutional experiments: representing future generations through submajority rules". *Journal for Political Philosophy* 17 (4): 440–461.

Fischer, Frank. 1990. *Technocracy and the Politics of Expertise*. Newbury Park/CA: Sage Publications.

Freud, Sigmund. 1920: *A General Introduction to Psychoanalysis*. New York, NY: Horace Liveright.

González-Ricoy, Iñigo, und Axel Gosseries (Hrsg.). 2016. *Institutions for Future Generations*. Oxford: Oxford University Press.

Görg, Christoph. 2016. „Zwischen Tagesgeschäft und Erdgeschichte. Die unterschiedlichen Zeitskalen in der Debatte um das Anthropozän". *GAIA* 25 (1) 2016: 9–13.

Haber, Wolfgang. 2016. „Anthropozän – Folgen für das Verhältnis von Humanität und Ökologie". In Haber, Wolfgang; Held, Martin, und Markus Vogt (Hrsg.). *Die Welt im Anthropozän. Erkundungen im Spannungsfeld zwischen Ökologie und Humanität*. München: oekom, 19–37.

Hammond, Marit, und Graham Smith. 2017. *Sustainable Prosperity and Democracy – A Research Agenda*. CUSP Working Paper No. 8. Guildford: University of Surrey.

Hobbes, Thomas. 2000. *Leviathan*. Online unter: http://socserv.mcmaster.ca/econ/ugcm/3ll3/hobbes/Leviathan.pdf. Letzter Zugriff: 16.04.2018.

Jänicke, Martin. 1996. „Democracy as a condition for environmental policy success". In Lafferty, William M., und James Meadowcroft (Hrsg.). *Democracy and the Environment*. Cheltenham: Edward Elgar, 71–85.

Jonas, Hans. 1979. *Das Prinzip Verantwortung. Versuch einer Ethik für die technologische Zivilisation*. Frankfurt am Main: Suhrkamp.

Leinfelder, Reinhold. 2017. „Die Erde wie eine Stiftung behandeln". *Stuttgarter Zeitung* Nr. 37, 14.02.2017: 16.

Locke, John. 1823. „Two Treatises of Government". Online unter: http://socserv.mcmaster.ca/econ/ugcm/3ll3/locke/government.pdf. Letzter Zugriff: 16.04.2018.

Mill, John Stuart. 1977. *The Collected Works of John Stuart Mill*. Vol. 18. Essays on Politics and Society. John M. Robson (Hrsg.). Toronto: University of Toronto Press.

Montesquieu, Charles-Louis de. 2001. *The Spirit of Laws*. Übersetzt von Thomas Nugent. Kitchener: Batoche Books.

Ophuls, William. 1977. *Ecology and the Politics of Scarcity*. San Francisco: W.H. Freeman.

Randers, Jørgen. 2012. *2052 – A Global Forecast for the Next Forty Years*. White River Junction: Chelsea Green Publishing.

Riklin, Alois. 2006. *Machtteilung. Geschichte der Mischverfassung*. Darmstadt: Wissenschaftliche Buchgesellschaft.

Rosanvallon, Pierre. 2011. *Democratic Legitimacy: Impartiality, Reflexivity, Proximity*. Princeton: Princeton University Press.

Pettit, Philip. 2012. *On the People's Terms: A Republican Theory and Model of Democracy*. Cambridge: Cambridge University Press.

Read, Rupert. 2011. *Guardians of the Future. A Constitutional Case for Representing and Protecting Future People*. Weymouth/UK: Green House.

Sachverständigenrat für Umweltfragen. 2019. *Demokratisch regieren in ökologischen Grenzen – Zur Legitimation von Umweltpolitik*. Sondergutachten. Berlin.

Shearman, David J.C., und Joseph W. Smith. 2007. *The Climate Change Challenge and the Failure of Democracy*. Westport: Praeger Publishers.

Shoham, Shlomo, und Nira Lamay. 2006. „Commission for future generations in the Knesset: lessons learnt". In Tremmel, Jörg (Hrsg.). *Handbook of Intergenerational Justice*. Cheltenham: Edward Elgar, 244–262.

Spaemann, Robert. 1989. *Glück und Wohlwollen*. Stuttgart: Klett-Cotta.

Steffen, Will; Broadgate, Wendy; Deutsch, Lisa; Gaffney, Owen, und Cornelia Ludwig. 2015. „The trajectory of the Anthropocene: The Great Acceleration". *The Anthropocene Review* 2 (1): 81–98.

Stein, Tine. 1998. „Does the Constitutional and Democratic System Work? The Ecological Crisis as a Challenge to the Political Order of Constitutional Democracy". *Constellations* Vol. 4 (3): 420–449.

Strittmatter, Kai. 2021. *Die Neuerfindung der Diktatur: wie China den digitalen Überwachungsstaat aufbaut und uns damit herausfordert*. München: Piper.

Tocqueville, Alexis de. 1835/1840. „Democracy in America". Online unter: https://www.gutenberg.org/files/815/815-h/815-h.htm.

Thompson, Dennis F. 2010. „Representing future generations: political 'presentism' and democratic trusteeship". *Critical Review of International Social and Political Philosophy* 13 (1): 17–37.

Tremmel, Jörg. 2006. „Establishment of intergenerational justice in national constitutions". In Tremmel, Jörg (Hrsg.). *Handbook of Intergenerational Justice*. Cheltenham: Edward Elgar Publishing, 187–214.

Tremmel, Jörg. 2012. *Eine Theorie der Generationengerechtigkeit*. Münster: mentis.

Tremmel, Jörg. 2015. „Parliaments and future generations – the Four-Powers-Model". In Birnbacher, Dieter, und May Thorseth (Hrsg.). *The Politics of Sustainability. Philosophical Perspectives*. London: Routledge/Earthscan, 212–233.

Tremmel, Jörg. 2018. „Zukunftsräte zur Vertretung der Interessen kommender Generationen. Ein praxisorientierter Vorschlag für Deutschland". In Mannewitz, Tom (Hrsg.). *Die Demokratie und ihre Defekte*. Heidelberg: Springer VS, 107–142.

Tremmel, Jörg. 2021. „The Four-Branches Model of Government: Representing Future Generations". In Cordonier Segger, Marie-Claire; Szabó, Marcel, und Alexandra R. Harrington (Hrsg.). *Intergenerational Justice in Sustainable Development Treaty Implementation. Advancing Future Generations Rights through National Institutions*. Cambridge: Cambridge University Press, 754–780.

Tsebelis, George. 2002. *Veto Players. How Political Institutions Work*. Princeton: Princeton University Press.

Vince, Gaia. 2011. „An Epoch Debate". *Science* 334 (6052): 32–27.

WBGU – Wissenschaftlicher Beirat der Bundesregierung Globale Umweltveränderungen. 2011. „World in Transition – A Social Contract for Sustainability". Online unter: http://www.wbgu.de/en/flagship-reports. Letzter Zugriff: 16.04.2018.

Waters, Colin N.; Zalasiewicz, Jan A.; Williams, Mark; Ellis, Michael A., und Andrea M. Snelling (Hrsg.). 2016. *A Stratigraphical Basis for the Anthropocene*. Special Publication 395. London: Geological Society. Online unter: http://www.geolsoc.org.uk/sp395. Letzter Zugriff: 16.04.2018.

Weber, Max. 1972. *Wirtschaft und Gesellschaft: Grundriss der verstehenden Soziologie*. Winckelmann, Johannes (Hrsg.). Tübingen: Mohr-Verlag.

Die Grenzen des nachhaltigen Konsums – Entwürfe zur demokratischen Reorganisation liberaler Konsumgesellschaften

Tobias Gumbert

1 Einleitung

Jegliche Form von Konsum, gemeinhin verstanden als das Verwenden und Aufbrauchen von natürlichen Ressourcen zum Zwecke der menschlichen Bedürfnisbefriedigung, sieht sich heute mit dem Anspruch konfrontiert, sie müsse nach Möglichkeit nachhaltig sein – dies ist kaum noch zu bestreiten. Dabei gilt dieser Anspruch für nahezu alle materiellen Dinge, die über den Markt bezogen werden können: Lebensmittel, Kleidung, Möbel, Elektro- und Multimediageräte, PKWs, etc., ganz egal, ob es sich um Organisches, Kunststoffe, Metalle oder aus anderen Rohstoffen gefertigte Waren handelt. Auch sämtliche Dienstleitungen sollen möglichst nachhaltig sein, von Körperpflege und Wellness bis hin zur Betreuung in der Kindertagesstätte. Überall kann beim Transport mehr CO_2 eingespart, kann weniger Plastik verbraucht, können umweltfreundlichere Stoffe verwendet, kann das angebotene Essen regionaler bezogen, fairer gehandelt, oder nach ökologisch strengeren Maßstäben angebaut werden. Diese Liste lässt sich beliebig erweitern.

Grund für die enge Verzahnung von Konsum und Nachhaltigkeit sind in besonderem Maße Prozesse der Entgrenzung, also dem Überschreiten (oder Auflösen) etablierter biophysischer, aber auch sozialer, kultureller oder politischer Grenzen. Bereits die Debatte zu den Grenzen des Wachstums in den 1970er Jahren thematisierte die Obergrenzen wirtschaftlicher Aktivitäten auf einem endlichen Planeten (Meadows et al. 1972). Die einflussreiche Idee der planetaren Belastungsgrenzen, welche in dieser Tradition steht, verdeutlicht den Zusammenhang zwischen menschlicher Tätigkeit und dem Überschreiten der Grenzen unterschiedlicher Stoffkreisläufe, die zu schädlichen und irreversiblen Folgen für Ökosysteme bzw. die Erdatmosphäre führen (Rockström et al. 2009). Die Prozesse der globalen Umwelt- und Klimagovernance – das Paris Abkommen, die Nachhaltigkeitsziele der Vereinten Nationen, sowie eine kaum zu überblickende Anzahl problemspezifischer Umweltabkommen – haben als wesentliche

Zielsetzung den Auftrag, die Szenarien der technisch-mathematischen Modelle ökologischer Grenzen in politische Grenzziehungen zu übertragen, die dann wiederum auf nationalstaatlicher Ebene angepasst und umgesetzt werden müssen. Die Orientierung nachhaltigkeitspolitischer Entscheidungen an einem Richtwert wie dem 1,5°- bzw. 2°-Ziel ist damit nichts anderes als der politische Versuch der Begrenzung der in der Vergangenheit durch menschlichen Einfluss verursachten Entgrenzungsprozesse.

Die „Nachfrageseite“, das heißt die Ebene des Konsums, wurde mittlerweile als zentrales Handlungsfeld nationaler und internationaler Klimapolitik erkannt (John et al. 2016; Creutzig et al. 2018). Der fünfte Sachstandsbericht des IPCC (The Intergovernmental Panel on Climate Change) stellte bereits vor einigen Jahren fest, dass „die Emissionen durch Änderungen der Konsummuster, die Einführung von Energiesparmaßnahmen [und] eine Ernährungsumstellung erheblich gesenkt werden können“ (IPCC 2014, S. 28; Übersetzung TG). Konsequenterweise differenziert der sechste IPCC Bericht bereits drei nachfrageseitige Mitigationsstrategien und definiert zum ersten Mal den Begriff der Suffizienzpolitik (IPCC 2022 AR6 WG III). In „A Clean Planet for All“, der strategischen Langfrist-Vision der Europäischen Kommission zur Reduzierung von Treibhausgasemissionen (EC COM 2018 773), wird der Übergang zu einer „Netto-Null-Emissionen“-Wirtschaft zunehmend mit Veränderungen auf der Nachfrageseite identifiziert und die Notwendigkeit betont, sich mit „der Art und Weise, wie Europäer*innen arbeiten, sich fortbewegen und zusammenleben“ zu befassen (ebd., S. 22, Übersetzung TG). Auch wenn diese Debatten wiederholt die Frage nach den gesellschaftlichen Konsequenzen einer ambitionierten Klimapolitik thematisieren und dabei Aspekte wie Zumutbarkeit, Sozialverträglichkeit und die Angst vor Überforderung hervorheben (wie in der deutschen Debatte um eine angemessene CO_2-Bepreisung), so geht es hier doch fast ausschließlich darum, wie Lebensstile und Konsumgewohnheiten in der Breite CO_2-reduzierter gestaltet werden können, wie Individuen motiviert und aktiviert werden können, diesen Empfehlungen zu folgen, und mit welchen Mitteln der Sozialstaat evtl. resultierende wirtschaftliche Härten abfedern kann. Dabei erscheint die Orientierung an abstrakten Modellen und Messwerten und vermeintlich universell nachhaltigen Konsummustern wie eine Befolgung des Notwendigen, in der allzu häufig die Fragen nach den normativen Prämissen der Maximalgrenzen des Konsums (nämlich die Bedrohung der Chancen auf ein gutes Leben von Menschen, die andernorts leben oder in Zukunft leben werden) sowie die Diskussion von Minimalgrenzen (was Gesellschaftsmitgliedern zugestanden werden sollte, um ein gutes Leben zu führen) auf der Strecke bleiben. Kurz gesagt: Was Nachhaltigkeit in verschiedenen Konsumkontexten eigentlich bedeutet, und ob die Konsequenzen des Konsums sowie menschliche Bedürfnisbefriedigung in diesen Fällen praktisch mitgedacht werden, bleibt in aller Regel unterspezifiziert.

Beide Begriffe sind voraussetzungsreich: Sowohl der Nachhaltigkeits- als auch der Bedürfnisbegriff können nicht einmalig fixiert werden, sondern bedürfen der konstanten Aushandlung. Inzwischen haben liberale Konsumgesellschaften für beide potenziellen „Streitpunkte“ dominante und die jeweils inhärente Komplexität dieser Fragen reduzierende Umgangsformen entwickelt: Alles was den CO_2 -Ausstoß senkt ist per se nachhaltig, und in welchem Umfang und mittels welcher Strategien Konsument*innen hier mitwirken, sollte jede*r auf Basis der eigenen Bedürfniswahrnehmung entscheiden. Dieses *öko-liberale Konsumnarrativ* besteht bei genauerem Hinsehen aus einem ganzen Set an wirkmächtigen, aufeinander verweisenden Aussagen:

(1) *Bedürfnisse und die Wahl der Mittel zur Bedürfnisbefriedigung obliegen allein dem Individuum.*
(2) *Nachhaltiger Konsum ist gleichzusetzen mit CO_2-Reduktion.*
(3) *Politiken des nachhaltigen Konsums versuchen CO_2-intensiven Konsum zu begrenzen, und sollten dabei dem Individuum die größtmögliche Wahlfreiheit garantieren.*
(4) *Daraus folgt: nachhaltiger Konsum ist in liberalen Demokratien über die Aggregation möglichst vieler (im obigen Sinne) nachhaltiger Individualentscheidungen und der Bereitstellung nachhaltiger Konsumalternativen zu realisieren.*

Diese vier hier pointiert dargestellten Thesen könnten ohne weitere Erläuterung bereits breite Zustimmung finden, bilden sie doch in Summe eine sehr dominante Erzählung darüber, was nachhaltiger Konsum ist und wie er gesellschaftlich zu realisieren sein sollte. In verschiedener Hinsicht ist diese Erzählung jedoch problematisch: Durch die Eingrenzung auf Emissionsreduktionen als Orientierungs- und Fluchtpunkt geraten zentrale Nachhaltigkeitsdimensionen in den Hintergrund, durch die Privatisierung der Bedürfnisfrage wird die gesellschaftliche Debatte darüber, wie wir leben wollen, erschwert, und Politiken des nachhaltigen Konsums werden auf dieser Basis versuchen, Maßnahmen zwar als besonders ambitioniert darzustellen, dabei jedoch nach Möglichkeit nicht anstößig zu sein.

Aufbauend auf einer Kritik der obigen Thesen soll in diesem Kapitel ein alternatives Set vorgestellt werden, welches als normativer Orientierungspunkt angemessener erscheint, um nachhaltigen Konsum heute und in Zukunft in liberalen Demokratien zu organisieren:

(1) *Es gibt objektive Bedürfnisse die gesellschaftlich ausgehandelt und ihren Mitgliedern garantiert werden sollten.*
(2) *Nachhaltiger Konsum bewegt sich innerhalb von Minimal- und Maximalgrenzen der Ressourcenausstattung, welche sich nach Gerechtigkeitserwägungen und Fragen des guten Lebens bemessen lassen.*
(3) *Politiken des nachhaltigen Konsums adressieren die gesellschaftlichen Bedingungen des Konsums selbst und forcieren dabei die demokratische Debatte und bürger*innenschaftliche Partizipation.*
(4) *Daraus folgt: nachhaltiger Konsum sollte in liberalen Demokratien über Maßnahmen und Mechanismen der strukturellen Veränderung der Konsumkontexte und der gemeinsamen Entwicklung konkreter Visionen eines gemeinschaftlichen guten Lebens organisiert werden.*

Auf den ersten Blick wirkt das zweite Set an Thesen wesentlich komplexer und für die Umsetzung vermeintlich voraussetzungsreicher. Der Eindruck ist richtig: Dort, wo das Demokratische einen größeren Raum einnimmt, nehmen ebenso Diskussion, Ab- und Rücksprache, Aus- und Verhandlung, ggf. Konflikt und Dissens zu. Es gibt jedoch gute und – wie der Beitrag zeigen möchte – dringende Gründe, warum demokratische Elemente in Politiken des nachhaltigen Konsums in Zukunft gestärkt werden sollten. Einige solcher Ideen wurden bereits entworfen und werden vereinzelt schon erprobt. In den nachfolgenden Sektionen begründet der Beitrag die obigen Thesen und fokussiert dabei die zugrundeliegenden Thematiken genauer: Bedürfnisbefriedigung und das gute Leben, nachhaltiger Konsum und Maßhalten, Entgrenzung und Begrenzung des Konsums, sowie die Ansätze der Konsumkorridore und Donut-Ökonomie als demokratische Transformationspfade.

2 Konsum, Bedürfnisbefriedigung und die Frage nach dem guten Leben

Die eingangs thematisierte grundlegende Nachhaltigkeitsanforderung an Konsumpraktiken sollte nicht darüber hinwegtäuschen, dass Konsum eine ganze Reihe (sich stetig erweiternder und vervielfältigender) sozial-distinktiver und identitätsstiftender Funktionen übernimmt. So geht es im Distinktionskonsum um die Abgrenzung zu anderen Identitäten und die Bekräftigung der eigenen; der Status- oder Geltungskonsum demonstriert was man sich leisten kann und darüber hinaus auch Milieuzugehörigkeit; im Kompensationskonsum wird ein Konsumgut stellvertretend für die Erfüllung spezifischer Bedürfnisse oder eigener Identitätswünsche konsumiert (neue Sportschuhe kaufen, um sich sportlicher zu fühlen, etc.)

(Bourdieu 1982; Veblen 1997; Warde 2005). Konsumgüter erlangen ihre Bedeutung gegenwärtig immer seltener durch ihren Gebrauchswert, sondern zunehmend nach ihrem Imaginations- oder Inszenierungswert, das heißt dadurch, wie man sich selbst gerne sehen oder gegenüber anderen darstellen möchte (Haubl 2009). Konsumhandlungen sind dadurch, dass sie laufend mit veränderten Bedeutungen versehen werden und auf unterschiedliche Weise Sinn stiften, stets in den zeithistorischen Kontext der vorherrschenden Kultur eingebettet.

Je dynamischer sich der technische und der soziale Wandel in einer Kultur vollziehen, desto schwieriger wird es für Konsument*innen einzuschätzen, ob ein Konsumgut tatsächlich zur erwarteten Bedürfnisbefriedigung beiträgt (Rosa 2013). Dafür gibt es mehrere Gründe: Durch die Zunahme an Wahlmöglichkeiten in liberalen Konsumgesellschaften entsteht das Gefühl, ein alternatives Konsumgut verspräche unter Umständen eine höhere Bedürfnisbefriedigung, wodurch das zuvor gewählte Gut an Befriedigungswert verliert (Haubl 2009). Dieses Gefühl wird dadurch hervorgerufen und intensiviert, dass viele Konsumbereiche heute „Trend-gesteuert“ sind, das heißt sie unterliegen der beschleunigten Erneuerung von Konsumgütern, die industriell eingebaut und kulturell dominant verankert ist (z.B. in der Mode-Industrie) (siehe bspw. Keller 2009). Daraus folgt weiter, dass Menschen in der ihnen zur Verfügung stehenden Zeit nicht alle (etwa durch Werbung und soziale Medien produzierten) Angebote zur Bedürfnisbefriedigung wahrnehmen können. Doch anstatt auszuwählen und sich beschränken zu müssen bieten Konsumoptionen hier die Möglichkeit zur Optimierung der eigenen Zeit und Tätigkeiten (etwa durch ein „Upgrade“ des gleichen Guts welches Zeitersparnis verspricht oder durch die Kompensation von Bedürfnissen, siehe oben) wodurch mehr an „Welt“ verfügbar gemacht werden kann (Rosa 2019). Menschen haben in diesem Zusammenhang jedoch immer weniger Zeit, sich Konsumgüter tatsächlich anzueignen, um aus ihnen einen Befriedigungswert zu ziehen, und dementsprechend werden die Güter auch weniger wertgeschätzt und erfahren schneller einen Bedeutungsverlust in persönlicher, ökonomischer oder kultureller Hinsicht. Das heißt sie werden entwertet und entsorgt, um wiederum Platz für Neues zu schaffen, in der Hoffnung auf einsetzende Befriedigung (Warde 2017; Evans 2018). Noch weitere Aspekte könnten hier angeführt werden, die auf die gleiche Entwicklung verweisen würden: in der liberalen Konsumgesellschaft hat sich der Glaube durchgesetzt, „es seien die Güter, die aus sich selbst heraus befriedigten“ (Haubl 2009, S. 6). Eine Reflektion der eigenen, tatsächlichen Bedürfnisse wird durch diese Dynamisierungen der Konsumgesellschaft überlagert und erheblich erschwert. Gleichzeitig werden Fragen danach, was ein gutes Leben ausmacht, privatisiert und dem Individuum überantwortet. In liberalen Gesellschaften ist das Individuum die letzte Autorität über die persönliche Lebensführung, ebenso wie über die Wahl der dazu eingesetzten Mittel. Nur das Individuum selbst habe direkten Zugang zu seinen Bedürfnissen, so das dominante Verständnis, und politisch gehe es daher darum, die größtmögliche Anzahl an Optionen bereitzustellen, diese Bedürfnisse zu realisieren. Dies beschreibt im Kern die zentrale Maßgabe der Konsument*innensouveränität (Warde 2017; Fuchs et al. 2021).

Haubl weist in diesem Kontext darauf hin, dass es viel mehr die Kenntnis der eigenen Bedürfnisstruktur und das Wissen um den Gebrauch eines bedürfnisspezifischen Konsumguts seien, welche maßgeblich für die erlebte Befriedigung sind (Haubl 2009, S. 6). Im Kontext des nachhaltigen Konsums lässt sich daher eine dezidierte Beschäftigung mit dem Bedürfnisbegriff und der grundlegenden Frage, wie wir eigentlich leben wollen, nicht vermeiden. In der Tat starten zentrale Ansätze und philosophische Perspektiven auf das gute Leben mit dem Bedürfniskonzept (Fuchs et al. 2021, S. 9–12). Ihnen ist die Ansicht gemein, dass es bei einem guten Leben nicht bloß um das Überleben geht, sondern um ein Leben, das Menschen wertschätzen, die Möglichkeit zu haben, sich positiv zu entwickeln und dass ihnen die Bedingungen und Ressourcen bereitgestellt werden, die sie benötigen, um ihre Bedürfnisse zu befriedigen. Wenn dabei im Zusammenhang des guten Lebens von Bedürfnissen gesprochen wird, ist dies nicht gleichzusetzen mit der Befriedigung aller subjektiven Wünsche, die der Einzelne haben mag. Dem hier vertretenen Verständnis zufolge haben Bedürfnisse vielmehr objektiven Charakter, das heißt es gibt Bedürfnisse die Menschen qua ihres Menschseins haben und daher miteinander teilen, und diese können auf Basis ihrer unverzichtbaren, irreduziblen und nicht substituierbaren Natur als konstitutive Aspekte eines guten Lebens beschrieben werden (ebd.). Dazu zählen etwa existenzielle Bedürfnisse wie Nahrung und Unterkunft, ebenso Sicherheit und Gesundheit, Zuneigung, Teilhabe und Zugehörigkeit zu einer Gemeinschaft, neben einigen weiteren (für eine Übersicht unterschiedlicher Listen von objektiven Bedürfnissen, siehe Fuchs et al. 2021). Daraus folgt, dass es möglich ist, Elemente zu benennen, die für das menschliche Wohlbefinden entscheidend sind, unabhängig davon, wie sie erlebt werden. Aus Sicht des Individuums können sie auch als soziale und ökologische Kontexte des individuellen Wohlergehens beschrieben werden. Diese Chancen, ein gutes Leben zu führen, müssen innerhalb von Gruppen und Gesellschaften deliberiert und abgestimmt sowie auf dieser Basis garantiert werden, denn selbst wenn Bedürfnisse objektiven Charakter haben müssen sich Gemeinschaften dieser zunächst selbst versichern, um deren praktische Berücksichtigung zu ermöglichen. Ohne einen solchen Prozess der Reflektion und Anerkennung von Bedürfnissen können diese äußerlich, ohne Einsicht in die Relevanz für die eigenen Lebensumstände bleiben (ebd.).

Politisch geht es im Anschluss vor allem um die Wahl der geeigneten Mittel, um objektive Bedürfnisse zu adressieren. Die klare Unterscheidung zwischen Bedürfnissen („needs") und Mitteln zur Bedürfnisbefriedigung („satisfier") (Max-Neef 1991; siehe auch Di Giulio/Defila 2020) ermöglicht an dieser Stelle eine Unterscheidung zwischen, auf der einen Seite, dem Ziel eines guten Lebens selbst und, auf der anderen Seite, den Konsumgütern sowie materiellen und immateriellen Ressourcen, die der Einzelne zur Zielerreichung verwenden kann. Zudem ermöglicht die Unterscheidung eine Bewertung der „satisfer" hinsichtlich ihres Beitrags zur Bedürfnisbefriedigung und schützt möglichweise davor, „falsche satisifier" einzusetzen. Max-Neef (1991) differenziert fünf Typen von Verhältnissen zwischen Bedürfnissen und Mitteln zur Bedürfnisbefriedigung, u.a. „Pseudo-satisfier", welche nur scheinbar ein Bedürfnis befriedigen (Impulskäufe nicht benötigter Güter), und „hemmende satisfier", welche zwar ein Bedürfnis befriedigen, dafür aber die Realisierung anderer verkomplizieren. Max-Neef spricht sich für die Generierung und gesellschaftliche Kultivierung von „synergetischen satisfiern" aus, welche mehrere objektive Bedürfnisse gleichzeitig erfüllen (z.B. öffentliche Grünflächen können diese Funktion übernehmen, siehe Sahakian/Anantharaman 2020). Bei der Wahl geeigneter politischer Instrumente findet der Bedürfnisbegriff so praktische Anwendung.

Auf Basis dieser Überlegungen sollte es heute als Grundvoraussetzung angesehen werden, das Thema der Bedürfnisbefriedigung individuell (Reflektion als Schutzmechanismus vor „falschem" Konsum) und politisch (Wahl angemessener „satisfier") im Kontext nachhaltigen Konsums umfänglich mitzudenken und zu verhandeln. Die Frage nach dem guten Leben steht hier also am Anfang.

3 *Nachhaltiger Konsum und das rechte Maß*

Die oben beschriebenen Zusammenhänge sind für den Stellenwert und den politischen Umgang mit nachhaltigem Konsum zentral. Dabei mag es zunächst merkwürdig anmuten, die Frage nach der Bedürfnisbefriedigung hier so stark hervorzuheben. Denn schließlich ist das sogenannte „Drei-Säulen-Modell" der Nachhaltigkeit – das gleichberechtigte Nebeneinander ökologischer, ökonomischer und sozialer Nachhaltigkeitsdimensionen – in der öffentlichen Debatte mittlerweile breiter Konsens bezüglich einer konzeptuellen Bestimmung des Begriffs des Nachhaltigen, auch wenn dieses von wissenschaftlicher Seite seit langem problematisiert wird (siehe bspw. Ott 2009; SRU 2019). Bedürfnisse kommen hier bestenfalls am Rande vor. Ferner ist in der öffentlichen Meinung ebenso unstrittig, dass es bei Nachhaltigkeit um das „Grünen" spezifischer Produkte und Prozesse gehen sollte, und damit ökologische Aspekte, zumindest vordergründig, Vorrang erhalten sollten. In diesem Zusammenhang werden politische Zielwerte und Benchmarks definiert, die es zu erreichen gilt, „Best Practices" benannt, *wie* diese Ziele zu erreichen sind, und Strategien entwickelt, um Individuen wie Organisationen dazu zu motivieren, die vorgeschlagenen Maßnahmen (freiwillig) umzusetzen. Die Frage nach Bedürfnissen und geeigneten Mitteln ihrer Befriedigung scheint hier entweder bereits geklärt oder fehl am Platz zu sein.

Als Kommunikationsmedium, wie nachhaltig Produkte oder Dienstleistungen tatsächlich sind (evaluative Funktion) und um diese untereinander vergleichen und in eine Hierarchie bringen zu können (komparative Funktion) hat sich der CO_2-Fußabdruck durchgesetzt (Wackernagel/Rees 1996; Barrett et al. 2005). Dieser bemisst direkte und indirekte Treibhausgasemissionen für einen festgelegten Geltungsbereich (Tätigkeiten von Individuen, Organisationen, Lebenszyklus von Produkten, etc.) mit dem Ziel, individuelle Beiträge zur Klimawirkung und, daran orientiert, zu negativen Umwelteinflüssen abbildbar zu machen. Die unbestreitbaren Fortschritte der letzten Jahrzehnte was das „Mainstreaming" von Nachhaltigkeit in liberalen Demokratien betrifft wären ohne die Idee des Fußabdrucks kaum vorstellbar. Gleichzeitig werden dadurch jedoch normative, also nicht oder kaum messbare Werte wie Gerechtigkeit und Fairness, die einen zentralen Kern des Nachhaltigkeitsgedankens bilden, sowie die distributiven Interaktionen zwischen Ländern (insbesondere zwischen politischem Norden und politischem Süden) implizit abgewertet, da die meisten Indikatoren diese nicht abbilden (Schulz et al. 2008; Bogun 2020; Fuchs et al. 2020). Gerade normative Dimensionen bedürfen in pluralistischen Gesellschaften jedoch der dauerhaften Deliberation und Aushandlung, insbesondere um unterschiedliche Standpunkte erfahrbar und nachvollziehbar zu machen und um Probleme in ihrer Komplexität adäquat zu erfassen. Auch die spezifischen Kontexte, die es Menschen erschweren nachhaltig zu konsumieren, sowie die Fernwirkungen des Konsums in zeitlicher und räumlicher Hinsicht – wiederum im Kern Gerechtigkeitserwägungen – bleiben hier im Hintergrund. Dadurch haben es alternative Formen nachhaltigen Konsums jenseits der vermeintlich emissionsärmsten Ansätze schwer sich zu entwickeln. Nicht zu unterschätzen ist zudem die motivationale Dimension dieser Debatten: Wenn von einem globalen CO_2-Budget, welches sich am 1,5°- bzw. 2°-Ziel orientiert, nationale Budgets abgeleitet werden und auf dieser Basis wiederum berechnet wird, wie viel die oder der Einzelne sich „noch leisten darf“, dann muss nachhaltiger Konsum zwangsläufig mit den Bedeutungen „Einschränkung“, „Verzicht“ oder „Verlust“ assoziiert werden. Die Maßgabe ist dann etwas aufzugeben, ohne einen „realen“ Gegenwert dafür zu erhalten, da die Verknüpfung des eigenen Handelns mit dem Schutz des Klimas viel zu abstrakt bleibt.

Mit der Idee des guten Lebens zu starten, adressiert viele der hier vorgebrachten Einwände. Nachhaltigkeit beinhaltet im Wesentlichen sowohl intragenerationelle als auch intergenerationelle Gerechtigkeitsdimensionen und strebt darauf bezogen den Erhalt und die Sicherstellung des Zugangs zu ausreichenden Ressourcen und diversen Chancen für alle Menschen an, ein gutes Leben, das sie wertschätzen können, zu führen (Defila et al. 2014). Eine intakte Umwelt ist dafür eine wesentliche Bedingung. Diesem Gedankengang folgend ist es also notwendig, neben Maximal- oder Obergrenzen des Konsums („wieviel dürfen wir noch verbrauchen?“) auch Minimalgrenzen des Konsums festzulegen („was und wieviel brauchen wir für ein gutes Leben?“). Es steht Menschen frei Konsumentscheidungen zu treffen, die zum persönlichen und kollektiven Wohlbefinden beitragen, solange diese Entscheidungen nicht die Chancen anderer (zukünftig und entfernt Lebender) auf ein gutes Leben beeinträchtigen. Mindest- und Höchstgrenzen des Konsums müssen ständig aufeinander bezogen werden, um sicherzustellen, dass Gesellschaften genügend Ressourcen zur Verfügung haben, um „gut zu leben“, aber nicht zur exzessiven Ausbeutung und zum Überkonsum beitragen, die erstere bedrohen (Gumbert/Fuchs 2019). Nachhaltigkeit kann entlang dieser Überlegungen auf die Formel „gut leben innerhalb von Grenzen“ („living well within limits“) gebracht werden (O’Neill et al. 2018; Fuchs 2020). Damit formuliert die Idee der Nachhaltigkeit einen globalen und äußerst langfristigen Anspruch deren genauer Inhalt in jeder Ausgangssituation und damit von jeder Generation neu ausgehandelt werden muss (Di Giulio 2019).

Aus einem so definierten Verständnis nachhaltigen Konsums lassen sich konkrete Haltungen und Handlungsmaximen ableiten, sowohl auf individueller wie auf politischer Ebene. Dies lässt sich insbesondere unter Hinzuziehung maßethischer Überlegungen argumentieren, einer Perspektive, die im Nachhaltigkeitsdiskurs unter diesem Begriff bislang kaum vertreten ist. Die Maßethik postuliert ein Leben im Einklang mit der Welt in der sich der Mensch als Bestandteil wahrnimmt (im Gegensatz zur Perspektive des Menschen als handelndem Subjekt und der Welt als passivem Objekt). *Maß nehmen und Maß halten* bedeuten in erster Linie, Grenzen zu respektieren und negative Konsequenzen, ausgelöst durch eine Überschreitung, nach Möglichkeit zu verhindern. Ralf Konersmann hat unlängst in „Welt ohne Maß“ argumentiert, dass die Moderne die Überschreitung normalisiert hat (Konersmann 2021). Ausufernder Konsumismus sei zur Standarderwartung geworden, der in seiner Grenzenlosigkeit niemanden mehr überrasche, und der Zwang zur Innovation fordere von den Menschen die fortlaufende Selbstüberschreitung (Konersmann 2022, S. 116). Das wesentliche Argument des Buches, die Diagnose des Verlusts oder der Verdrängung maßethischer Erwägungen (und gleichsam der Tugend der Mäßigung) in der Moderne, das hier auf die problematisierten Politiken des nachhaltigen Konsums übertragbar ist, gründet auf der historischen Dissoziation von Maß und Messen. Das Maß im ethischen Sinne (das eine Qualität ausdrückt und der Aushandlung bedarf, da es immer situationsbedingt anzuwenden ist) und das Maß im technisch-mathematischen Sinne (welches sich an Quantität orientiert und bestrebt ist, klar und „einheitlich“ zu sein) bildeten in der Antike eine Einheit und wurden im Geschichtsverlauf entzweit, sodass eine Hierarchie beider Wissensformen entstand. Die „Herrschaft der Zahlen“ etablierte Systeme und Ordnungen, welche von oben durchgreifen und festlegen, wie die Dinge zu handhaben sind. Der Glaube daran bedeutete, dass die Welt darstellbar, erfassbar und kontrollierbar wurde. In der Folge hielt der Prozess der Standardisierung Einzug in den Alltag: Bewegungsverhalten (wie viele Schritte pro Tag sollten es sein), Ernährungsgewohnheiten (welche Kalorienmenge, welche prozentuale Zusammensetzung von Nahrungsmittelsorten sind gesund) oder Investitionsstrategien (wie viel Prozent des Gehalts sollte in die Altersvorsorge wandern) – das menschliche Tun ist heute vollumfänglich quantifizierbar und dadurch mit Normwerten vergleichbar. Welche Bedürfnisse gut und richtig, und wie diese zu realisieren sind, ist fortan Gegenstand des Abgleichs mit abstrakten Werten, und neue Erkenntnisse werden weitaus weniger mit anderen gemeinsam aus einer Situation heraus gewonnen. Dadurch ginge, so Konersmann, ein Anspruch auf Selbstbestimmung, eine Moral der Aufrichtigkeit sowie das Gefühl der Verbundenheit zu Menschen, Nicht-Menschen, ja zur Welt im Allgemeinen, Schritt für Schritt verloren (Konersmann 2021; siehe diesbezüglich auch den Resonanzbegriff Hartmut Rosas und seine Soziologie der Weltbeziehungen: Rosa 2016).

Die Orientierung am CO_2-Fußabdruck zeichnet eine ähnliche Entwicklung für die Bestimmung nachhaltigen Konsums nach: Strategien, die alleinig auf der technisch-mathematischen Ausprägung des Maßbegriffs fußen, generieren Soll-Werte für individuelles Handeln auf Basis extern gewonnener Daten und Bezugsgrößen, und müssen in der Folge nur noch „richtig“ angewendet werden. Ein Beispiel, wie nachhaltiger Konsum hingegen stärker entlang des Maßes im ethischen Sinne gedacht werden kann, bildet die sogenannte „Sacrifice"-Debatte (Hall 2010; Maniates/Meyer 2010). In Anlehnung an Cheryl Hall (2010, S. 63) soll „sacrifice" hier verstanden werden als ein Akt des freiwilligen Verzichts auf ein wertvolles Gut, das der Realisierung eines anderen als wertvoller eingeschätzten Gutes, im Wege steht. Zwei Annahmen sind dafür entscheidend: dass (a) „sacrifice" auf einer freiwilligen Handlung beruht, und dass (b) überhaupt Wertkonflikte bestehen, die eine Wahlentscheidung notwendig machen (z.B. hinsichtlich einer unmittelbaren Befriedigung aus einer Konsumhandlung und dem langfristigen Schutz ökologischer Güter). Das Individuum ist in der „Sacrifice"-Situation „gezwungen", von seiner Freiheit Gebrauch zu machen und auf Basis eigener Einschätzungen und Überzeugungen die eigenen Interessen abzuwägen und zwischen Alternativen zu entscheiden. Die Praxis des „sacrifice" könnte nun leichtfertig als Individualisierung von Verantwortung eingeordnet werden, Hall verknüpft jedoch im „sacrifice" individuelles und politisches Handeln. Mit dem Hinweis auf „unidentified sacrifices" (dem Fehlen von Wissen und Zusammenhängen in der Wahlentscheidung), „false sacrifices" (getroffene Wahlentscheidungen die später bereut werden) und „hard sacrifices" (der Umstand, dass Entscheidungen für erhöhten Komfort leicht fallen, während Entscheidungen für mehr Nachhaltigkeit häufig erschwert sind) betont Hall, warum die Übertragung von Verantwortung an das Individuum keine einfache Lösung bietet (Hall 2010, S. 70–75). Stattdessen spricht sie sich dafür aus, Institutionen und Strukturen, die einen Verzicht auf Konsum erschweren, zu reduzieren, und demokratische Institutionen, Prozesse und Infrastrukturen zu designen die dabei unterstützen, dass Nachhaltigkeit zu einem „hard sacrifice" (also nur schwer aufzugeben ist) und Konsum zu einem „easy sacrifice" wird. Diese Überlegungen zum Begriff des „sacrifice" verdeutlichen, welche Potenziale darin liegen, maßethischen Überlegungen einen größeren Raum innerhalb der Politiken nachhaltigen Konsums zu geben.

Ein Konsum, der sich nachhaltig nennt, sollte also auf diesem Fundament aufbauen, das gute Leben ins Zentrum rücken und im obigen Sinne „maßvoll" sein. Denn von der Warte des guten Lebens aus betrachtet müssen Vorschläge, nachhaltiger Konsum sei alleinig am CO_2-Verbrauch auszurichten, zurückgewiesen werden. Diese Strategie kann zwar in ihrer Konsequenz vereinzelt zu Versionen des guten Lebens beitragen, in ihrer Verallgemeinerung bestehen jedoch Gefahren. Die Ausrichtung am CO_2-Verbrauch vernachlässigt die Kontexte des Konsums (Faktoren die sich positiv auf ein gutes Leben auswirken, auch in räumlicher und zeitlicher Perspektive), affirmiert den *Status Quo* (gesellschaftliche Strukturen bleiben überwiegend erhalten) und ebnet damit einer Politik der „kleinen Schritte“ den Weg (Di Giulio 2019). Damit versuchen solche Strategien, strukturelle Dynamiken einer individuellen Bearbeitung zuzuführen. Dies soll hier als grundlegender Problemkomplex angeführt werden, der weiterführende demokratische Lösungen notwendig macht.

4 Nachhaltiger Konsum im Spannungsfeld strukturgetriebener Entgrenzung und individualorientierter Begrenzung

Im Folgenden soll argumentiert werden, dass die Strategie, auf Veränderungen der gesellschaftlichen Strukturen,[1] in die Konsum eingebettet ist, mit individuellen Maßnahmen zu reagieren zwangsläufig zu scheitern droht. Entweder reihen sich die Maßnahmen in reformistische Ansätze ein, die insgesamt zu wenig bewirken und dabei ein zu langsames Tempo vorgeben, oder sie stabilisieren (im schlimmsten Fall) Strukturen der Nicht-Nachhaltigkeit, etwa dadurch, dass alle daran glauben, dass sie einen Beitrag zur Bewältigung von Nachhaltigkeitsherausforderungen leisten, ohne dass dieser sich aber substanziell auswirkt (Maniates 2001; Blühdorn 2016).

Der Grenzbegriff, sowie daran anknüpfend die Begriffe der Entgrenzung und Begrenzung, eignen sich in besonderem Maße, um diese Dynamiken zu verdeutlichen (siehe auch Kallis 2019). Grenzen sind dabei zunächst wertneutral zu verstehen: Sie beschreiben den Rand eines definierten Raums und fungieren als Trennwert oder -linie zwischen materiellen oder auch ideellen Bereichen (man denke etwa an die „Grenzen des guten Geschmacks“). An diesem Beispiel zeigt sich jedoch bereits, dass Grenzziehungen in der Regel dadurch, dass sie ein Innen und ein Außen definieren, normative Setzungen vornehmen. Personen, Ideen, Güter, Tätigkeiten, etc. können als einem bestimmten Gegenstandsbereich zugehörig definiert werden – oder gerade nicht (Grenzziehung als Praktik der Inklusion und Exklusion). Grenzen können als ein Hindernis konzipiert werden, das von manchen Personen oder Dingen nicht überschritten werden soll

1 Soziale Strukturen sind „diejenigen Handlungswirkungen, die sich als verfestigte Muster manifestieren und so die weiteren Handlungsbedingungen für die Akteure vorgeben“ (Schimank 2016, S. 16) oder zumindest entscheidend prägen. Handlungswirkungen können dabei sowohl erwünscht als auch unerwünscht sein. Schimank unterscheidet u.a. Erwartungsstrukturen, Deutungsstrukturen und Konstellationsstrukturen, welche das Denken und Handeln in der sozialen Interaktion prägen bzw. Resultat der Interaktion sind.

(Grenzziehung als Barriere). Durch solche Beschränkungen können (Lebens-)Räume gezielt eingeengt und beschnitten werden. Grenzen werden aber auch eingezogen, damit nichts nach außen dringt oder von außen hereinkommen kann (Grenzziehung als Schutz) oder können dafür genutzt werden, Unübersichtlichkeit, Komplexität und Ambiguität zu reduzieren (Grenzziehung als Orientierung). Das heißt Grenzziehungen können sowohl unterschiedliche Zwecke verfolgen als auch, aufgrund der Vielschichtigkeit ihrer möglichen Funktionen, unterschiedlich wahrgenommen und interpretiert werden (Gumbert/Bohn 2021, S. 100; siehe auch Luhmann 1989).

Während mehrere dieser Bedeutungen bei der Bestimmung nachhaltiger Konsumphänomene zum Tragen kommen können, ist hier im weiteren Verlauf mit „Entgrenzung“ insbesondere das Überschreiten oder Durchlässigwerden fester Bezugsrahmen des gesellschaftlichen Konsums gemeint, sowie insbesondere der dadurch resultierende Orientierungsverlust. Entgrenzung kann in diesem Zusammenhang auch „als sozialer Prozeß definiert werden, in dem unter bestimmten historischen Bedingungen entstandene soziale Strukturen der regulierenden Begrenzung von sozialen Vorgängen ganz oder partiell erodieren bzw. bewußt aufgelöst werden (Voß 1998, S. 47). Bereits Anfang des 20. Jahrhunderts, vor allem jedoch mit dem Ende des Zweiten Weltkriegs, beschleunigte sich das Aufbrechen etablierter Konsummuster und -ordnungen, dynamisierten und verflüssigten sich über lange Zeit sehr stabile Praxisformen und Organisationsmodi des Konsums. Die Orte der Produktion und der Konsumtion von Waren liegen nun als Resultat dieser Entwicklungen in der Regel weit auseinander, sodass Waren über weite Strecken transportiert werden müssen. Auch der Umgang mit und die Beziehung zu Alltagsgütern haben sich grundlegend gewandelt. Viele Güter werden heute nicht mehr instandgesetzt, repariert oder (wie früher über Generationen) weitergegeben, sondern als Produkte entworfen, die nach einer begrenzten Anzahl an Nutzungen weggeworfen werden müssen. Besonderheiten und exklusive Produkte, die einst nur zu besonderen Anlässen angefertigt und verschenkt wurden, werden heute als Massenware konzipiert und in enormen Stückzahlen vertrieben. Die gesellschaftlichen Vorstellungen von Wertigkeit, Haltbarkeit, Verfügbarkeit, Erreichbarkeit und Zeitlichkeit in Konsumfragen, die über Jahrhunderte relativ stabil waren, wurden im Verlauf des 20. Jahrhunderts grundlegend entgrenzt, mit all ihren sozialen und ökologischen Folgekosten. An diesem sehr knappen Abriss zeichnet sich bereits ab, dass gesellschaftliche, politische und biophysische Entgrenzungsphänomene stets ineinandergreifen.

Verkürzt könnten diese Entwicklungen mit der Ausweitung kapitalistischer Logiken und Globalisierungsprozessen erklärt werden. Ökonomisches Wachstum und die Liberalisierung des Handels generieren Wettbewerbsdruck, welcher sich wiederum in Kostensenkungen, technischen Innovationen und insgesamt einer Beschleunigung der Produktionsweise niederschlägt. Die Digitalisierung verlagert ab den 1990er Jahren zunehmend Warenströme und Dienstleistungen in den digitalen Raum, bzw. beschleunigt den Warenverkehr der Realwirtschaft, und vertieft dadurch Wachstums- und Wettbewerbsdynamiken. Diese Entwicklungen auf der Makroebene haben dazu geführt, dass in quantitativer Hinsicht global gesehen das Konsumniveau exponentiell gewachsen ist und zudem die meisten Konsumgüter einen höheren Energiebedarf in der Produktion und im Transport haben und folglich eine höhere Umweltbelastung mit sich bringen (Santarius 2014; Steffen et al. 2015). Durch die enge Verzahnung des Konsums mit dem nationalen Steueraufkommen sind hohe Konsumausgaben erwünscht und werden politisch stark gefördert, insbesondere um die Konjunktur nach Krisen wieder anzukurbeln (man denke nur an „Abwrackprämien“ nach der Wirtschafts- und Finanzkrise 2007/08, etc.).

Während ökonomische Strukturen als Motor von Entgrenzungsphänomenen verstanden werden können sind es jedoch insbesondere soziale und kulturelle Dimensionen, welche die Entgrenzung des Konsums auf Ebene der Alltagspraktiken wirksam werden lassen und dadurch fest verankern (Bauman 2000). Fünf zentrale Dimensionen sollen an dieser Stelle unterschieden werden, die als Makro-Entwicklungslinien in der Konsumforschung etabliert sind:

(a) Zeit: Konsum soll die Lebenszeit optimieren, indem unliebsame Tätigkeiten verkürzt werden oder sogar wegfallen und dadurch für Freizeit, Genuss und sinnstiftende Tätigkeiten mehr Zeit bleibt (durch einen leistungsfähigeren PC, einen Saugroboter, etc.). Für viele Menschen ist der Konsum Zeitersparnis verheißender Güter ein zentraler Baustein für ein „besseres Leben“, dass durch die Wahrnehmung dauerhafter Zeitknappheit massiv beeinträchtigt wird (Rosa 2016). Entgrenzt werden dadurch Vorstellungen davon, welche Tätigkeiten mit welchem Zeitaufwand korrespondieren, so dass das Gefühl entsteht es könnten immer mehr Handlungsoptionen in der gleichen Zeitspanne realisiert werden.

(b) Raum: Ein Versprechen der Modernisierung war und ist die Überwindung des Raums. Städte-Trips übers Wochenende über nationale Grenzen hinweg, der Konsum von Alltagsgegenständen auf Online-Handelsplattformen auf anderen Kontinenten – die Mobilitätsanforderungen und -möglichkeiten des Individuums wie der Waren scheinen unbegrenzt und versprechen einmalige, „singuläre“ Erfahrungen (Reckwitz 2017). Die Überwindung des Raums wird jedoch teuer erkauft: die negativen Externalitäten in Form schlechter Arbeitsbedingungen und ökologischer Schäden bürden die Kosten anderen auf (Lessenich 2016; Brand/Wissen 2017). Entgrenzt wird an dieser Stelle das Verhältnis von Ressourcenaufwand und individuellem Nutzen, indem u.a. die jeweiligen Herstellungsbedingungen dieser Güter dem individuellen Blick entzogen sind.

(c) Technik: Die Technisierung (und Digitalisierung) von Konsumobjekten verspricht ein adäquates Mittel zu sein, um das Leben noch einfacher zu gestalten. Während in den 1990er Jahren Geräte wie der elektrische Dosenöffner sinnbildlich für den steigenden Energieverbrauch von Haushaltsgeräten, die eigentlich keinen Netzstecker benötigen, stehen, werden in Zeiten des Smart Homes Wasserkocher, Kaffeemaschinen und Lampen mit digitalen Schnittstellen versehen. Der schnellere Wandel technischer Möglichkeiten führt jedoch zu einem beschleunigten Austausch von Geräten, die zudem häufig nicht mehr selbst repariert werden können oder die Idee der Selbstreparatur im Design überhaupt nicht mehr anlegen. Zudem werden die Geräte aufgrund ihrer gestiegenen Komplexität auch nur noch selten „verstanden“, was zu Entfremdungserfahrungen führt (Rosa 2013). Dadurch wird die menschliche Beziehung zu Konsumobjekten entgrenzt die fortan immer seltener von einer „Sorge um die Dinge“ geprägt ist (Bennett 2004; Barry 2019).

(d) Sozialorganisation: Eine Reduktion von Verbindlichkeiten und sozialen Bindungen im Zusammenhang mit Konsummustern verspricht, das Leben ganz nach den eigenen Vorstellungen gestalten zu können, Dinge exakt dann nutzen zu können, wenn es in den eigenen Zeitplan passt, etc. Der Aufstieg der Mittelschicht sowie die liberale Ausweitung von Individualisierungs- und Privatisierungsbestrebungen führen dazu, dass Haushaltsgrößen schrumpfen, die Wohnfläche pro Kopf steigt und immer mehr Individualbesitz angehäuft wird (Schor 2010; Krogman 2020). Viele ursprünglich gemeinschaftlich genutzte Gegenstände, aber auch soziale Organisationsformen (insbesondere im Bereich der Subsistenzpraktiken) fallen nach und nach weg. Konsumpraktiken werden dadurch von der Art und Weise, wie sie traditionell ausgeführt wurden, entkoppelt, womit hohe ökologische, aber insbesondere auch soziale (Erosion nachbarschaftlicher und dörflicher Infrastrukturen) Folgekosten einhergehen.

(e) Identität: Der beschleunigte Lebensstilwandel, das heißt die rapide Veränderung von Einstellungs- und Orientierungsmustern, und die Pluralisierung von Lebensverhältnissen in liberalen Gesellschaften bedeuten eine Explosion des Angebots aus denen „moderne" Identitäten gebildet werden können (Bauman 2007). Die damit zusammenhängende Ästhetisierung des Selbst, die von sozialen Medien befeuerte Inszenierung und Produktion einer Wirklichkeit, in der das Individuum glaubt, sich jenseits von Erfahrungen, eigenen Fähigkeiten und Dispositionen ständig neu erfinden zu können, treibt materielle wie immaterielle Konsumformen an und trägt damit auf unterschiedlichen Ebenen zu Entgrenzungsprozessen bei (Reckwitz 2012).

In der Summe führen diese hier als „strukturgetriebene Entgrenzungsphänomene" bezeichneten Entwicklungen zu einer Entkopplung von Bedürfnisbefriedigung und Ressourcenverbrauch im Konsum. Eine Kopplung bedeutet, dass Individuen und Gemeinschaften sich schon immer überlegen mussten, ob dieser oder jener Ressourceneinsatz zur Befriedigung dieser oder jener Bedürfnisse gerechtfertigt ist, wer davon wie betroffen ist, wer ggf. benachteiligt wird, etc. Solange die Grenzen der Gemeinschaft überblickt werden konnten, war es prinzipiell möglich, diese Form des Maßhaltens zu praktizieren. Durch die skizzierten Entgrenzungen wurde genau dies jedoch erheblich verkompliziert, wenn nicht unmöglich gemacht: weder der Zugang zu den eigenen, subjektiven Bedürfnissen, noch der Zugang zu den verallgemeinerbaren, objektiven Bedürfnissen oder die Einsicht in die Konsequenzen des aufgewendeten Ressourceneinsatzes sind heute ohne größere Kraftanstrengung möglich. Dadurch verschwindet die Relation zwischen Bedürfnis und Ressourceneinsatz selbst aus dem Blickfeld.

Trotz dieser Problematik haben liberale Gesellschaften im Zuge der Bearbeitung sich zuspitzender Nachhaltigkeitsherausforderungen „Modi der Begrenzung" ersonnen, welche zum Ziel haben, auf die oben ausgeführten Entgrenzungen zu reagieren. Als Begrenzung sollen in der Folge gesellschaftliche Regulierungen gelten, welche individuellem und sozialem Handeln einen festen Rahmen geben, dadurch Handlungsoptionen sowie das Ausmaß dieser beschränken und gleichzeitig Orientierung bieten. Durch die bereits thematisierte Maßgabe der Konsument*innensouveränität und dem Postulat der Freiheit von Produktion und Konsum besteht die (politisch dominante) liberale Maßgabe eher im Beseitigen von regulativen Beschränkungen als in deren Aufbau (Gumbert/Bohn 2021). In Abwesenheit verbindlicher Regulierungen müssen Individuen und Gruppen diese Begrenzungen selbst vornehmen – bzw. daran arbeiten, eigene alternative

Strukturen aufzubauen. Politisch werden solche Formen individual-gesteuerter Begrenzungen unterstützt und motiviert, da sie mit dem liberalen Selbstverständnis einer aktiven, autonom agierenden Bürger*innenschaft korrespondieren (siehe nächstes Unterkapitel). Das geschieht in aller Regel mit dem Hinweis auf die Übernahme individueller Verantwortung, der Kultivierung von postmateriellen, ökologischen Werten sowie von Selbstdisziplin, Verzicht und nachhaltigen Lebensstilen.

Auf Entgrenzungen reagierende Strategien der Begrenzung können äußerst vielfältig sein – zu vielfältig, um an dieser Stelle einen vollständigen Überblick zu geben. Zu den individualorientierten Begrenzungsstrategien gehören beispielsweise eine achtsamere und bewusstere Lebensweise (Zeit), ein regionaler Bezug von Lebensmitteln und Gütern (Raum), die längere Nutzung technischer Geräte und ggf. deren Reparatur (Technik), das Leihen und Teilen von Dingen statt diese zu besitzen (Sozialorganisation), oder die bewusste Reduktion des Konsums von Werbung und sozialer Medien und darin enthaltener Verlockungen der Selbstdarstellung (Identität). Obwohl Individuen also prinzipiell Chancen und Möglichkeiten besitzen, auf strukturelle Entwicklungen zu reagieren, so bleiben diese letztlich Reaktionen, die zwar den Einfluss der Entgrenzungsphänomene bremsen können, jedoch nicht im Stande sind grundlegend gegenzulenken geschweige denn den Entwicklungspfad umzukehren. Michael Maniates bezeichnet die Vorstellung, die Aggregation vieler kleiner „grüner" Verhaltensänderungen würde sich nahezu unausweichlich als treibende Kraft sozio-ökologischen Wandels herausstellen, als „magical thinking“ (Maniates 2020). Die dauerhafte Abkehr von etablierten Verhaltensroutinen, wie psychologische und soziologische Forschungen zeigen, ist weder „einfacher“ noch „wahrscheinlicher“ als politisch-institutioneller Wandel, auch wenn dies durch Bildungs- und Informationskampagnen immer wieder nahegelegt wird. Stattdessen würde „magical thinking“ bei (offensichtlich) ausbleibender Massenbewegung Enttäuschung und Zynismus, ein Eingeständnis in die Unveränderlichkeit der Dinge sowie gegenseitige Schuldzuweisungen produzieren, wodurch die Motivation nachhaltiger Verhaltensweisen mittelfristig eher sinken als steigen würde (ebd.).

Im Gegensatz dazu muss strukturellen Veränderungen mit einer Politik begegnet werden, die sich gezielt auf die Strukturen selbst richtet. Dabei geht es um nichts geringeres als: die Re-Strukturierung gesellschaftlicher Arbeitsbedingungen (Aufwertung der Sorge- und Pflegearbeit sowie Arbeitszeitverkürzung), damit substanziell mehr Zeit für „das gute Leben“ bleibt (Zeit); die stärkere Regionalisierung wirtschaftlicher Kreisläufe, insbesondere in der Landwirtschaft, und die Bindung des Finanzwesens an gemeinwohlorientierte Prozesse der ländlichen und urbanen Entwicklung

(Raum); die rechtliche Durchsetzung einer grundlegenden Nutzungsdauerverlängerung auf Herstellerseite („Producer Extended Responsibility"), langfristige Garantien gegen den vorzeitigen Verschleiß von Produkten sowie ein Produktdesign, dass die umfassende Wiederverwertung aller verbauten Komponenten ermöglicht (Technik); die politische Förderung von Sharing Economy Modellen jenseits des digitalen Raums (über Formen der Nachbarschaftsorganisation, Genossenschaften, Vereinsstruktur, etc.) sowie Prozesse bürger*innennaher Stadtplanung (Sozialorganisation); eine Politik der Suffizienz[2], welche die Leitlinien des Genügens und Genugseins ebenso auf kultureller Ebene entwirft und eigenes „nachhaltiges Marketing" betreibt (z.B. über Kunst-, Kultur- und Bildungsprojekte) (Identität).

Der Umgang mit der Dialektik von Entgrenzung und Begrenzung des Konsums ist damit eine genuin politische Aufgabe. Anhand der Diskussion sollte deutlich geworden sein, dass maßethische Aspekte sowie eine gesellschaftliche Debatte über Maximalgrenzen und Minimalgrenzen des Konsums zielführende Ansätze sind, um strukturelle Entgrenzungsphänomene einzuhegen. Denn solange sich Strategien der Begrenzung der gleichen Logiken und mentalen Strukturen wie jene der Überschreitung und Entgrenzung bedienen – Fortschritt, Innovation und Wachstum – bleiben auch die politischen Lösungen hinter den Anforderungen zurück. Die zentrale Aufgabe ist daher, politische Modelle zu entwerfen, welche maßethische Elemente in demokratische Prozesse einbauen und fördern.

---

2 Als kleine aber in diesem Zusammenhang nicht unbedeutende Randnotiz: Der Suffizienz-Begriff wird heute in Nachhaltigkeitskontexten häufig gleichgesetzt mit Reduktion und Verzicht: wer suffizient lebt schränkt sich umgangssprachlich willentlich ein. In der Konsequenz ist diese Bedeutung des Begriffs nachvollziehbar und normativ „richtig", allerdings nur sekundär. Der Wortursprung weist auf Fragen des Genügens und Genug-seins hin: was und wie viel brauche ich, damit etwas genug ist? Wann ist etwas zu wenig, wann ist etwas zu viel? Könnte ein Zuviel mir schaden, könnte ein Zuviel anderen schaden? Die Reflexion über Minimal- und Maximalgrenzen der Ressourcenausstattung ist im Suffizienz-Begriff bereits angelegt, und ebenso die Praxis des Abwägens, ohne die die Verhandlung von „Genug-sein" nicht auskommt. Suffizienz ist damit ein durch und durch maßethischer Begriff, der im öffentlichen Gebrauch nicht auf „Verzicht" oder ein „Weniger von allem" reduziert werden sollte.

5 Politiken des nachhaltigen Konsums und neue demokratische Organisationsmodi

Traditionelle Formen politischer Steuerung im Bereich des nachhaltigen Konsums sind wohlbekannt, strukturieren sie doch in erheblichem Maße den menschlichen Alltag. Dazu gehören Ge- und Verbote (Verhaltensvorschriften die mit Sanktionsdrohungen ausgestattet sind), Anreize (indirekte Steuerung über Handlungsmotivationen) sowie Überzeugung, Aufklärung und Verbraucher*innenbildung (Vermittlung und Framing spezifischer Informationen). Obwohl Aufklärung und Bildungsarbeit die politischen Instrumente der ersten Wahl sind, stoßen gerade diese auf eine Reihe von Problemen im Zusammenhang mit einflussreichen Dispositionen und Effekten auf Seiten der Konsument*innen. Der sogenannte Attitude-Behavior- (oder Value-Action-) Gap (Kollmuss und Agyeman 2002) beschreibt das Ausbleiben von sinnvollen Verhaltensänderungen auf Seiten der Verbraucher*innen trotz wachsender Sorgen um den Zustand der Umwelt. Stattdessen werden Konsumentscheidungen auf Basis von Bequemlichkeit, finanziellen Belangen oder Status- und Identitätserwägungen getroffen. Des Weiteren besagt der Behavior-Impact-Gap, dass Verbraucher*innen ihren ökologischen Fußabdruck nicht maßgeblich verkleinern können, selbst wenn sie bewusst umweltfreundlichere Konsumentscheidungen treffen (Csutora 2012). Dies unterstreicht die Bedeutung institutioneller Veränderungen, neuer Infrastrukturen sowie des Wandels der zugrundeliegenden sozialen und kulturelle Konventionen.

Trotz alledem ist gegenwärtig die Ausweitung von Strategien zu beobachten, die darauf zielen, nachhaltige Konsummuster attraktiver zu machen und Menschen zur Übernahme zu bewegen, das heißt an dieser Stelle die „Nachfragedynamik“ über Anreize und Überzeugung zu adressieren, sowie Konsumkontexte „simpler“, übersichtlicher und transparenter zu gestalten (bspw. durch Labels). Das sich derzeit insbesondere in der Verbraucher*innenpolitik verbreitende Policy-Instrument des „Nudging“ bedient sich solcher Strategien (Reisch/Sandrini 2015; Reisch/Thogersen 2017; Thorun et al. 2017). Die Entscheidungen von Konsument*innen sollen durch eine Veränderung ihrer Entscheidungsumgebungen positiv beeinflusst werden, ohne dabei jedoch Optionen wegzunehmen (z. B. durch das Entfernen ungesunder Lebensmittel aus Augenhöhe in Supermärkten oder das Festlegen von Ökostromtarifen als Standardstromtarif). Die Konsumfreiheit bleibt dabei, theoretisch, unangetastet. Nudging-Strategien bieten daher die Aussicht, Konsum nachhaltiger zu gestalten ohne umfassender in Produktions- und Konsumfreiheiten eingreifen zu müssen und dadurch Wachstumspotenziale und das Steueraufkommen nicht zu gefährden (siehe für eine Diskussion des Nudging-Ansatzes unter demokratietheoretischen Gesichtspunkten Gumbert 2022).

Diese Spannung zwischen der Notwendigkeit in Klima- und Nachhaltigkeitsfragen möglichst ambitionierte Politiken zu entwerfen und umzusetzen sowie der liberalen Anspruchshaltung, der Staat solle bestenfalls fördern, jedoch nicht fordern, hat Diskussionen zu einer öffentlich breit diskutierten Verbots- und Verzichtskultur in jüngster Zeit befeuert. Häufig in Umlauf gebrachte Begriffe wie „Verbotsgesellschaft“ oder „Ökodiktatur“ zeugen davon, dass progressivere Maßnahmen zur Reduktion von Treibhausgasen und zur Anpassung an den Klimawandel dort auf Widerstand stoßen, wo Maßnahmen nicht ausschließlich auf freiwilliger Verantwortungsübernahme basieren, sondern der Staat zusätzlich steuernd tätig wird. Philipp Lepenies hat unlängst nachgezeichnet, in welchem Ausmaß sich der Vorwurf der Verbotspolitik und der Verzichtsversessenheit auf fast jede Form geplanter politischer Veränderungen in Nachhaltigkeitsbelangen ausgeweitet hat (Lepenies 2022). Einen wesentlichen Kern dieser Debatte bildet der scheinbare Gegensatz von Freiheit und Grenzsetzungen, oder genauer: die postulierte Unvereinbarkeit vom Ausleben von in liberalen Demokratien garantierten Freiheiten und der Beschränkung des aktiven Verfolgens und Umsetzens mancher Freiheiten zugunsten anderer (für eine umfangreichere Diskussion, siehe Gumbert/Bohn 2021; Dierksmeier in diesem Band). Da hier in der Regel ein Freiheitsbegriff angelegt wird, der sich an der Verfügbarkeit möglichst zahlreicher Handlungsoptionen bemisst („Option-freedom“, siehe Pettit 2003, außerdem Dierksmeier 2016) muss gleichsam jede Beschränkung von Optionen als ein Verlust an Freiheit wahrgenommen werden. Folglich gilt vielen Kritiker*innen als bereits ausgemacht, dass Grenzsetzungen einem Freiheitsverlust gleichen. Die einzige Variable, die in diesem Fall übrigbleibt, ist wer die Grenzsetzung vornimmt: der Staat durch Verbote, oder das Individuum durch Verzicht.

Diese rhetorische Reduktion einer Politik des nachhaltigen Konsums auf Verbot und Verzicht ist strategisch nachvollziehbar, da dadurch der Glaube an technologische Entwicklungen und Marktlösungen (bspw. Fortschritte in der technischen Effizienz, der Substitution fossiler durch biobasierte Rohstoffe, oder der Herstellung neuer, umweltschonenderer Materialien und Prozesse) gestärkt wird und Anpassungen und Einschränkungen auf Ebene des menschlichen Alltags obsolet werden könnten. Diese Hoffnung hat sich jedoch bis heute als Trugschluss erwiesen: zum einen wird die durch Effizienzsteigerungen eingesparte Energie, gerade auf Ebene des Alltagskonsums, durch größere Geräte und den Mehrkonsum an Gütern und Dienstleistungen aufgefressen (der sogenannte Rebound-

Effekt) (Santarius 2014). Zum anderen lenken Märkte Innovations- und Produktivkraft für gewöhnlich dorthin, wo das meiste Geld zu verdienen ist, und nicht dorthin, wo das größte Gemeinwohlinteresse zu realisieren ist, weshalb das Vertrauen in Marktlösungen in Nachhaltigkeitsbelangen nicht allzu hoch sein sollte (für eine Übersicht solcher „Mythen“ in Konsumfragen, siehe Fuchs et al. 2021).

Viele Studien sowie offizielle Strategiepapiere, allen voran der jüngste IPCC-Bericht, betonen mittlerweile die Notwendigkeit, jenseits technischer Neuerungen und Entwicklungen einen breiten Lebensstilwandel in liberalen Gesellschaften anzustoßen, da die rein technischen Einsparpotenziale nicht ausreichen werden (IPCC 2022). Doch die Verbots- und Verzichtsdebatte ist auch vor allem deswegen fehlgeleitet, weil sie, wie oben bereits angeführt, Nachhaltigkeitsfragen und Lösungsansätze auf die Notwendigkeit individueller Einschränkungen eingrenzt. Wenn es darum geht, nachhaltigen Konsum in Zukunft politisch anders zu organisieren, dann dürfen Lösungsansätze nicht auf (noch) mehr Information setzen, Nachhaltigkeit dem Markt (bzw. denen, die es sich leisten können) überlassen, auf technologische Heilsversprechen vertrauen oder sämtliche Akteure stets aufs Neue dazu zu ermuntern, CO_2-Einsparungen in eigenverantwortlichem Ermessen anzustreben. Mittlerweile sind, nicht zuletzt aus den oben beschriebenen „Shortcomings“ der Politiken nachhaltigen Konsums heraus, Konzepte entstanden, die den Zusammenhang zwischen Minimal- und Maximalgrenzen des Konsums strategisch aufeinander beziehen. Zu den prominentesten gehören Konsumkorridore und die Donut-Ökonomie.

Konsumkorridore (abgekürzt „CC“ für *Consumption Corridors*) sind als ein politisches Instrument konzipiert, welches das gute Leben in einer Welt ökologischer und sozialer Grenzen garantieren soll (Di Giulio/Fuchs 2014; Fuchs et al. 2021; siehe Blättel-Mink et al. 2013 für die Ursprünge der Idee). Das Konzept definiert dabei minimale Konsumstandards, welche die Befriedigung der Bedürfnisse heute und in Zukunft lebender Menschen sowie den Zugang zu ökologischen und sozialen Ressourcen in der notwendigen Qualität und Quantität sichern, und maximale Konsumstandards, welche sicherstellen, dass der Konsum einer Person (bzw. einer Gesellschaft) nicht das gute Leben anderer beeinträchtigt. Damit berechnen sich Maximalgrenzen, anders als häufig fälschlicherweise angenommen, nicht nach globalen Klimazielen oder planetaren Grenzen, sondern nach dem Schutz vor der Übernutzung von Ressourcen, die andere für die Realisierung objektiver, „geschützer“ Bedürfnisse (Defila/Di Giulio 2020) und damit der Chancen auf ein gutes Leben benötigen. In der Praxis mag die Einhaltung des 1,5°-Ziels bzw. die Orientierung an Klimazielen und die Orientierung an Maximalgrenzen zum Erhalt des guten Lebens auf das gleiche hinauslaufen (da durch das Absenken der globalen Durchschnittstemperatur eben auch unverhandelbare Bedürfnisse wie ausreichend gesunde Ernährung adressiert werden). Die unterschiedliche Ausgangsbasis ist an dieser Stelle jedoch nicht trivial, da durch die Orientierung am Schutz des guten Lebens gezielter an dem angesetzt werden kann, was Menschen und Gemeinschaften tatsächlich brauchen und was für sie „genug" ist. Gleichzeitig wird die Organisation nachhaltigen Konsums noch stärker durch Gerechtigkeitserwägungen und Suffizienzprinzipien geprägt und geleitet. Der Raum zwischen der Untergrenze (minimaler Konsumstandards) und der Obergrenze (maximaler Konsumstandards) ergibt einen nachhaltigen Konsumkorridor, in dem die oder der Einzelne frei ist, das eigene Leben nach individuellen Vorstellungen von einem guten Leben zu gestalten und Konsumentscheidungen daran auszurichten. Konsumkorridore können unterschiedlich entworfen und umgesetzt werden, etwa auf Basis einzelner Konsumbereiche, verschiedener Ressourcen oder in Bezug zu Mitteln der Bedürfnisbefriedigung („satisfier") (siehe Abbildung 2).

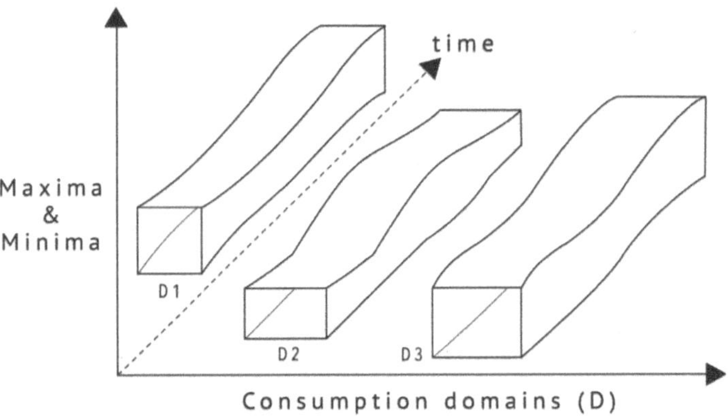

Abbildung 1: Visuelle Repräsentation von Konsumkorridoren (Fuchs et al. 2021, S. 37)

Damit können unterschiedliche Korridore parallel existieren und über Zeit eine Anpassung erforderlich machen. Diese dynamische Natur des CC-Konzepts unterstreicht, dass es reflexiver, deliberativer Prozesse bedarf, durch die Minimal- und Maximalgrenzen des Konsums regelmäßig evaluiert und neu definiert werden, in einer Geschwindigkeit, mit der sich auch die Bedingungen oder das Wissen über Ressourcennachfrage und -verfügbarkeit verändern. Die Neuartigkeit des CC-Ansatzes ergibt sich damit aus der expliziten Fokussierung auf Konsum sowie dem Ziel, allen Menschen, die jetzt und in Zukunft leben, ein gutes Leben zu garantieren.

Das Konzept der Donut-Ökonomie orientiert sich ebenfalls an einem nachhaltigen Leben innerhalb von Grenzen, bzw. daran, die Bedürfnisse aller im Rahmen der Möglichkeiten des Planeten zu befriedigen. Durch ein soziales Fundament des „Well-beings", das niemand unterschreiten sollte, werden die Versorgung mit und der Zugang zu essenziellen Ressourcen (Nahrung, Energie, Gesundheit, Bildung, politische Mitsprache, etc.) abgesichert (Raworth 2017, S. 45). Insgesamt 12 „life's basics" befinden sich im Zentrum des Modells (siehe Abbildung 2).

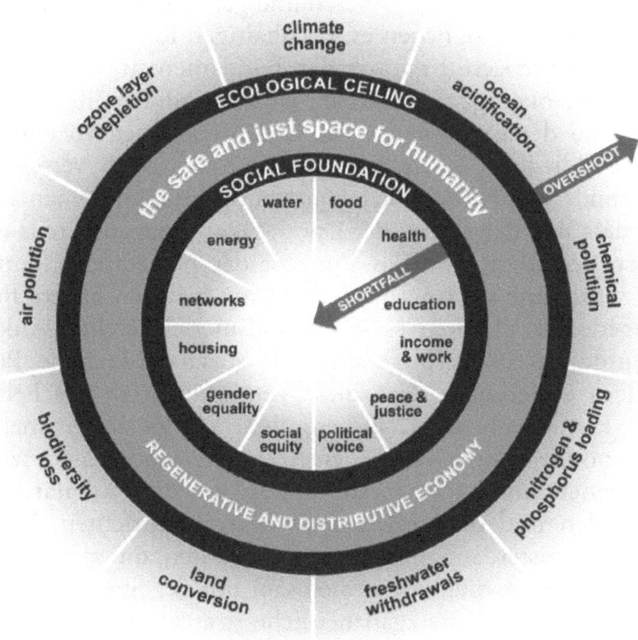

Abbildung 2: Visuelle Repräsentation der Donut-Ökonomie (Raworth 2017, S. 44)

Die soziale Grenze orientiert sich dabei an den Nachhaltigkeitszielen der Vereinten Nationen (SDGs) sowie Datensätzen der Weltbank, der Welternährungsorganisation (FAO), der Weltgesundheitsorganisation (WHO), der Internationalen Energieagentur (IEA) und weiterer internationaler Organisationen, mittels welcher berechnet werden kann, wie viele Menschen global gesehen unterhalb des beschriebenen Fundaments leben (Raworth 2017, S. 296). Die ökologische Decke hingegen basiert auf dem Modell der planetaren Grenzen (Rockström et al. 2009; Steffen et al. 2015) und definiert Sektoren, in denen menschengemachte Umweltveränderungen den Planeten unter Druck setzen (u.a. der Klimawandel, Verlust der Biodiversität, Versauerung der Meere, Stickstoff- und Phosphorzyklen, etc.). Innerhalb beider so definierter Grenzen liegt ein „ecologically safe and socially just space for humanity“ (Raworth 2017, S. 45). In dem Modell wird Wohlstand in direktem Zusammenhang mit der Orientierung an beiden Grenzen verstanden: wenn alle 12 sozialen Fundamente erfüllt und die 9 Belastungsgrenzen nicht überschritten werden, befinden sich Gesellschaften auf dem Weg einer nachhaltigen, sicheren und gerechten Entwicklung.

Beide Entwürfe ermöglichen es, nachhaltigen Konsum entlang der Ideen von Minimalgrenzen (bzw. sozialen Fundamenten) und Maximalgrenzen (bzw. einer ökologischen Decke) jenseits individueller Verhaltensanpassungen und der Orientierung an CO_2-Werten neu zu denken. Beide Entwürfe sind jedoch in wesentlichen Punkten auch verschieden, was sich insbesondere auf Ebene der Umsetzung und Implementation zeigt. Dadurch, dass sich der Ansatz der Donut-Ökonomie an bereits etablierten Indikatoren orientiert, und das Konzept der planetaren Grenzen sowie die SDGs selbst eine solch weite Verbreitung erfahren haben, findet auch die Donut-Idee als alternatives Wohlstandsmodell leichter Anklang. Der Ansatz wurde bereits dazu genutzt, die sozial-ökologische Performanz von Ländern zu erheben und diese vergleichbar zu machen (O'Neill et al. 2018). Auf politischer, insbesondere auf lokaler Ebene, wird die Donut-Ökonomie mittlerweile ebenso als ein Modell genutzt, an dem sich Stadtplaner*innen orientieren können, um die Aktivitäten von Städten an sozialen und ökologischen Grenzen auszurichten. Philadelphia, Portland und Amsterdam gehören zu Pilotstädten, die mit Hilfe der sogenannten City-Porträt Methode gemeinsam mit der Stadtbevölkerung und anderen Stakeholdern eine „ganzheitliche strategische Grundlage für die gesamtstädtische Entwicklung“ (PD 2022) schaffen. Über die vier „Linsen“ ökologisch/lokal, ökologisch/global, sozial/lokal und sozial/global wird das Leben in der Stadtgesellschaft mit der globalen Entwicklung verschränkt. Die Stadtgesellschaft identifiziert auf Grundlage dieses Prozesses Ziele, definiert diese und legt anschließend Indikatoren zur Überprüfung der Zielerreichung fest. Das Donut-Modell ist somit partizipativ ausgerichtet und bedient sich bereits etablierter Planungs- und Projekt-Management-Tools.

Korridore sind was die Umsetzung anbetrifft wesentlich stärker auf die Vision des guten Lebens angewiesen als der Ansatz der Donut-Ökonomie. Minimal- und Maximalgrenzen sind beide aufs Engste mit dem Bedürfniskonzept verwoben. Es gibt keine universellen Indikatoren, die von vorneherein angelegt werden können, selbst die „Einheit", die für den Entwurf eines nachhaltigen Konsumkorridors zugrunde gelegt wird (Ressource, „satisifier", etc.) ist Gegenstand von Aushandlungsprozessen. Konsumkorridore müssen daher über eine lebhafte demokratische Debatte im Rahmen robuster Formen der Bürger*innenbeteiligung (repräsentativ, fair, transparent) konzipiert und entwickelt werden. Von Umwelt- und Verbraucherschutzorganisationen über regionale Stadtplaner*innen und andere kommunale Akteure müssen unterschiedliche Gruppen eingebunden werden, die sowohl verschiedene Interessenskonstellationen als auch Tätigkeitsfelder vertreten (Fuchs et al. 2021). Aushandlungen auf gesellschaftlicher Ebene zur Umsetzung von Konsumkorridoren müssen Individuen zu den Fragen was ihnen wichtig ist und welche Chancen sie sich für heute und zukünftig lebende Menschen vorstellen miteinander ins Gespräch bringen. Diese partizipativen Formate sollten drei Phasen durchlaufen: (1) Deliberationen zu Problemwahrnehmungen und Visionen eines guten Lebens, (2) Verknüpfung von menschlichen Bedürfnissen mit zur Verfügung stehenden Ressourcen, und (3) Implementierung, Evaluation und Anpassung von Konsumkorridoren. Fuchs et al. (2021) definieren eine Reihe von Fragen, die den Prozess in allen drei Phasen anleiten könnten, ohne explizite Vorgaben zu machen. Damit wird deutlich, dass die Umsetzung von Konsumkorridoren wesentlich offener und dadurch ggf. auch anfälliger für langwierige Verhandlungen und Konflikte ist, doch genau dies ist den Autor*innen zufolge der Preis dafür, mit durch und durch demokratischen Ansätzen bei Bedürfnissen anzusetzen.

Was die Umsetzung betrifft so konzentrieren sich beide Entwürfe auf die Schaffung von Räumen für die gemeinsame Deliberation der Bürger*innen sowie Möglichkeiten, tatsächlich politischen Einfluss auszuüben, und betonen damit die wichtige Rolle von Gemeinschaft und kollektivem Handeln. Die Gesellschaft muss eine zentrale Rolle bei der Festlegung jener Bedürfnisse, die wir allen Menschen garantieren möchten, sowie bei der Bestimmung der Grenzen individueller Freiheiten spielen, und deliberative Beteiligungsprozesse sind als Grundlage für die Gestaltung solcher Prozesse unabdingbar (Fuchs 2020). Damit können Konsumkorridore und die Donut-Ökonomie zu „demokratischen Innovationen" gezählt werden, also „Institutionen, die speziell darauf ausgerichtet sind, die Beteiligung der Bürger*innen an politischen Entscheidungsprozessen zu erhöhen und zu vertiefen" (Smith 2009, S. 5; Übersetzung TG). Diese sind deswegen so zentral, da sie, erstens, statt Vertreter*innen organisierter Gruppen direkt einzelne Bürger*innen mit einbeziehen, und zweitens, weil sie „Bürger*innen mit einer formellen Rolle in der politischen, gesetzgeberischen oder verfassungsrechtlichen Entscheidungsfindung" (ebd., S. 6; Übersetzung TG) ausstatten. Deliberative Innovationen (z.B. „Citizen Jurys"), bestimmte Co-Governance-Innovationen (z.B. „Citizen Assemblys") oder direktdemokratische Innovationen stellen diesbezüglich vielversprechende Ansätze dar (Smith 2005).

Beide Entwürfe betonen darüber hinaus ein anderes Verständnis von Grenzen, indem sie die Notwendigkeit der Ausformulierung und Festlegung von Grenzen im Dialog mit der räumlich ansässigen Bevölkerung (z.B. der Stadtgesellschaft) als konstitutives Element benennen (auch wenn der Donut-Ansatz hier wesentlich mehr extern vorgibt und vordefiniert). Des Weiteren sind beide Modelle nicht nur getragen von intra- und intergenerationalen Gerechtigkeitsideen, sondern entwerfen eine bislang häufig nur theoretisierte „Politik der Suffizienz" (im Sinne der politischen Zielvorstellung des „Genügens") entlang institutioneller Vorschläge. Die an Minimal- und Maximalgrenzen ausgerichteten Begrenzungen haben nicht als oberstes Ziel „schädliche" individuelle Konsummuster, Konsumtypen oder Lebensstile zu korrigieren, sondern entwickeln eine ganzheitliche Perspektive auf (post)moderne Gesellschaften. Das Ziel besteht darin, dass sich Gesellschaften jene Praktiken und Haltungen wiederaneignen, die im Zuge der „Normalisierung der Überschreitung" (Konersmann 2022) im Konsum verloren gegangen sind (z.B. Aspekte des Wiederverwertens und der Wertschätzung von Dingen, der gemeinsamen Bewirtschaftung von Fläche, etc.). Die hier vorgestellten Entwürfe setzen damit statt bei der Bearbeitung der Folgen bei den Ursachen der Entgrenzungserfahrungen selbst an.

6 Fazit

Politiken des nachhaltigen Konsums und das Thema der Grenzsetzung werden in der öffentlichen Debatte in liberalen Konsumgesellschaften zunehmend scharf als Ausdruck einer „Verbots- und Verzichtskultur" kritisiert. Gleichzeitig setzen Konsumpolitiken nach wie vor verstärkt auf die Verantwortung der oder des Einzelnen für das Erreichen von Nachhaltigkeitszielen und der Reduktion des privaten Fußabdrucks als Leitbild nachhaltigen Konsums. Beide Entwicklungen sind Ausdruck des eingangs diagnostizierten öko-liberalen Konsumnarrativs. Der Beitrag hat versucht zu verdeutlichen, dass beides verkürzt und fehlgeleitet ist. Dass die gewählten Maßnahmen grundsätzlich nicht im erforderlichen Maße zu den immensen Herausforderungen in Konsumfragen beitragen, vor denen liberale Gesellschaften heute stehen, resultiert aus dem Spannungsfeld strukturgetriebener Entgrenzung und individualorientierter Begrenzung. Die umfangreichen strukturellen Prozesse, die sich auf die Art und Weise auswirken, wie Menschen in liberalen Konsumgesellschaften konsumieren, müssen auf einer überindividuellen Ebene adressiert werden. Die zu beschreitenden Lösungswege sollten einen umfassenden Nachhaltigkeitsbegriff zugrunde legen, der die Bedürfnisse heutiger und zukünftiger Generationen sowie die Frage nach dem guten Leben ins Zentrum stellt. Minimal- und Maximalgrenzen lenken gesellschaftlichen Konsum dabei in sozial gerechten und ökologisch verantwortlichen Bahnen.

Die Ansätze der Konsumkorridore und der Donut-Ökonomie setzen hier an: Sie binden Menschen ein mit dem Ziel, zusammen das Gemeinwesen so umzubauen, dass die Bedürfnisse der Menschen befriedigt werden, ohne die Bedürfnisse anderer zu bedrohen. Dabei kristallisiert sich die Stadt (bzw. die Kommune) als eine Bezugsgröße heraus, in welcher sinnvoll objektive Bedürfnisse verhandelt werden (durch den geteilten Lebensraum der Beteiligten) sowie trotzdem globale Bezüge hergestellt werden können, die sich politisch manifestieren können. Beide hier vorgestellten demokratischen Ansätze sind jedoch nicht deckungsgleich. Um die zuvor getroffene Unterscheidung zwischen dem technisch-mathematischen Maß und dem ethischen Maß wieder aufzugreifen: der Ansatz der Donut-Ökonomie lässt sich in der Umsetzung stärker auf der Seite des „Messens" verorten (durch die Orientierung an bestehenden Grenzwerten und Indikatoren), der CC-Ansatz dagegen in der Tendenz stärker auf der Seite des „Maßfindens", des Aushandelns und situativen Abwägens. Was beide Modelle in der aktuellen Debatte um mögliche institutionelle Ansätze jedoch besonders hervorstechen lässt ist die Tatsache, dass, trotz unterschiedlicher Schwerpunktsetzungen, beide einen Ausgleich von Messen und Maßhalten anstreben, da sie ohne die jeweils andere Seite nicht auskommen. Dadurch können sie als Modelle bezeichnet werden, die den Versuch unternehmen, der diagnostizierten Dissoziation von Maß und Messen (Konersmann 2021) entgegenzuwirken.

Dabei muss an dieser Stelle noch einmal herausgestellt werden, dass es nicht die Orientierung an CO_2-Verbräuchen ist, die problematisch ist – es ist die Einseitigkeit, mit der nachhaltiger Konsum und die Reduktion von Treibhausgasen immer noch gleichgesetzt werden. Es ist nur schwer nachvollziehbar, warum maßethische Aspekte und Perspektiven nicht umfangreicher Eingang in gegenwärtige Nachhaltigkeitsdiskurse gefunden haben, gibt es doch eine große Schnittmenge relevanter Aspekte, insbesondere was die Grenzthematik betrifft. Die vorherrschende Technik des Messens (von Fußabdrücken, von Reduktionspotenzialen, etc.) sollte (aus genannten Gründen) stärker als bislang um kulturelle Techniken des Maßhaltens ergänzt werden. Auch wenn sich liberale Gesellschaften an den Komfort des öko-liberalen Konsumnarrativs gewöhnt haben, so bleibt, gerade im Angesicht der bestehenden Herausforderungen, vorsichtig zu hoffen, dass sie sich in Zukunft umfassender an demokratischen Pfaden der sozial-ökologischen Transformation orientieren werden.

7 Literatur

Barrett, John; Birch, Rachel; Cherrett, Nia und Thomas Wiedmann. 2005. „Exploring the application of the Ecological Footprint to sustainable consumption policy". *Journal of Environmental Policy & Planning* 7 (4): 303–316.

Barry, John. 2019. „Sharing and caring for things for a Sustainable Economy". Queen's Policy Engagement, 12. August 2019. Online: http://qpol.qub.ac.uk/sharing-and-caring-for-things-for-a-sustainable-economy (abgerufen: 31.03.2022).

Bauman, Zygmunt. 2000. *Liquid Modernity.* Malden/MA: Polity Press.

Bauman, Zygmunt. 2007. *Consuming Life*. Malden/MA: Polity Press.

Bennett, Jane. 2004. „The Force of Things. Steps toward an Ecology of Matter". *Political Theory* 32(3): 347-372.

Blättel-Mink, Birgit; Brohmann, Bettina; Defila, Rico; Di Giulio, Antonietta; Fischer, Daniel; Fuchs, Doris; Gölz, Sebastian; Götz, Konrad; Homburg, Andreas; Kaufmann-Hayoz, Ruth; Matthies, Ellen; Michelsen, Gerd; Schäfer, Martina; Tews, Kerstin; Wassermann, Sandra; und Stefan Zundel. 2013. *Konsum-Botschaften: Was Forschende für die gesellschaftliche Gestaltung nachhaltigen Konsums empfehlen*. Stuttgart: S. Hirzel Verlag.

Blühdorn, Ingolfur. 2013. „The governance of unsustainability: ecology and democracy after the post-democratic turn". *Environmental Politics* 22 (1): 16–36.

Bogun, Roland. 2020. „Was wissen wir über die ökologischen Wirkungen des privaten Konsums? Anmerkungen zum Stand der Forschung und den Problemen des „Fußabdruck-Denkens". In Baur, Nina; Fülling, Julia; Hering, Linda und Elmar Kulke. (Hg.). *Waren – Wissen – Raum*. Wiesbaden: Springer VS, 517–560.

Bourdieu, Pierre. 1982. *Die feinen Unterschiede*. Frankfurt am Main: Suhrkamp Verlag.

Brand, Ulrich und Markus Wissen. 2017. *Imperiale Lebensweise. Zur Ausbeutung von Mensch und Natur im Globalen Kapitalismus*. München: oekom.

Creutzig, F., Roy, J., Lamb, W. F., Azevedo, I. M. L., de Bruin, W. B., Dalkmann, H., Edelenbosch, O. Y., Geels, F. W., Grubler, A., Hepburn, C., Hertwich, E. G., Khosla, R., Mattauch, L., Minx, J. C., und E. U. Weber. 2018. „Towards demand-side solutions for mitigating climate change". *Nature Climate Change* 8 (4): 260–263.

Csutora, Maria. 2012. „One more awareness gap?" *Journal of Consumer Policy* 35 (1): 145–63.

Defila, Rico; Di Giulio, Antonietta und Ruth Kaufmann-Hayoz. 2014. „Sustainable Consumption – an Unwieldy Object of Research". *GAIA* 23/S1: 148–157.

Dierksmeier, Claus. 2016. *Qualitative Freiheit. Selbstbestimmung in weltbürgerlicher Verantwortung*. Bielefeld: transcript.

Di Giulio, Antonietta. 2019. „Wege zu nachhaltigem Konsum jenseits der kleinen Schritte". In Bohn, Carolin; Fuchs, Doris; Kerkhoff, Antonius und Christian Müller (Hg.). *Gegenwart und Zukunft sozial-ökologischer Transformation*. Baden-Baden: Nomos, 25–54.

Di Giulio, Antonietta und Rico Defla, 2020. „The 'Good Life' and Protected Needs". In Kalfagianni, Agni; Fuchs Doris und Hayden, Anders (Hg.). *The Routledge Handbook of Global Sustainability Governance*. London: Routledge, 100–114.

Di Giulio, Antonietta und Doris Fuchs. 2014. „Sustainable consumption corridors: Concept, objections, and responses". *GAIA* 23/S1: 184–192.

European Commission (EC). 2018. A Clean Planet for all. A European strategic long-term vision for a prosperous, modern, competitive and climate neutral economy [online]. Abrufbar: https://ec.europa.eu/transparency/regdoc/rep/1/2018/EN/COM-2018-773-F1-EN-MAIN-PART-1.PDF.

Evans, David. 2018. „What is consumption, where has it been going, and does it still matter?" *The Sociological Review* 67 (3): 499–517.

Fuchs, Doris. 2020. „Living Well Within Limits. The Vision of Consumption Corridors". In Kalfagianni, Agni; Fuchs Doris und Hayden, Anders (Hg.). *The Routledge Handbook of Global Sustainability Governance*. London: Routledge, 296–307.

Fuchs, Doris; Schlipphak, Bernd; Treib, Oliver; Nguyen Long, Le Anh und Markus Lederer. 2020. „Which Way Forward in Measuring the Quality of Life? A Critical Analysis of Sustainability and Wellbeing Indicator Sets". *Global Environmental Politics* 20 (2): 12–36.

Fuchs, Doris; Sahakian, Marlyne; Gumbert, Tobias; Di Giulio, Antonietta; Maniates, Michael; Lorek, Sylvia und Antonia Graf. 2021. *Consumption Corridors. Living a Good Life within Sustainable Limits*. London: Routledge.

Gumbert, Tobias. 2022. „Behavioral economics and nudging: assessing the democratic quality of sustainable behavior change agendas". In Bornemann, Basil; Knappe, Henrike und Patrizia Nanz (Hg.). *The Routledge Handbook of Democracy and Sustainability*. Abingdon/UK, New York: Routledge, 387–400.

Gumbert, Tobias und Carolin Bohn. 2021. „Are Liberal Objections to Consumption Corridors Justified? On the Relation of Freedom and Limits in Green Liberal Thought." *Sustainability: Science, Practice and Policy* 17 (1): 91–102.

Gumbert, Tobias und Doris Fuchs. 2019. „Nachhaltige Entwicklung ist Wohlstand ohne Wachstum". In Dabrowski, Martin; Wolf, Judith und Karlies Abmeier (Hg.). *Umweltpolitik: global und gerecht*. Paderborn: Schöningh, 175–183.

Hall, Cheryl. 2010. „Freedom, Values, and Sacrifice: Overcoming Obstacles to Environmentally Sustainable Behavior". In Maniates, Michael und John Meyer (Hg.). *The Environmental Politics of Sacrifice*. London: MIT Press, 61–86.

Haubl, Rolf. 2009. „Wahres Glück im Waren-Glück?" *Aus Politik und Zeitgeschichte* 32–33/2009 (Konsumkultur), 3–8.

Intergovernmental Panel on Climate Change (IPCC). 2014. AR5 Synthesis Report: Climate Change 2014. Contribution of Working Groups I, II and III to the Fifth Assessment Report of the Intergovernmental Panel on Climate Change. Genf: IPCC.

Intergovernmental Panel on Climate Change (IPCC). 2022. Climate Change 2022. Mitigation of Climate Change. Working Group III Contribution to the IPCC Sixth Assessment Report (AR6). Genf: IPCC.

John, René; Jaeger-Erben, Melanie und Jana Rückert-John. 2016. „Elusive practices: Considerations on limits and possibilities of environmental policy for sustainable consumption." *Environmental Policy and Governance* 26: 129–140.

Kallis, Giorgos. 2019. *Limits. Why Malthus Was Wrong and Why Environmentalists Should Care.* Stanford: Stanford University Press.

Keller, Reiner. 2009. *Müll – Die gesellschaftliche Konstruktion des Wertvollen.* Wiesbaden: VS Verlag.

Kollmuss, Anja und Julian Agyeman. 2002. „Mind the gap: Why do people act environmentally and what are the barriers to pro-environmental behavior?" *Environmental Education Research* 8 (3): 239–260.

Konersmann, Ralf. 2021. *Welt ohne Maß.* Frankfurt am Main: S. Fischer Verlag.

Konersmann, Ralf. 2022. „Die Moderne hat die Überschreitung normalisiert". *Philosophie Magazin* Sonderausgabe Nr. 21 (Frühling 2022), 114–117.

Krogman, Naomi. 2020. „Consumer Values and Consumption". In Kalfagianni, Agni; Fuchs, Doris und Anders Hayden (Hg.). *Routledge Handbook of Global Sustainability Governance*. London/New York: Routledge, 242–253.

Lepenies, Philipp. 2022. *Verbot und Verzicht. Politik aus dem Geiste des Unterlassens.* Berlin: suhrkamp.

Lessenich, Stefan 2016. *Neben uns die Sintflut. Die Externalisierungsgesellschaft und ihre Folgen*. Berlin: Hanser.

Luhmann, Niklas. 1989. *Ecological Communication*. Chicago: University of Chicago Press.

Maniates, Michael. 2001. „Individualization: Plant a tree, buy a bike, save the world?" *Global Environmental Politics* 1 (3): 31–52.

Maniates, Michael. 2020. „Beyond magical thinking". In Kalfagianni, Agni; Fuchs, Doris und Anders Hayden (Hg.). *Routledge Handbook of Global Sustainability Governance*. London/New York: Routledge, 269–281.

Maniates, Michael und John Meyer (Hg.). 2010. *The Environmental Politics of Sacrifice*. Cambridge, MA: MIT Press.

Max-Neef, Manfred 1991. *Human-Scale Development: Conception, Application and Further Refection*. London: Apex Press.

Meadows, Donella; Meadows, Dennis; Randers, Jorgen; Behrens III, William. 1972. *The Limits to Growth. A Report for The Club of Rome's Predicament of Mankind.* New York: Universe Books.

O'Neill, Daniel W.; Fanning, Andrew L.; Lamb, William F. und Julia K. Steinberger. 2018. „A good life for all within planetary boundaries". *Nature Sustainability* 1: 88–95.

Ott, Konrad. 2009. „Leitlinien einer starken Nachhaltigkeit. Ein Vorschlag zur Einbettung des Drei-Säulen-Modells". *GAIA* 18 (1): 25–28.

PD – Berater der öffentlichen Hand. 2022. *Die Donut-Ökonomie als strategischer Kompass. Wie kommunale Strateginnen und Strategen die Methodender Donut-Ökonomie für die wirkungsorientierte Transformation nutzen können.* PD-Impulse. Berlin.

Pettit, Philip. 2003. „Agency-Freedom and Option-Freedom". *Journal of Theoretical Politics* 15: 387–403.

Raworth, Kate. 2017. *Doughnut Economics. Seven Ways to Think Like a 21 st-Century Economist.* London: Penguin Random House.

Reckwitz, Andreas. 2012. *Die Erfindung der Kreativität: Zum Prozess gesellschaftlicher Ästhetisierung.* Berlin: suhrkamp.

Reckwitz, Andreas. 2017. *Die Gesellschaft der Singularitäten. Zum Strukturwandel der Moderne.* Berlin: suhrkamp.

Reisch, Lucia A. und Julia Sandrini. 2015. *Nudging in der Verbraucherpolitik: Ansätze verhaltensbasierter Regulierung.* Baden-Baden: Nomos.

Reisch, Lucia A. und John B. Thøgersen. 2017. „Behaviorally informed consumer policy. Research and policy for "humans"". In Keller, Margit; Halkier, Bente; Wilska, Terhi-Anna und Monica Truninger (Hg.). *Routledge Handbook of Consumption.* London/New York: Routledge, 242–253.

Rockström, J.; Steffen, W.; Noone, K.; Persson, Å.; Chapin, F.S; Lambin, E.F; Lenton, T.M.; Scheffer, M.; Folke, C.; Schellnhuber, H.J.; Nykvist, B.; de Wit, C.A.; Hughes, T.; van der Leeuw, S.; Rodhe, H.; Sörlin, S.; Snyder, P.K.; Costanza, R.; Svedin, U.; Falkenmark, M.; Karlberg, L.; Corell, R.W.; Fabry, V.J.; Hansen, J.; Walker, B.; Liverman, D.; Richardson, K.; Crutzen, P. und J. A. Foley. 2009. „A safe operating space for humanity". *Nature* 461: 472–475.

Rosa, Hartmut. 2013. *Beschleunigung und Entfremdung.* Berlin: suhrkamp.

Rosa, Hartmut. 2016. *Resonanz. Eine Soziologie der Weltbeziehung.* Berlin: suhrkamp, Berlin.

Rosa, Hartmut. 2019. *Unverfügbarkeit.* Salzburg: Residenz Verlag.

Sachverständigenrat für Umweltfragen (SRU). 2019. *Demokratisch regieren in ökologischen Grenzen – Zur Legitimation von Umweltpolitik.* Sondergutachten. Berlin: Geschäftsstelle des Sachverständigenrates für Umweltfragen.

Sahakian, Marlyne und Manisha Anantharaman. 2020. „What Space for Public Parks in Consumption Corridors? Conceptual Refections on Need Satisfaction through Social Practices". *Sustainability: Science, Practice and Policy* 16 (1): 128–142.

Schimank, Uwe. 2016. *Handeln und Strukturen. Einführung in die akteurtheoretische Soziologie*. Weinheim: Beltz Verlag.Schor, Juliet, 2010. *Plenitude: The New Economics of True Wealth*. New York: Penguin Press.

Schultz, Julia; Brand, Fridolin; Kopfmüller, Jürgen und Konrad Ott. 2008. „Building a 'theory of sustainable development': two salient conceptions within the German discourse". *International Journal of Environment and Sustainable Development* 7 (4): 465–82.

Smith, Graham. 2005. *Beyond the Ballot. 57 Democratic Innovations from Around the World. A report for the Power Inquiry by Graham Smith*. London: The POWER Inquiry.

Smith, Graham. 2009. *Democratic Innovations: Designing Institutions for Citizen Participation*. Cambridge: Cambridge University Press.

Thorun, Christian; Diels, Jana; Reisch, Lucia A.; Bernauer, Manuela; Micklitz, Hans Wolfgang; Purnhagen, Kai; Rosenow, Jan und Daniel Forster. 2017. *Nudge-Ansätze beim nachhaltigen Konsum: Ermittlung und Entwicklung von Maßnahmen zum „Anstoßen" nachhaltiger Konsummuster*. Institut für Verbraucherpolitik.

Veblen, Thorstein. 1997. *Theorie der feinen Leute. Eine ökonomische Untersuchung der Institutionen*. Frankfurt am Main: Fischer Verlag.

Voß, G. Günter. 1998. „Die Entgrenzung von Arbeit und Arbeitskraft. Eine subjektorientierte Interpretation des Wandels der Arbeit". *Mitteilungen aus der Arbeitsmarkt- und Berufsforschung* 31: 473–487.

Wackernagel, Mathis und William E. Rees. 1996. *Our Ecological Footprint*. Gabriola Island, BC: New Society Publishers.

Warde, Alan. 2005. „Consumption and Theories of Practice". *Journal of Consumer Culture* 5 (2): 131–153.

Warde, Alan. 2017. *Consumption. A Sociological Analysis*. London: Palgrave Macmillan.

Kurzbiografien der Autor*innen

Carolin Bohn, Politikwissenschaftlerin, ist wissenschaftliche Mitarbeiterin am Zentrum für Interdisziplinäre Nachhaltigkeitsforschung (ZIN) der Westfälischen Wilhelms-Universität Münster. In ihrer Arbeit beschäftigt sie sich mit den Potenzialen politischer Urteilsbildung für nachhaltigkeitsorientierte Partizipation, der Rolle von Bürger*innen bei der Umsetzung von Nachhaltigkeit sowie mit der Frage des Verhältnisses von Nachhaltigkeit und Demokratie.

Basil Bornemann, PD Dr., ist wissenschaftlicher Mitarbeiter und Lehrbeauftragter am Departement Gesellschaftswissenschaften der Universität Basel. Seine Forschungsschwerpunkte sind nachhaltigkeitsorientierte Governance-Transformationen und deren demokratische Implikationen in verschiedenen Bereichen wie Energie und Ernährung. Gegenwärtig forscht er im Rahmen eines vom Schweizerischen Nationalfonds (SNF) geförderten Forschungsprojekts zur "Sustainabilisierung" des Staats am Beispiel Schweizer Kantone.

Claus Dierksmeier, Prof. Dr., ist Professor für Globalisierungsethik an der Universität Tübingen. Seine akademische Arbeit konzentriert sich auf Fragen der Politik-, Religions- und Wirtschaftsphilosophie unter besonderer Berücksichtigung von Theorien der Freiheit und der Verantwortung im Zeitalter der Globalität. Unter anderem erschienen von ihm die Bücher: Qualitative Freedom – Autonomy in Cosmopolitan Responsibility (Springer, OPEN ACCESS) und Reframing Economic Ethics. The Philosophical Foundations of Humanistic Management (Palgrave Macmillan).

Doris Fuchs, Prof. Ph.D., ist Inhaberin des Lehrstuhls für Internationale Beziehungen und Nachhaltige Entwicklung an der WWU Münster. Seit 2015 ist sie Sprecherin des Zentrums für Interdisziplinäre Nachhaltigkeitsforschung (ZIN) an der WWU. Sie arbeitet insbesondere zur Schnittstelle Nachhaltigkeit & Partizipation, zu Fragen von Gerechtigkeit und Verantwortung im Hinblick auf nachhaltige Entwicklung und nachhaltigen Konsum, und zu Rolle und Einfluss unterschiedlicher Akteure in Nachhaltigkeitstransformationen. Sie ist Mitherausgeberin des Handbook of Global Sustainability Governance (Routledge) und des Bandes Gegenwart und Zukunft sozialökologischer Transformation (NOMOS). Ihre Aufsätze sind in diversen internationalen Zeitschriften erschienen, u.a. in Environmental Values, Sustainable Development, GAIA, Competition & Change, Global Environmental Politics, Journal of Cleaner Production, Journal of Political Science Education, Agriculture and Human Values, Energy Policy, Food Policy und Business and Politics.

Bernward Gesang, Prof. Dr., ist seit 2009 Professor für Philosophie und Wirtschaftsethik an der Universität Mannheim. Er forscht über Möglichkeiten, die Gesellschaft zur Nachhaltigkeit zu transformieren. Dabei ist eine Reformation demokratischer Institutionen ein zentrales Feld.

Armin Grunwald, Prof. Dr. rer. nat., ist Professor für Technikphilosophie und Technikethik am Karlsruher Institut für Technologie (KIT). Er ist dort seit 1999 Leiter des Instituts für Technikfolgenabschätzung und Systemanalyse (ITAS), seit 2002 auch Leiter des Büros für Technikfolgen-Abschätzung beim Deutschen Bundestag (TAB). Zu seinen Schwerpunkten zählen: Technikfolgenabschätzung in Theorie und Praxis, Politikberatung, nachhaltige Entwicklung, Ethik neuer Technologien sowie ethische Fragen der Digitalisierung.

Tobias Gumbert, Dr. des., ist wissenschaftlicher Mitarbeiter am Institut für Politikwissenschaft der WWU Münster sowie am Zentrum für Interdisziplinäre Nachhaltigkeitsforschung (ZIN) der WWU Münster. Er promovierte mit einer Arbeit über den Begriff der Verantwortung in der globalen Umweltgovernance. Zu seinen Forschungsschwerpunkten gehören aktuelle Fragen der Umweltpolitik und Nachhaltigkeitsgovernance, mit besonderem Fokus auf die Bereiche Agrarpolitik, Governance von Abfall, Politiken des nachhaltigen Konsums sowie die politische Steuerung von Verhaltensveränderungen.

Anne Käfer, Prof. Dr., ist Professorin für Systematische Theologie und Direktorin des Seminars für Reformierte Theologie an der WWU Münster. Ihre Forschungsschwerpunkte sind u. a. Schleiermacherforschung, lutherische und reformierte Dogmatik, sowie Tierethik.

Sigrid Kannengießer, Prof. Dr., ist Professorin für Kommunikations- und Medienwissenschaft mit dem Schwerpunkt Mediengesellschaft und Mitglied im Zentrum für Medien-, Kommunikations- und Informationsforschung sowie dem artec Forschungszentrum Nachhaltigkeit der Universität Bremen und dem Institut für Protest- und Bewegungsforschung. Ihre Forschungsschwerpunkte liegen im Bereich digitale Medien und Nachhaltigkeit, kritische Datenpraktiken, Medienpraktiken sozialer Bewegungen und kommunikations- und medienwissenschaftliche Geschlechterforschung.

Benedikt Lennartz ist wissenschaftlicher Mitarbeiter am Lehrstuhl für Internationale Beziehungen und Nachhaltige Entwicklung und am Zentrum für Interdisziplinäre Nachhaltigkeitsforschung der Universität Münster. In seinem Dissertationsprojekt untersucht er die Interessen von Wirtschaftsakteuren in der Menschenrechtspolitik. Im Mittelpunkt stehen dabei Präferenzen für härtere und weichere Formen der Regulierung. Außerdem forscht er zu den Auswirkungen und Potentialen von künstlicher Intelligenz für die nachhaltige Entwicklung.

Christian J. Müller, Dr., Studium der Politikwissenschaft, Geschichte und Rechtswissenschaft in Passau und Freiburg, sowie der Caritaswissenschaft und Angewandten Theologie in Passau, Tätigkeit als Referent für Migrationsfragen im Sekretariat der Deutschen Bischofskonferenz, seit 2015 Leiter des Fachbereichs „Politik, Gesellschaft, Internationales“ in der katholisch-sozialen Akademie Franz Hitze Haus in Münster. Die Akademie beschäftigt sich intensiv im Rahmen ihres Bildungsauftrags mit der sozial-ökologischen Transformation der Gesellschaft und Wirtschaft.

Lena Siepker ist wissenschaftliche Mitarbeiterin am Institut für Politikwissenschaft und am Zentrum für Interdisziplinäre Nachhaltigkeitsforschung der Westfälischen Wilhelms-Universität Münster. Ihre Forschungsschwerpunkte liegen in den Bereichen der Partizipations- und Nachhaltigkeitsforschung. Im Zentrum stehen dabei v.a. Fragen nach den Bedingungen der Förderung einer nachhaltigen Entwicklung im Rahmen politischer Beteiligung, dem Zusammenhang zwischen Nachhaltigkeit und Gemeinwohl sowie dem Einfluss sozialer Ungleichheit auf das Ziel einer Nachhaltigkeitstransformation.

Jörg Tremmel, Dr. Dr., ist außerplanmäßiger Professor an der Wirtschafts- und Sozialwissenschaftlichen Fakultät der Universität Tübingen. Er promovierte an der Universität Stuttgart (Dr. rer. pol. 2003) sowie in Philosophie an der Universität Düsseldorf (Dr. phil. 2008). Im Anschluss war er von 2009 bis 2010 Research Fellow an der London School of Economics and Political Science. Von 2010 bis 2016 bekleidete er eine Juniorprofessur für Generationengerechte Politik an der Universität Tübingen. Nach seiner Habilitation („Normative Politische Theorie“) wurde er 2019 von der Uni Tübingen 2019 zum außerplanmäßigen Professor ernannt. Tremmel ist Herausgeber der Zeitschrift „Intergenerational Justice Review“ (igjr.org) und engagiert sich bei der Stiftung für die Rechte zukünftiger Generationen (generationengerechtigkeit.info).

Christian Wimberger ist Referent für Unternehmensverantwortung bei der Christlichen Initiative Romero (CIR). Er engagiert sich u. a. für die CIR bei der Initiative Lieferkettengesetz. Außerdem ist er Referent für Guatemala und koordiniert ein Projekt zu den Auswirkungen des Bergbaus und der Agroindustrie in El Salvador, Guatemala, Honduras und Nicaragua. Er hat Lateinamerikastudien und sozialwissenschaftliche Konfliktforschung studiert.

Zeitfracht Medien GmbH
Ferdinand-Jühlke-Straße 7
99095 Erfurt, Deutschland
produktsicherheit@kolibri360.de